防锈油脂与气相缓蚀技术

赵阔 谭胜 黄红军 编著

北 京
冶金工业出版社
2017

内 容 提 要

本书参考国内外相关资料和国家标准、国家军用标准及行业标准，结合作者研究成果与实际应用经验编写而成，简单介绍了金属表面处理与防护的基本知识、基本原理，对表面防护技术中大量应用的防锈油脂技术和气相缓蚀技术的防锈原理、常用的防锈油脂添加剂及气相缓蚀添加剂的种类和基本性质、防锈油脂封存工艺及气相缓蚀材料使用工艺等进行了详细阐述，并搜集整理了大量的相关标准，以方便读者查阅和对照。

本书可作为大中专院校金属表面处理与防护专业、材料学、材料科学与工程学等专业的教材和参考书，也可作为从事金属表面处理与防护技术研究人员、工程技术人员的参考资料。

图书在版编目 (CIP) 数据

防锈油脂与气相缓蚀技术 / 赵阔，谭胜，黄红军编著. —
北京：冶金工业出版社，2017.9
ISBN 978-7-5024-7595-6

Ⅰ. ①防… Ⅱ. ①赵… ②谭… ③黄… Ⅲ. ①金属—防锈油 ②金属—防锈脂 ③金属—气相缓蚀保护
Ⅳ. ①TG174.4

中国版本图书馆 CIP 数据核字（2017）第 230027 号

出 版 人　谭学余
地　　址　北京市东城区嵩祝院北巷 39 号　邮编　100009　电话　(010)64027926
网　　址　www.cnmip.com.cn　电子信箱　yjcbs@cnmip.com.cn
责任编辑　于昕蕾　美术编辑　吕欣童　版式设计　孙跃红
责任校对　李　娜　责任印制　牛晓波
ISBN 978-7-5024-7595-6
冶金工业出版社出版发行；各地新华书店经销；三河市双峰印刷装订有限公司印刷
2017 年 9 月第 1 版，2017 年 9 月第 1 次印刷
787mm×1092mm　1/16；18.75 印张；453 千字；287 页
58.00 元
冶金工业出版社　投稿电话　(010)64027932　投稿信箱　tougao@cnmip.com.cn
冶金工业出版社营销中心　电话　(010)64044283　传真　(010)64027893
冶金书店　地址　北京市东四西大街 46 号(100010)　电话　(010)65289081(兼传真)
冶金工业出版社天猫旗舰店　yjgycbs.tmall.com
（本书如有印装质量问题，本社营销中心负责退换）

前　言

众所周知，金属的腐蚀现象是十分普遍的。人类早在铁器时代就面临着金属腐蚀的问题，在人类进入 21 世纪的今天，金属材料的应用领域得到了极大的拓宽，各种各样的金属制品已经渗入到我们生活的方方面面，人类面临的腐蚀问题也越发严重。金属腐蚀是缓慢的，但是其造成的损失远远超过水灾、火灾、风灾和地震（平均值）等损失的总和。据 2009 年中国腐蚀与防护学会成立 30 周年庆典上公布的数据，我国每年金属腐蚀造成的损失在 3000 多亿人民币，如果考虑间接损失，因金属腐蚀造成的经济损失总和高达 5000 亿人民币。目前，全球每年因腐蚀造成的金属损失量高达全年金属产量的 20%~40%。因此，研究和了解金属防护技术具有重要的社会和经济意义。

目前，有史料记载最早的防锈技术可追溯到公元 250 年的中国后汉时期。当时人们就用石油作为车辆的润滑剂和铁的防锈剂。第二次世界大战期间，美国为了解决东南亚高温高湿环境对武器装备的腐蚀问题，在防锈技术上得到了极大的发展。20 世纪 60 年代，美军系统地对防锈材料订立了 P 系列标准，规定了防锈材料的质量标准和试验方法。到 1973 年，美军 P 系列已增加到 P-21。随后，日本在美军 P 系列标准基础上制定了自己国家的 NP 系列标准。英国相应制定了 TP 系列标准。1988 年，我国成立了全国金属与非金属覆盖层标准化技术委员会（CSBTS/TC57）防锈分委员会，统一规划和修订、制定标准。2000 年我国等效采用日本 JIS K2246—1994 标准，发布了防锈油脂产品系列行业标准（SH/T 0692—2000）。随着海洋运输的需要和人类环保意识的增强，发展出了多种类型的防锈方法，其中气相缓蚀技术从 20 世纪 80 年代后得到飞速发展，关于防锈添加剂的理论探讨、缓蚀剂的生产、防锈产品的评价方法开始进入新的研究阶段，这也使得防锈技术和防锈材料的种类不断完善，防锈技术领域基本上形成体系。本书主要是对市场上使用最为广泛的防锈油脂和气相缓蚀技术进行了梳理介绍。

本书结合编著者多年从事防锈油脂和气相缓蚀技术研究和应用的实践经

验，对两类技术的防锈原理、添加剂种类、评价方法、使用工艺等进行了系统阐述，有许多内容在本书中属首次完整公开，希望能够给从事相关研究的科技工作者提供一个批判的对象，促进金属防锈技术的深入研究。本书第 1 章是关于金属防锈技术的简要介绍；第 2 章简单介绍了金属腐蚀的分类和常见的防护方法；第 3 章~第 5 章分别详细介绍了常见的防锈油脂添加剂的基本理化性质、常见防锈油脂的种类、技术指标及应用场合，以及防锈油脂的封存工艺；第 6 章是关于防锈油脂性能评定的方法；第 7 章~第 9 章详细介绍了气相缓蚀剂的种类，常见组分的理化性质，常见气相防锈材料的类型、性质、应用场合，以及气相缓蚀技术的使用工艺等；第 10 章则详细列出了相关标准，包括国家标准、国家军用标准以及相关行业标准。关于金属腐蚀的方式、腐蚀产物的类型等内容，也是编著者研究过程中密切关注的内容，但是鉴于这些内容在许多专著中已有详细论述，本书不再赘述。

本书不仅可以作为工科高等院校从事高分子材料改性和金属腐蚀与防护的研究人员、相关专业研究生的教学参考书，也可供相关专业技术人员参考。

本书由陆军工程大学（原中国人民解放军军械工程学院）黄红军教授、陆军军械技术研究所谭胜高级工程师、赵阔工程师执笔编写，最后由黄红军教授对全书进行了审校。由于编著者的水平有限，加之金属腐蚀防护技术发展迅速，书中观点和内容肯定存在一些疏漏和不当之处，敬请读者不吝赐教。

著　者

2017 年 8 月

目　录

1 绪 论

1.1 金属防护的重要意义

众所周知，金属的腐蚀现象是十分普遍的。人类早在铁器时代就面临着金属腐蚀的问题，古希腊早在公元前便开始用锡来防止铁的锈蚀。经考古证实，我国从商代就已经开始用锡来加强铜的耐腐蚀性而出现了锡青铜。随着金属工具的广泛使用，特别是在工业革命以后，现代海洋、空间和原子能技术的出现，进一步加快了人类对金属腐蚀与防护的研究步伐。在人类进入 21 世纪的今天，金属材料的应用领域得到了极大的拓宽，各种各样的金属制品已经渗入到我们生活的方方面面。人类也比以往任何时期更加重视对金属防护的研究。

金属腐蚀的破坏不像地震、海啸、台风那样在瞬间造成巨大灾害，而是无时无刻不在静悄悄地吞噬金属，由此造成的年损失远远超过水灾、火灾、风灾和地震（平均值）等损失的总和。诸如，机械车间因锈蚀而返工，机器因锈蚀造成运转失灵，仪表因锈蚀致使指示偏差，储运及拆箱待用的精密器械、仪器与设备因锈蚀而退货报废，化工设备因腐蚀造成爆炸事故，桥梁、船舶等因腐蚀而造成损毁等。1981~1987 年，苏联的管道统计表明，苏联的输气管道，总长约 24 万千米的管线上曾发生事故 1210 次，其中因管道腐蚀造成的事故 546 次，占总事故的 45.12%。据美国国家输送安全局统计，美国 45% 的管道损坏是由外壁腐蚀引起的。并且输气干线和集气管线的泄漏事故中，有 74% 是由金属腐蚀造成的。每年因金属腐蚀造成的人员伤害各国均有发生。如 1967 年 12 月，美国西弗吉尼亚州与俄亥俄州之间的一座桥梁因钢结构腐蚀突然坍塌，导致 46 人死亡；1968 年我国威远至成都的输气管道因腐蚀造成泄漏爆炸，致使 20 人死亡；1982 年 9 月 17 日，一架日航 DC-8 喷气式客机在上海虹桥机场着陆时因飞机刹车系统高压气瓶应力腐蚀造成爆炸，对飞机和旅客造成了极大伤害。这都表明了金属腐蚀具有极大的危害性。

据资料显示，1997 年日本由金属腐蚀造成的损失达 39380 亿日元，占国民生产总值的 0.77%；1998 年美国由腐蚀造成的直接损失高达 1379 亿美元；1998 年我国由腐蚀造成的经济损失达到 2800 亿人民币。据 2009 年中国腐蚀与防护学会成立 30 周年庆典上公布的数据，我国每年金属腐蚀造成的损失在 3000 多亿人民币，如果考虑间接损失，由金属腐蚀造成的经济损失总和高达 5000 亿人民币。目前，全球每年由腐蚀造成的金属损失量高达全年金属产量的 20%~40%。世界上发达国家的调查统计，每年由金属腐蚀造成的直接损失占国民经济生产总值的 1.5%~4.2%。按照 2015 年中国国民生产总值（GDP）67.67 万亿人民币的 4% 损失量计算，我国每年将有近 27068 亿人民币的腐蚀损失。

综上所述，金属腐蚀不仅影响金属制品的固有性能，甚至造成安全事故，更会对国家的国民经济造成巨大损失。因此，研究和了解金属防护技术具有重要的社会和经济意义。

1.2 防锈技术的发展历程

目前，有史料记载最早的防锈技术可追溯到公元 250 年的中国后汉时期。当时人们就用石油作为车辆的润滑和铁的防锈。1450~1458 年，欧洲人用一种白苏子油涂纸后包针，这是防锈纸使用的开始。

随着工业革命的进行，大量的机械制品、精密仪器出现在人们的生活中，以及航海事业的兴起，世界性战争中武器的海洋运输和储藏，都大大地促进了金属防锈技术的发展。英国在 1943 年发布了包装标准（BS1133），并且在 1944 年将其中金属防锈部分单独出版发行，由军用推广到民用。第二次世界大战期间，美国为了解决东南亚高温高湿环境对武器装备的腐蚀问题，在防锈技术上得到了极大的发展。20 世纪四五十年代，美国、日本、苏联各国大力开展防锈科研工作，期间大量的防锈报告及产品专利纷纷发表，为规范防锈材料达到系列化提供了大量依据。20 世纪 60 年代，美军系统地对防锈材料订立了 P 系列标准，规定了防锈材料的质量标准和试验方法。到 1973 年，美军 P 系列已增加到 P-21。随后，日本在美军 P 系列标准基础上制定了自己国家的 NP 系列标准。英国相应制定了TP 系列标准。1988 年，我国成立了全国金属与非金属覆盖层标准化技术委员会（CSBTS/TC57）防锈分委员会，统一规划和修订、制定标准。2000 年我国等效采用日本 JISK2246—1994 标准，发布了防锈油脂产品系列行业标准（SH/T 0692—2000）。

随着防锈技术的发展，其他类型的防锈方法应运而生。气相缓蚀剂得到飞速发展，可剥性塑料和茧式包装也开始不断应用。关于防锈添加剂的理论探讨、缓蚀剂的生产、防锈产品的评价方法开始进入新的研究阶段，这也使得防锈技术和防锈材料的种类不断完善，防锈技术领域基本上形成体系。目前，防锈技术手段多种多样，防锈特点各具特色，本书主要是对市场上使用最为广泛的防锈油脂和气相防锈技术进行了梳理介绍。

1.3 我国防锈油脂的发展概况及发展趋势

防锈油脂是以矿物油为基础材料，加入油溶性缓蚀剂和其他辅助添加剂（如分散剂、抗氧剂、增黏剂、消泡剂等）调和而得的。由于矿物油来源丰富，价格低廉，以及其防锈效果好，操作简便，易清除等特点，防锈油脂依然是目前使用最为广泛的防锈材料之一。

国外防锈油脂的研究始于 20 世纪 20 年代初期，相对于国外发达国家，我国对防锈油脂的研究起步较晚。防锈油脂是随着油溶性缓蚀剂的发展而发展的。

20 世纪 50 年代，我国参照苏联标准研制了一些防锈油脂产品。但是由于油溶性缓蚀剂生产工艺落后，当时种类局限于羊毛脂、蜂蜡、硬脂酸及油酸的衍生物等。所调制出的防锈油脂的质量性能一般都不理想，防锈效果很差。

到了 20 世纪 60 年代初期，我国石油工业不断发展，石油产品炼制过程中的副产品不断增多，为油溶性缓蚀剂的生产提供了大量原材料，继而油溶性缓蚀剂的种类也大大增多，石油磺酸钡、环烷酸锌等高品质缓蚀剂开始进入市场。加之新型羊毛脂衍生物的出现及应用，如磺化羊毛脂钙、羊毛脂镁皂，防锈油脂的发展开始进入新的阶段。大量的防锈油品开始研制生产，如 204-1、沪石-201、F-23 及其浓缩油 FY-5 被广泛使用。

60 年代中期，相关研究部门的方向开始转向对合成缓蚀剂的开发。十二烯基丁二酸、二壬基萘磺酸钡、氧化石油脂钡皂、烷基磷酸酯、咪唑啉及复合物等合成缓蚀剂相继研发成功并投入市场使用。苯骈三氮唑及其衍生物的广泛使用，使得防锈油脂对有色金属，特别是铜合金的防护得到了显著改进。至此，军工武器装备开始使用防锈油脂进行防护。我国也参照美军系列，研制生产了大量防锈产品，防锈油脂的质量性能和品种得到了进一步发展。

20 世纪 70 年代以后，油溶性缓蚀剂品种发展缓慢，主要是对不同类型缓蚀剂合理配伍，加强各类型缓蚀剂的协同作用进行研究，不断提高防锈油脂的性能品质。

我国的防锈油产品已经形成规模，年产量已经超过 2 万吨。我国经过"六五"和"七五"国家科技攻关计划，以及近几年的不断研究，现在已经形成一批相当于美军 P 系列和日本 NP 系列的防锈材料，初步形成了我国自己的防锈材料系列。大部分工厂与企业，已制定了符合行业和各厂实际情况且行之有效的防锈工艺规程与防锈管理制度，有的还比较先进。有些企业自制或引进了一批清洗、防锈、包装生产线。已拥有一批防锈工艺装备的厂家和生产符合标准要求的检测仪器厂家。但是，我国在产品质量和品种方面，低、中档多，高档少，防锈油脂的发展不均衡，与国外的防锈产品存在着明显的差距。1989~1990 年对全国 73 个油样进行评定，资料显示达到国家标准、行业标准的占 75%，达到企业标准的占 7.81%。国内防锈产品存在的主要问题是在钢铁制品保存期间防锈油的抗蚀效果不理想，油层太厚，严重影响外观。

我国防锈行业仍然存在着发展不平衡的问题。首先，防锈技术发展不平衡，大中型厂防锈技术普遍偏高，地方小企业则技术水平偏低，产品生产储运过程无任何标准要求及消防措施。其次，行业发展不平衡，轴承、工量具、机床、汽车与重型机器行业防锈水平较高，并引进或研制了一批先进的防锈技术与管理方法；而农机，通用零配件，矿山机械与工程机械，大型板、圈、带材等行业的防锈技术还比较落后。大型成套设备防锈包装技术的开发研究，尚未引起足够的重视。防锈工艺装备与先进工业国家相比，差距比较大，主要体现在防锈包装自动化方面和材料质量控制自动化方面。目前在国内工序间防锈工艺方面，60%~70% 为手动操作，30%~40% 为半自动化，相当于先进国家 20 世纪 60 年代末至 70 年代初的水平。目前，美国、日本、德国等国已发展到封闭式电脑控制全自动线的防锈包装工艺与装备，有近 90% 采用单机清洗、干燥、防燥、防锈与包装。我国在产品防锈包装工艺装备方面，20%~30% 采用单机清洗、除油，尚无全封闭式自动化生产线。轴承、工量具与汽车行业近几年虽安装使用了一些自动化生产线，如轴承的上料、退磁、清洗、烘干、涂油自动化线，但水平与先进国家相差较大。因此我国未来应加强自动化防锈工艺成套装备的开发与研制。

防锈油具有使用效果好、使用方便、成本低廉、易于施工、操作简便和易于去除等优点，已在国内外得到广泛的应用。随着防锈技术的不断发展，近年来防锈油的发展呈现如下趋势：

（1）多功能性。随着市场要求的不断提高，近年来市场上出现了多种功能的防锈油，可以适应多种条件下金属制品的防护和使用需要。除了具有良好防锈功能外，还具备其他功能和作用，比如润滑、清洗、减振等功效。现已研制出的清洁润滑防护三用油被广泛运用于军工行业，可以不经除膜而直接使用，并且市场对于这类防锈油的需求也是越来越大。

（2）超薄膜。普通油品的油膜厚度通常都在20μm以上，使用时，不仅油腻粘手，而且影响油膜外观，限制油品的使用范围。而超薄膜油膜厚度小于5μm，防锈油品则可以将这些弊端降低到最低程度。这样不仅仅节约大量的防锈油，降低使用成本，而且起到降低其他损耗的作用。

（3）利于环保。随着时代的进步，人们更加注重对自身赖以生存的环境进行保护。这就对防锈油的组成及使用也提出相应的要求，因而采用符合环保要求的防锈材料，开发具有可生物降解性的防锈油品，实施更为健康和有效的防腐包装工艺也将变得越来越重要。

（4）重视包装。为节约用油，方便使用，满足不同用户的实际使用需要，防锈油近年来出现了气溶胶罐、压力喷雾罐及普通瓶装等多种包装形式和容量规格，并逐渐走上了超市的货架。相信其包装在"更美观、更安全、更科学、更实用"原则指导下，今后将受到更多的重视和得到更快的发展。

1.4　我国气相缓蚀技术的发展概况

气相防锈技术也称VCI技术（VCI是英文气相缓蚀剂Volatile Corrosion Inhibitor的缩写），它是利用气相缓蚀剂对金属进行防锈保护的一种技术。其原理是：具有较低饱和蒸气压的气相缓蚀剂，挥发出一种可溶于水的特殊气体，附着在金属表面形成保护层，从而切断电子从阳极向阴极的移动，抑制了电化学反应的发生，同时也阻挡了一些加速金属腐蚀的物质侵蚀金属表面。该技术的发展主要包括三个方面：气相缓蚀剂合成及配方研制、各类气相防锈产品的开发应用及检测监测技术的研发。

与其他防锈方法相比较，气相防锈技术主要具有以下优点：

（1）防锈期长，可根据用户的实际需要设定防锈期，最长可达10年以上。

（2）使用操作方便，无须在被包装金属材料表面涂油，启封后可直接投入使用，显著缩短平战转换时间，且材料可反复使用，尤其适用于野战条件下的装备防护。

（3）不受被包装物品几何形状和体积的限制，气相防锈材料挥发出的气体可以到达被包装物品内部的任何空间，对结构复杂、不易为其他防锈涂层涂敷到的构件最为适宜。

（4）对武器装备的储存条件要求低，占用和消耗资源少，具有包装过程清洁、劳动强度低、综合成本低等特点。

（5）无污染，易处理，对人体无害，大部分材料可以回收利用。

1.4.1　气相防锈产品的开发应用

由于气相缓蚀剂的迅速发展及它在金属防锈方面所具有的优异效果，近些年来，气相防锈技术的应用越来越广，产品的种类也越来越多。从气相防锈产品的应用形式来看，目前国外主要有四种形式：气相防锈粉（包括片剂）、气相防锈纸、气相防锈油和气相防锈膜等。

（1）气相防锈粉。气相防锈粉是使用历史最长的气相防锈产品。使用时一般将气相防锈粉散布于被防护物上，或装入纱布袋、纸袋内，或压成片剂分置于被防护物四周各处。使用量按不透气包装一般为$35 \sim 525 g/m^3$，有效作用距离主要取决于气相缓蚀剂的饱和蒸气压，大致在$10 \sim 100 cm$。

包装后，最好在较高的温度下预膜数小时，以利于气相缓蚀剂挥发并吸附于金属表面。目前，气相防锈粉主要作为其他气相防锈方法的辅助方法使用。

（2）气相防锈纸。气相防锈纸是将气相缓蚀剂涂布（或浸）于牛皮纸或其他纸上，经干燥后，再分置于待包装物的周围，也可直接用来包装制件，再置于封闭包装内。

气相防锈纸所用的纸，可以是牛皮纸、在原纸上贴合一层塑料薄膜或铝箔的气相纸或沥青纸。纸上涂（或浸）气相缓蚀剂的用量为 $5\sim60g/m^2$，一般在 $20\sim40g/m^2$，视气相缓蚀剂种类和具体应用对象而定。有效作用距离比相应气相防锈粉要大一些，实际使用时，如果距离过宽，必须用气相缓蚀剂纸片或粉末，加在中间以弥补其不足。在包装时，纸与金属之间，不应夹杂有其他任何物质，特别是酸性的纸张和木材等。

（3）气相防锈油。气相防锈油是将气相缓蚀剂溶入切削油、润滑油中使用，具有润滑和气相防锈双重作用，适用于发动机、齿轮箱、油压装置等。

气相防锈油是目前仍在大范围使用的气相防锈技术之一。

（4）气相防锈膜。气相防锈膜最初的制备工艺是将气相缓蚀剂制成溶液，然后涂敷在塑料薄膜上，其典型组成形式为薄膜-薄膜形式，即将载体薄膜（常用聚乙烯醇缩丁醛和聚醋酸丁烯基树脂等，在此载体中内含气相缓蚀剂）用胶黏剂附着于基体薄膜（常用为聚乙烯、聚丙烯与玻璃纸等）上。但是由于技术上的问题，使用效果很差。国外近年已逐步发展成两层或三层的气相防锈膜，内层或中间层富含多组分气相缓蚀剂，外层透明、不透水、不透气。

美国 NTI 公司于 1980 年首先将 Zerust VCI（Zerust 气化性腐蚀抑制剂）合成于聚乙烯包装产品中，取代了防锈油及防锈粉等传统防锈处理工艺，使金属、机电产品在加工、运输、仓储过程中的防锈保护，达到了"干净、干燥、无腐蚀"的新境界，具有省时、省工、无污染、节约综合成本等显著优点。目前，气相防锈膜（简称 VCI 薄膜）已成为国外气相防锈技术的主流产品。使用时，将需要防锈的金属制品，直接用这种薄膜封装，就可以收到很好的防锈效果。

气相防锈膜的防锈时间可以达到 $3\sim5$ 年，如果同时放入气相缓蚀剂，则可以延长至 10 年。气相防锈膜的应用已逐渐趋于成熟，各国分别制定了相应标准，如美国标准：MILF—22019B，日本标准：JIS—Z—1901—63，中国国家标准：GB/T 19532—2012。

气相防锈产品在工业领域的应用主要是有以下几个方面：

（1）用于金属零件生产过程中的防锈。金属零件在各道加工工序之间，在加工成成品后进入装配阶段之前，或成品零件在进入包装工序之前，往往都要有一段停留时间，在此期间如不对金属零件采取防锈措施，金属零件很容易生锈。特别是那些不便采用涂油的零件更是如此。为此，许多企业采用气相防锈技术对成品和零件进行简易防护，如用气相防锈膜对零件进行包裹密封，对大型零件进行简易封存等，收到了很好的效果。

（2）用于金属产品运输过程中的防锈。许多金属产品在一个工厂加工后，还要运到另一个工厂进行加工、组装（如汽车发动机），这个过程的运输期可能很长，远洋运输一般可达半年以上。在运输期间金属产品可能会经历许多恶劣的环境，像高温、潮湿、海洋中的高盐空气侵蚀等。为了避免运输过程的金属腐蚀以及由此造成的经济损失，目前许多企业使用气相防锈材料对金属进行防锈，效果非常好。

（3）用于金属产品储存中的防锈金属产品从出厂到交付用户使用，一般要有一个时间过程。在这个储存期为避免金属产品腐蚀，往往采用气相防锈材料对产品进行包装。

图 1-1～图 1-3 显示了在工业领域使用气相防锈产品的情况。

图 1-1　用气相防锈膜包装小型机械零件

图 1-2　通用公司采用气相防锈膜包装曲轴

图 1-3　对即将海运的零备件进行包装

1.4.2　我国气相防锈技术的发展和应用

我国气相缓蚀剂的研究起步较晚，但是发展速度很快，目前已基本达到发达国家的水平，在应用方面甚至超过了发达国家。

我国从 1956 年开始研究气相缓蚀剂，并于当年合成了亚硝酸二环己胺。

1957 年机械科学研究院材料研究所合成了碳酸环己胺。1958 年沈阳化工研究分院为了寻求有色金属的气相缓蚀剂，合成了铬酸二环己胺、磷酸二环己胺及磷酸环己胺等。1959 年武汉材料保护研究所又配制了 20 多种气相缓蚀剂，并系统地研究了它们对钢及黄铜的缓蚀性能。

1960 年开始，气相缓蚀剂的研究生产与实际应用进入到迅速发展阶段。在机械工业中的许多产品都采用了气相缓蚀剂进行封存。

1966 年，武汉材料保护研究所与有关单位协作，突破气相缓蚀剂的材料关，结合我国资源的具体情况，研究了一系列取材容易、价格便宜的气相缓蚀剂。1968 年开始大量生产 2 号气相防锈纸（尿素和亚硝酸钠，比例为 1∶1），供全国机械产品工厂使用。

1967 年武汉材料保护研究所和几个协作单位，开始了对钢-黄铜同时生效的气相缓蚀剂的研究，确定了苯骈三氮唑、亚硝酸二环己胺和乌洛托品的混合配方，定名为 6 号防锈纸。1969 年开始生产。

1968 年，武汉材料保护研究所与有关课题协作单位又进行了多种金属（铁、铸铁、铝、黄铜）气相防锈的研究工作，以及气相防锈材料与非金属材料、特种材料的适应性的试验工作。此外，广州热带机床厂还研究成功了 16 号气相防锈纸，材保所研究成功了多效能的 8105 号及 19 号气相防锈纸。

从 20 世纪 90 年代以来，我国对气相防锈技术的重视程度有所提高，经过国家科技攻关计划和国家自然科学基金等专项资金的大力支持，我国气相防锈技术有了极大的提高。北京化工大学、湖南大学、上海电力大学、华东理工大学以及军械工程学院等高校都先后开展了新型气相缓蚀剂的合成及应用研究，目前已经授权的发明专利和实用新型专利达 2000 余项，研究成果已经广泛用于汽车制造业、金属加工业、锅炉、储油罐等行业，取得了非常好的应用效果和经济效益。

2 金属腐蚀

2.1 概述

通常我们把金属材料受周围介质的作用而损坏，称为金属腐蚀。金属的腐蚀过程属于化学变化过程，本质上就是金属单质被氧化形成化合物的过程。自然界中极少数贵金属，如金、银、铂、铱等是以金属状态存在的。除此之外，大部分金属都是以金属化合物的状态存在于自然界的。比如铁，是以氧化物、碳酸盐或硫化物存在于矿物中。铜大部分是以铜的碳酸盐存在于孔雀石铜矿中的。大量的事实说明，大部分金属的化合物状态比单质状态稳定。一般而言，绝大部分的金属都是经过耗能冶炼过程，从金属矿石中转变为单质形态的。从热力学角度分析，由于金属化合物处于低能位状态，而金属单质处于高能位状态，属于不稳定状态的单质会自发地转化成低能位状态的化合物。因此，对于大部分金属，腐蚀是自然趋势。

根据腐蚀程度及状态的不同，人们对金属腐蚀有着不同的叫法。习惯上，把金属或合金裸露在大气中由于氧、水分及其他杂质而引起的变色以及氧化生斑称为生锈或锈蚀，其腐蚀产物称为"锈"；在空气或含氧气氛中受热时，金属表面部分转变成氧化物，通常称为氧化，其氧化产物称为"氧化皮"；在强腐蚀介质，如酸、碱化学介质中引起的腐蚀被称为腐蚀。

2.2 金属腐蚀的分类

由于金属腐蚀的形态较多，腐蚀机理比较复杂，因此金属腐蚀的分类方法也是多种多样，至今尚未统一。目前，大部分研究者是根据金属腐蚀所经历的过程和腐蚀所需要的条件，大致按作用机理、破坏形式、破坏环境来进行分类。

2.2.1 按作用机理分类

按腐蚀的作用机理可将金属腐蚀分为化学腐蚀和电化学腐蚀两大类。

2.2.1.1 化学腐蚀

所谓的化学腐蚀是指干燥的气体或非电解质溶液与金属发生化学作用时形成的腐蚀。化学腐蚀的特点是具有一定能量反应粒子的周围介质与金属在金属表面直接进行电子授受或电子共用的化学反应，腐蚀过程没有电流产生。比如钢铁在高温时的氧化、银在碘蒸汽中的变化、盐酸在无水苯中对锌的腐蚀，都属于化学腐蚀。这类腐蚀所生成的产物多紧密地附着在金属表面形成膜层，一般称为表面膜。在常温下，表面膜通常是薄不可见的，有时只表现为轻微的失泽。一定条件下，有些致密的表面膜对金属起到防护作用，使金属不再进一步腐蚀。大量的研究实验表明，环境温度和表面膜成膜规律是影响化学腐蚀速度的主要因素。

2.2.1.2 电化学腐蚀

与化学腐蚀规律不同，电化学腐蚀是指金属在电解质溶液（如水溶液介质或潮湿环境）中由于原电池作用而发生的腐蚀。前面我们了解到，金属中通常含有其他金属杂质，即使金属单质，由于表面的不均匀性也会造成金属表面各处电势不同。当电解质存在条件下，一些溶解趋势较强的部位成为阳极，而一些溶解趋势较弱的部位成为阴极，金属与介质界面上便发生有自由电子参与的氧化还原反应，导致金属或金属化合物得失电子变为离子、配离子、氢氧化物等状态，破坏金属原有的物性而遭受腐蚀。电化学腐蚀的特点是腐蚀服从电化学动力学的规律，腐蚀过程有电流的伴随。

电化学腐蚀是最易发生的金属腐蚀。金属在大气、土壤、海水以及在各种电解液中发生的腐蚀均属于电化学腐蚀。电化学腐蚀危害极大，大气腐蚀过程中，它会在短期内使金属表面遭到大面积腐蚀。并且腐蚀会造成金属表面粗糙而使水等电解质介质的沉积量增多，加快腐蚀速度，形成恶性循环。故研究电化学腐蚀的原理及特点对于金属的防护有着重要的作用。

2.2.2 按破坏形式分类

金属的腐蚀往往是从金属的表面开始，逐渐以各种形式向金属内部发展。按腐蚀的破坏形式可将金属腐蚀分为全面腐蚀和局部腐蚀。

2.2.2.1 全面腐蚀

全面腐蚀是指腐蚀作用分布在整个金属表面上的腐蚀破坏。全面腐蚀又可分为全面均匀腐蚀和全面不均匀腐蚀。全面均匀腐蚀是腐蚀作用均匀地发生在整个金属表面上，金属表面上各部分的腐蚀速度基本相同，如图 2-1 所示。钢材在大气中的锈蚀和银的变色、金属的高温氧化等都属于这一类腐蚀。全面均匀腐蚀的危险性最小，设计金属结构时也较易控制。通常根据均匀腐蚀速度就可以算出相应的使用年限和该金属的设计安全系数。全面不均匀腐蚀，如图 2-2 所示，其危害性大于全面均匀腐蚀。

2.2.2.2 局部腐蚀

根据腐蚀特征的不同，局部腐蚀分为斑状腐蚀、点状腐蚀、陷坑腐蚀、晶界腐蚀、剥蚀和腐蚀断裂等。

A 斑状腐蚀

腐蚀像斑点一样分布在金属的表面，所占面积较大，但腐蚀不深，是全面不均匀腐蚀的初期特征，如图 2-3 所示。

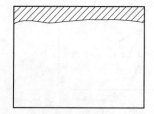 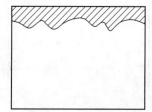 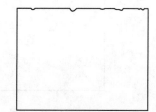

图 2-1 全面均匀腐蚀　　　　图 2-2 全面不均匀腐蚀　　　　图 2-3 斑状腐蚀

B 点状腐蚀

腐蚀面呈点状，面积不大，但腐蚀较深。如果因腐蚀造成穿孔，又被称为孔蚀，如图

2-4 所示。点状腐蚀多发生于能生成钝化膜或腐蚀产物膜，但膜又容易遭到破坏的金属结构材料上，如铝合金、铜镍合金等。孔蚀则多发生于因具有钝化膜才具有优良耐蚀性的金属结构材料上，如不锈钢。

C　陷坑腐蚀

陷坑腐蚀又称穴状腐蚀、溃疡腐蚀，比斑状腐蚀严重，陷坑表面积较大，腐蚀较深，能明显看出坑洞，如图 2-5 所示。钢在海水飞溅区的腐蚀常呈此种腐蚀形貌。

D　晶界腐蚀

腐蚀在晶粒与晶粒之间发生，通常金属外表面没有腐蚀迹象，如图 2-6 所示，这是一种极其危险的金属腐蚀。当腐蚀达到一定程度后，严重地损坏金属的力学性能，甚至可以使金属碎成粉末，造成的损失难以估量。一般电位相差较大的金属容易出现晶界腐蚀，如铝合金、18-8 不锈钢、黄铜等都具有晶界腐蚀敏感性。

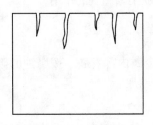 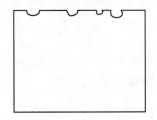 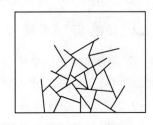

图 2-4　点状腐蚀　　　　　图 2-5　陷坑腐蚀　　　　　图 2-6　晶界腐蚀

E　剥蚀

通常腐蚀从表面的一个集中位置开始，逐渐向表层下方蔓延而表面外层保持完好，所以又常称为表面下腐蚀或表面剥离腐蚀。这种腐蚀通常出现金属表面隆起或分层现象，也被叫做层状腐蚀，如图 2-7 所示。剥蚀主要出现在具有晶间腐蚀敏感性的金属材料中，高强铝合金最容易产生这种腐蚀形貌。

F　腐蚀断裂

腐蚀断裂是指在腐蚀和机械应力共同作用下出现低于金属强度极限而发生的脆性断裂，如图 2-8 所示。断裂如果是沿着晶界发展称为晶间腐蚀断裂，断裂如果穿过晶粒而引起则称为穿晶断裂。

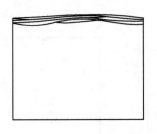 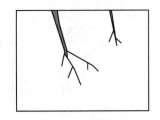

图 2-7　剥蚀　　　　　　　　　图 2-8　腐蚀断裂

除了上面主要介绍的腐蚀形态外，涂膜下丝状腐蚀、电偶腐蚀、缝隙腐蚀、空泡腐蚀等，同样属于局部腐蚀范畴。

2.2.3　按破坏环境分类

按破坏环境可将金属腐蚀分为大气腐蚀、土壤腐蚀、电解液中的腐蚀、应力腐蚀以及其他条件下的腐蚀。

（1）大气腐蚀。大气腐蚀是指金属裸露在潮湿空气中所发生的腐蚀。大气环境下形成的水膜往往含有水溶性的盐类及溶入的腐蚀性气体。无论在室内或室外，大部分金属及其制品是在大气环境下存放和使用的，例如桥梁、铁道、机械设备、车辆、电工产品以及武器装备等多数是在大气环境下使用，相比于其他类型的环境腐蚀，大气腐蚀是一种最为普遍的现象。

（2）土壤腐蚀。土壤是具有毛细管多孔性的特殊固体电解质。土壤腐蚀是指土壤的不同组分和性质对材料的腐蚀，如埋藏在土壤里的西气东输的输气管道、北油南调的输油管道、电缆、地下水管、排污管等的腐蚀。

（3）电解液中的腐蚀。金属在一切液体介质中所发生的腐蚀，如化工设备的酸、碱腐蚀，船舶、潜艇在海水中的腐蚀，液体金属管道的内腐蚀等。

（4）应力腐蚀。在实际的工程结构中，金属结构常常会遭到力学和电化学腐蚀的联合作用。在应力或外加负荷参与的条件下与腐蚀介质共同作用所发生的金属腐蚀称为应力腐蚀。恒定应力与电化学腐蚀的共同作用，称为应力腐蚀；交变应力与电化学腐蚀的共同作用，称为腐蚀疲劳；腐蚀产物的楔入应力与晶间腐蚀的共同作用称为剥蚀。

（5）其他条件下的腐蚀。高温气体腐蚀、熔盐腐蚀、杂散电流腐蚀、在液体金属中的腐蚀、生物的腐蚀、放射条件下的腐蚀、异种金属间的接触腐蚀等，也均属于破坏环境腐蚀。

常见的一些腐蚀术语见表 2-1。

表 2-1　常见的一些腐蚀术语

腐蚀类型	常　见　术　语
破坏类型	孔蚀、均匀、非均匀腐蚀、晶界腐蚀、穿晶腐蚀、选择腐蚀、剥蚀、丝状腐蚀
介质	大气、浸渍、地下、海水、化学熔岩、燃气、生物细菌、熔融金属、高温气体
腐蚀原因	浓差电池、双金属电池、活化-钝化电池、杂散电流、析氢、吸氧、注入、氢脆、碱脆
机械因素	应力、微动磨耗、疲劳、空穴、磨损
腐蚀产物	锈、变色、氧化皮、铜绿、锡疫

金属材料腐蚀等级分类见表 2-2。一般腐蚀速率以每年的腐蚀深度来表示。

表 2-2　金属材料腐蚀等级分类

耐腐蚀类别	腐蚀速率/mm·a^{-1}	等　级
完全耐腐蚀	<0.001	1
很耐腐蚀	0.001~0.005	2
	0.005~0.01	3
耐腐蚀	0.01~0.05	4
	0.05~0.1	5

续表 2-2

耐腐蚀类别	腐蚀速率/mm·a^{-1}	等　级
一般耐腐蚀	0.1~0.5	6
	0.5~1.0	7
欠耐腐蚀	1.0~5.0	8
	5.0~10.0	9
不耐腐蚀	>10.0	10

2.3　常见金属的腐蚀特征

常见金属的腐蚀特征见表 2-3。

表 2-3　常见金属的腐蚀特征

金属材料	腐　蚀　特　征	腐蚀产物	颜色
钢、铸铁	开始时，金属表面发暗，轻锈呈暗灰色，进一步发展会变为褐色或棕黄色，严重的呈棕色或褐色疤痕甚至锈坑，刮去锈蚀产物后底部呈暗灰色，边缘不规则。钢铁的氧化皮由氧化物的多层组成，最内层为 FeO，中层为 $FeO + Fe_3O_4$、Fe_3O_4，最外层为 Fe_2O_3	$Fe(OH)_3$	黄色
		Fe_3O_4、FeS	黑色
		$FeO(OH)$	棕色
		Fe_2O_3	红色
		$FeCl_2$	暗绿色
		$FeCl_3$	暗褐色
铜合金	铜的锈蚀呈绿色，也有呈橘红色或黑色薄层；铝青铜的锈蚀可呈白色、暗绿及黑色薄层，严重时呈斑点或层状突起，除去绿色锈蚀产物后，底部有麻坑；铅青铜的锈蚀有时呈白色；黄铜有脱锌腐蚀，锈蚀性破裂（又称季裂）	CuO	黑色
		Cu_2O	红棕色
		CuS	黑色
		$CuCl_2$	绿色
		$Cu(OH)_2 \cdot CuCO_3$	绿色
铝合金	初期呈灰白色斑点，发展后出现白色锈蚀产物，刮去锈蚀产物后底部出现麻孔；硬铝会出现局部腐蚀，剥蚀，晶间腐蚀	Al_2O_3	白色
		$Al(OH)_3$	白色
		$AlCl_3$	白色
镁合金	初期呈灰色斑点，发展后在锈蚀处出现灰色粉末，除去锈蚀产物后底部有黑坑。镁合金锈蚀一直沿阳极区深入，呈黑孔交错状	MgO	白色
		$Mg(OH)_2$	白色
		$MgCO_3$	白色
锌、镉、锡及其镀层	初期呈灰白色斑点，发展后生成黑色、灰白色点蚀，并有灰白色锈蚀产物，除去锈蚀产物后有坑；锌、镉在有机气氛下，腐蚀产物如白霜，俗称"长白毛"；锡、锌、镉在应力及湿度作用下会产生"晶须"	ZnO、$ZnCO_3$	白色
		$Zn(OH)_2$	白色
		$Cd(OH)_2$	白色
		$CdCO_3$、ZnS	白色
		$Sn(OH)_2$	白色
		$Sn(OH)_3$	白色
		CdO、CdS	黄色
		SnS	褐色

2.4 常见金属防护方法

金属防护的目的在于通过一定的防护技术来控制金属制品因腐蚀造成的消耗，降低腐蚀破坏，保持金属制品的物理性质和使用状态。根据金属的腐蚀机理以及外部环境对金属腐蚀的影响，金属防护主要从金属自身性质和采用辅助防护措施两个方面来设计考虑。

在金属制品设计初期，通过对金属制品使用环境的温度、湿度、设计用途等方面的分析，合理地选用金属材料能够大大提高金属制品抵抗外部环境腐蚀的能力。

对于已有的金属制品，为了防止其遭受外部环境的破坏，延长使用寿命，人们通常会选用合适的外部涂料、衬里、防护油品、缓蚀剂或者化学方法形成保护层（膜）以及特殊的技术手段来进行防护。

下面简要介绍几种常用的金属防护方法。

2.4.1 合理选用金属材料

如何使金属制品很好地发挥作用而尽可能小地遭受环境腐蚀破坏，合理地选用金属材料进行加工是必要的。合理地选用金属材料主要从金属制品的使用环境特点、加工工艺条件、特定用途、材料的结构、性质以及其在使用过程中可能发生的变化几个方面进行考虑。当然，金属材料的成本也是必须考虑的一个因素，在某种特定的环境中，应尽可能地选用成本低廉且能起到预期抗腐蚀能力的金属材料。总之，金属材料的选择必须遵循经济、可靠两个原则。因此合理地选用金属材料是一项细致而复杂的工程。

表 2-4 列出了几种常见的腐蚀环境及选用的金属材料。

表 2-4　常见的腐蚀环境及材料选用与防护

腐蚀环境	腐蚀介质	材料选用与防护
大气腐蚀	空气、水	可采用在碳钢、铸铁上附加保护层（油漆、防护油、镀层等），必要时可用合金钢或铜钢代替碳钢和铸铁，能够更有效地防止大气腐蚀。对于海洋气候环境，尽可能选用铬硅镍铜钢
土壤腐蚀	土壤、微生物、水	低合金钢与碳钢的腐蚀速度相似，可在碳钢外面涂漆、刷沥青等
海水腐蚀	盐水	低合金钢与碳钢的腐蚀速度相似，可在碳钢外面涂漆、刷沥青等，必要时可采用阴极保护
化工腐蚀	硝酸	室温条件下，浓硝酸可采用铝、碳钢。不浓或高温的硝酸可采用高硅铸铁、不锈钢等，不过最好选用非金属材料
	硫酸	70%以上的硫酸，室温下可用碳钢和铸铁，温度较高时采用不锈钢或高硅铸铁；在不浓的硫酸中，温度不太高时可用铜与铜合金、不锈钢，温度较高的稀硫酸采用铅、硅铸铁等
	盐酸	可采用含钼的高硅铸铁；对于高温高浓度盐酸实在没有一种较合适的材料时，尽可能选用非金属材料
	碱溶液	当浓度低于30%时，一般采用碳钢或铸铁；当浓度高于30%时，特别是在较高温度下，最好采用阴极保护或镀镍防护层
	盐溶液	腐蚀较大的是氯化盐溶液，例如氯化钙溶液冷却系统，极易产生应力腐蚀断裂，一般采用含钼的高硅铸铁

　　值得一提的是，充分考虑影响金属腐蚀的机械应力、热应力、流体介质的停留和聚集、局部过热等因素，来对金属制品进行合理的结构设计，如尽可能避免两种电位差较大的金属相互接触、尽量减少热应力和残余应力使焊接处均匀而平滑等，可有效地减缓腐蚀速度，大大降低金属严重腐蚀的风险。

2.4.2　电化学防护

　　前面我们知道电化学腐蚀是最为常见的一种腐蚀行为。由电化学腐蚀机理可知，在金属内部以电子为载体，电流由阴极流向阳极；而在与其相接触的电解质中则以带电粒子为载体，由阳极流向阴极，两者构成一个电流回路。整个腐蚀经历三个过程：一是阳极释放电子，即金属溶解；二是阴极接受阳极流过来的电子；三是电流流动。电化学防护就是阻止上述三个过程的发生，继而切断原电池的形成条件，达到防止金属腐蚀的目的。

　　电化学防护的实质是给被保护的金属通以电流使它们达到极化。根据极化方式的不同，电化学防护分为阴极保护和阳极保护。阴极保护是指向被保护金属给以大量的电子使阴极极化，进而消除阳极的溶解。阴极保护一般通过两种方式实现：一是直接将被保护金属连接到直流电源的负极；二是在被保护金属上连接一种电位更负的金属合金，称为牺牲性阳极的阴极保护。阴极保护是防止金属腐蚀较为有效的方法之一，主要适用于能导电的、易发生阴极极化且结构不太复杂的体系，如地下管道，地下贮槽，地下电缆，船舶，水库闸门，港湾码头，化工设备中的冷凝器、冷却器、热交换器等。

　　阳极保护原理与阴极保护相反，是指向金属表面通入足够的阳极电流，使金属发生阳极极化，电位变正并处于钝化状态，金属溶解大为减缓的一个过程。与阴极保护相比，它具有耗电量小、适用于硫酸类腐蚀介质的特点。目前广泛应用于碳钢、不锈钢-浓硫酸系统、碳钢的氨水贮槽、碳化塔设备等。需要注意的是，阳极保护法只适用于具有活化-钝化转变的金属在氧化性介质（如硫酸、磷酸、有机酸）中的腐蚀防护。在含有吸附性卤素离子的介质环境中，阳极保护法是一种危险的保护方法，容易引起金属点蚀。

2.4.3　覆盖保护层防护

　　在金属表面上涂覆保护层是防止金属腐蚀最普遍、最经济和最主要的方法。涂覆保护层的目的在于将金属制品与腐蚀介质有效地隔离，阻止去极化剂氧化金属。根据涂覆材料性质的不同，保护层通常分为金属保护层和非金属保护层。

　　金属保护层是将一种金属镀在被保护的另一种金属制品表面而形成的保护镀层。这种方法主要是防止大气腐蚀。如果金属保护层的电位比基体金属的电位要负，这种保护层称为阳极保护层。比如在钢上镀锌镉是阳极保护层。如果金属保护层的电位比基体金属的电位要正，就称为阴极保护层。比如铁上面的锡、铅、铜等镀层都属于阴极保护层。金属覆盖层主要是通过电镀、喷镀、热镀、化学镀等方法实现。

　　电镀，是利用电解原理在某些金属表面上镀上一薄层其他金属或合金的过程。电镀时，镀层金属（镀层金属多采用耐腐蚀的金属）或其他不溶性材料做阳极，待镀的工件做阴极，镀层金属的阳离子在待镀工件表面被还原而形成镀层。电镀不仅能够有效增强金属的抗腐蚀性、增加硬度、防止磨耗，还能提高金属材料的导电性、光滑性、耐热性和表面美观度。

　　喷镀，又称热喷涂。用熔融状态的喷涂材料，以一动力装置喷涂到金属制件表面，形成一完整的覆盖层的技术。喷涂材料可为金属或非金属，利用热源将其熔化或软化，靠热源自身动力或外加压缩气流，将熔滴雾化或推动熔粒成喷射的粒束，以一定速度喷射到基体表面形成涂层。使用的热源一般有气体燃烧火焰、气体放电热、电热和激光。金属制件经过喷涂处理，可以提高其防腐性、耐热性和耐磨性，还能增加其厚度或修复尺寸等。

　　热镀是将清洁处理过的工件放入溶化的锌池内等温后取出，工件表面会包上比较厚的锌，一般达 0.2mm 以上。主要应用于户外的螺栓螺母、大型钢铁构件等，可几十年不锈。

　　化学镀也称无电解镀或者自催化镀，是在无外加电流的情况下，借助合适的还原剂，将镀液中金属离子还原成金属，并沉积到金属表面的一种镀覆方法。与电镀相比，化学镀技术具有镀层均匀、针孔小、不需要直流电源设备、能在非导体上沉积和具有某些特殊性能等特点。另外，由于化学镀技术废液排放少、对环境污染小以及成本较低，在许多领域已逐步取代电镀，成为一种环保型的表面处理工艺。目前，化学镀技术已在电子、阀门制造、机械、石油化工、汽车、航空航天等工业中得到广泛的应用。

　　常见的非金属涂层主要有防锈油脂、油漆、塑料、搪瓷等。例如，汽车外壳的喷漆，枪炮、机器设备等表面涂覆的防锈油脂。搪瓷涂层因有极好的耐腐蚀性能而广泛用于石油化工、医药、仪器等工业部门和日常生活用品中。

2.4.4　缓蚀剂防护

　　缓蚀剂通常是指能够降低腐蚀速率的物质，在腐蚀环境中添加少量的缓蚀剂以阻止或减缓金属腐蚀。例如，碳钢制的水槽中，常常会在水、气接触界面上因腐蚀而产生红锈，如果事先在水中加入少量聚磷酸钠，则红锈的生成将大大减少，聚磷酸钠便是抑制碳钢水线腐蚀的缓蚀剂。缓蚀剂的作用机理是通过吸附或与腐蚀产物生成沉淀而覆盖在金属电极表面形成保护膜，从而减缓电极过程的速度，达到缓蚀的目的。由于其在使用过程中无须专门设备，无须改变金属构件的性质，因而具有使用方便、投资少、收效快等优点。缓蚀剂防腐蚀已广泛应用于石油、化工、钢铁、机械、运输等行业，成为十分重要的腐蚀防护手段。

　　缓蚀剂分为无机缓蚀剂（如硅酸盐、正磷酸盐、亚硝酸盐、铬酸盐等）和有机缓蚀剂（一般是含 N、S、O 的化合物，如胺类、吡啶类、硫脲类、甲醛、丙炔醇等）。缓蚀剂也可分为阳极缓蚀剂和阴极缓蚀剂。阳极缓蚀剂是直接阻止阳极表面的金属进入溶液，或在金属表面上形成保护膜，使阳极免于腐蚀。但是如果加入缓蚀剂的量不足，阳极表面覆盖不完全，则导致阳极的电流密度增大而使腐蚀加快，故有时也将阳极缓蚀剂称为"危险性缓蚀剂"。阴极缓蚀剂主要抑制阴极过程的进行，增大阴极极化，有时也可在阴极上形成保护膜。阴极缓蚀剂则不具有"危险性"。

　　另外，还有一类特殊的缓蚀剂——气相缓蚀剂，它挥发出的气体与金属表面发生物理或化学吸附（或反应），形成一层致密的保护层，从而阻隔氧气、水和其他腐蚀性介质与金属表面的接触，达到防锈的目的。这是一种非接触式防锈技术，具有洁净程度高、防锈周期长、启封简便等特点，目前在国内外的汽车制造厂等金属加工行业有广泛的应用。

2.4.5　金属保护膜防护

　　和覆盖保护层防护不同，这里提及的金属保护膜的形成往往是化学过程，通过化学氧化技术手段，在金属接触环境使用之前先经表面预处理，形成一层致密的保护膜，用以提高材料的耐腐蚀能力。例如，钢铁部件先用钝化剂或成膜剂（铬酸盐、磷酸盐等）处理后，其表面生成稳定、致密的钝化膜，抗蚀性能因而显著增加，在以后的使用环境中就不必另外再加入缓蚀剂进行防护。

发蓝技术是最早应用于钢铁部件表面处理的技术，该工艺主要通过高温碱性氧化实现金属保护膜的形成。溶液体系比较稳定，操作要求不高，膜层外观美。但同时存在着不可克服的缺陷，如能耗大、效率低、耐蚀性不及磷化膜，且铸铁件发黑通常为黑褐色或红褐色，不同材料处理后的颜色不能达到一致，而且其操作过程产生大量有毒有害气体，污染环境（存在致癌物、产生大量碱雾等），对操作人员造成很大的危害，所以正在逐步淘汰。

目前，钢铁部件表面处理技术主要是黑色磷化技术。该技术适用范围广，处理钢材、铸铁、铸钢、高硅钢均等能达到色泽均匀的黑色膜，解决了传统发蓝此类工件表面为红色、褐色或棕色的质量问题。而且使用过程无污染、无毒害，不产生有害气体，保护环境。磷化膜层具有与基体结合牢固，吸附性、润滑性、耐腐蚀性、电绝缘性好，环境污染小等特点，广泛应用于化工生产、汽车制造、船舶制造、机械制造，兵器、航天、航空工业中钢铁件的耐腐蚀防护。黑色磷化技术也存在着一些缺陷，比如其对金属表面的前处理要求高，对弹簧件、弹簧片容易产生氢脆现象等。

3　防锈添加剂

3.1　概述

防锈添加剂又称防锈剂或缓蚀剂，指可增强润滑油品抗空气中氧、水分及其他腐蚀介质侵蚀金属表面而使金属被锈蚀、损坏的一类物质。缓蚀剂的种类繁多，应用范围很广，同时它们的作用机理大不相同。因此，缓蚀剂具有各种不同的分类方法。

根据化学组分，缓蚀剂可分为无机缓蚀剂和有机缓蚀剂。无机缓蚀剂是在金属表面引起化学变化，以产生钝化作用的物质，阻止腐蚀介质的侵蚀；有机缓蚀剂是在金属表面发生物理或化学吸附，阻止腐蚀介质向金属表面接触。根据缓蚀剂对腐蚀过程阻滞作用的不同，又分为阳极型缓蚀剂（又称钝化剂）、阴极型缓蚀剂、混合型缓蚀剂、吸附型缓蚀剂（又称有机缓蚀剂）。根据酸碱性质不同，分为中性缓蚀剂、酸性缓蚀剂、碱性缓蚀剂等。根据用途的不同，分为水溶性缓蚀剂、油溶性缓蚀剂、气相防锈剂。

油溶性缓蚀剂一般是具有极性基和亲油基的一种油溶性表面活性剂，是防锈油品中最主要的和不可缺少的组分。下面主要对油溶性缓蚀剂以及调制防锈油脂常用的辅助添加剂进行梳理介绍。

3.2　油溶性缓蚀剂的作用机理

在防锈油脂中，一般都添加油溶性缓蚀剂以提高其防锈性能。油溶性缓蚀剂的共同特点是结构的不对称性，即由一端为极性基团（如—OH、—COOH、—NH$_2$、—SO$_3$等）和另一端为非极性基团（如烃基—R—）组成。有的缓蚀剂还具有多极性基团，以及含有两个以上的非极性基团。其极性部分与金属和水等极性分子的物质有亲和能力，而非极性部分即烃基，因其结构与油类似，所以它们具有亲油憎水的能力。而金属表面的原子与内部原子不同，因剩余的键力而表现一定极性。正是由于油溶性缓蚀剂分子的不对称结构以及金属表面的极性吸引，缓蚀剂的极性基憎油亲金属亲水，而非极性基亲油憎水，所以它们容易吸附在油-空气界面和油-金属界面，并且有序地紧密排列。这样水、空气和腐蚀介质就难以穿透这层界面薄膜，从而起到防锈作用。

由于定向吸附的结果，缓蚀剂在油-金属界面上的浓度远远大于它在油中的浓度，所以防锈油中虽然加入少量缓蚀剂，但由于它在油-金属界面相对集中，所以能达到明显的防锈效果。缓蚀剂溶于油后，除了大部分在金属与油的界面上吸附外，剩余的则以极性基团朝内，非极性基团即亲油基朝外形成多分子聚集的胶束或胶团而分散。缓蚀剂因极性基团的强弱不同，胶团聚集的分子数由几个到几十个不等。油溶性缓蚀剂作用机理见图3-1。

影响缓蚀剂在金属表面吸附能力的因素有很多，主要集中在以下几种情况：

（1）金属表面状况。实验表明，金属表面的粗糙度和金属基体的种类都与分子间的

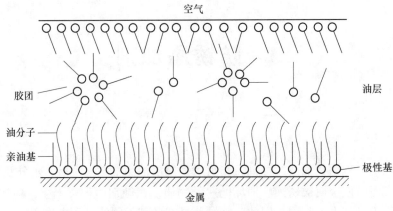

图 3-1　油溶性缓蚀剂作用机理

范德华力有关系。一般认为，磨光的金属表面，范德华力大小均匀，缓蚀剂能良好地吸附于金属表面。相反，在粗糙的金属表面上，缓蚀剂分子多出现排列无秩序、覆盖不规则的现象，大大降低防锈效果。同一种缓蚀剂对不同材质的金属的电子得失的难易程度是不同的，这使得缓蚀剂会有选择地吸附于金属表面，大量实验表明金属材质的不同导致缓蚀剂防锈能力的差异是显而易见的。因此，针对不同金属材质有目的地选定缓蚀剂以及做好金属表面预处理能够直接影响缓蚀剂在金属表面的吸附效果，继而影响缓蚀剂的防锈效果。

（2）缓蚀剂分子烃基的结构与大小。缓蚀剂的烃基对其在金属表面上的排列是有影响的。正构烃基可使缓蚀剂在金属表面紧密排列，但是单纯的支链的正构烃基极性化合物彼此之间，以及与油分子间的联系不够牢固，且总有一定的空隙，在油中的溶解度较差，所以防锈效果也不理想。如果支链偏多偏大，造成分子体积偏大，分子紧密排列会因空间位阻的影响而受到妨碍，也会对缓蚀剂的吸附产生影响。因此，带有一定支链的分子，在油中的溶解较好，且期间交错钩结，使吸附膜更为紧密，能够很好地提高缓蚀剂分子在金属表面上的吸附能力。

一般认为，缓蚀剂结构中烃基链的碳原子越多，防锈性越好。随着碳原子的增多，可能加厚缓蚀剂在金属-油界面上定向吸附层。但碳原子的数量多少是相对的，如果偏多，会造成烃基体积加大，其油溶性能相应下降，所以烃基的大小还要与基础油相适应。

（3）极性基团的强弱。防锈能力强的油溶性缓蚀剂，必须具备足够强的极性基团。如果分子中只有一个较弱的极性基团，缓蚀剂吸附于金属表面的能力就会低于含有较强的极性基团的分子。实例证明，当分子中有两个以上相宜的较弱极性基团时，也可以使缓蚀剂具有良好的防锈能力，比如烯基丁二酸。但是随着极性基团极性的增强，缓蚀剂的油溶性就会变差，这时通常会向缓蚀剂中添加些助溶剂补救，如高级醇、酯、石油磺酸钠、山梨糖醇油酸酯等。

皂中的金属离子也会影响极性基团的强弱。大量数据表明，含有电位较负的金属离子（如钙、镁、钡、铝、锌等）的高分子羧酸皂及磺酸盐类油溶性缓蚀剂，比相应的羧酸极性强，且具有良好的防锈性能。对于同一种有机酸，不同种类的金属皂防锈效果也不同，一般碱金属皂比碱土金属皂的亲水性强，常用作防锈乳化液。而碱金属皂多为疏水性，常被用来长期防锈。

（4）外界环境的影响。环境温度主要能够影响吸附分子的极性大小，继而影响其吸附能力。一般地说，分子的极性越强，吸附也就越牢固，因而脱离金属表面时的温度也就越高。因此缓蚀剂分子吸附到金属表面形成油膜存在一个温度极限值，并且极限值随着分子量的增加而提高，当外界环境温度高于极限值，缓蚀剂分子则无法稳定地吸附于金属表面。

水的浸沥作用也会影响缓蚀剂的吸附效果，即使缓蚀剂的水溶性较小，如果长时间与水接触，也会破坏已经形成的吸附层。为了弥补这一缺点，可以控制防护环境的水分，或者增加油溶性缓蚀剂的用量，这样可以在开始时水分被溶解于缓蚀剂而饱和，降低水分的浸沥作用。

3.3 油溶性缓蚀剂的分类与选择

3.3.1 油溶性缓蚀剂的分类

油溶性缓蚀剂是防锈油脂起到防护作用的核心物质，现在国内外已知的缓蚀剂就有几百种，但实际使用中也就一二十种。它们可以按其用途、物理性质、化学结构等不同角度进行分类。为了便于研究和应用，通常人们把缓蚀剂的结构与成分联系起来，由于油溶性缓蚀剂分子防锈效果的差异主要体现在极性基团，所以，根据油溶性缓蚀剂的极性基团将其分为以下六类。

3.3.1.1 磺酸盐及其他含硫化合物

磺酸盐及其他含硫有机物是一类应用较早、使用最广泛的油溶性缓蚀剂，其化学表达式为 $(R—SO_3)_n·Me_m$，式中，R 代表碳链，Me 代表金属，n、m 代表小的正整数。石油磺酸盐是一种可以流动的深棕色油状液体，简称 PS（Petroleum Sulfonate），是以分子量较高且芳烃富集的石油馏分油为原料（多为原油、拔头原油、原油馏分和原油加工半成品油），以浓硫酸（发烟硫酸）或 SO_3 作磺化剂，经磺化工艺引进磺酸基团，并通过碱中和、萃取得到产物。其主要成分是一种芳烃化合物的单磺酸盐，其中有一个芳环与几个五元稠环合在一起，或者有两个芳环与几个五元稠环合在一起，其余的则为脂肪烃和脂肪环烃的磺化物或氧化物。石油磺酸盐水溶性好，在油系统中显示优良的表面活性。作为重要的防锈油添加剂，由于其取材广泛、生产工艺简单且成本较低，逐渐成为一种有价值的工业制品。

据实验数据表明，磺酸根离子是吸附性好的极性基团之一，随着石油磺酸钙添加量的增加，皂含量和碱值越高，吸附性能越好，防锈性能越好。钠盐是强吸水性的亲水化合物，能阻止水分与金属表面的直接接触，常被用作乳化剂。但是亲水的极性基端所吸收的水分达到饱和后，就失去防锈作用。而磺酸钡不仅其非极性的烃端为疏水性的，同时其极性基端的钡盐也是疏水性的，能够起到双重隔离水的效果。因此，实际使用中，最常用的是石油磺酸钡，其次是钙盐、钠盐和镁盐。磺酸钡主要用于工序间和长期封存防锈油脂中，具有良好的防锈性能和抗盐雾性能，对人汗和水膜具有中和置换作用，适于黑色金属及有色金属。磺酸盐还有一定的增溶作用，能够捕集与分散油中水和酸等极性物质，将它们包溶于胶束或胶团中，从而排除其对金属表面的侵蚀。

石油磺酸盐还是一种高品质的表面活性剂，经常与表面活性剂助剂复配，能够降低油水界面张力，提高洗油效率，用于油田三采期的驱油。

随着科技不断进步，国内外研究发展了人工合成的磺酸盐，如我国合成的二壬基萘磺酸盐和重烷基苯磺酸盐。二壬基萘磺酸钡是一种多用途的油溶性缓蚀剂，具有一定的抗盐水能力，对黑色金属具有较好的缓蚀效果，对黄铜效果良好，对青铜和紫铜效果略差，可用于配制各种防锈油脂。并且，二壬基磺酸钡色泽浅，特别适用于配制浅色防锈油脂，与十二烯基丁二酸等偏酸性的防锈添加剂配合使用，其效果较好。

石油磺酸钡和合成磺酸钡均具有优良的防锈性能，是其他类防锈剂所不具备的。但缺点是耐大气腐蚀不如羧酸皂类，所以常与其他防锈剂或表面活性剂复合使用，以达到更好的防护效果。

其他含硫化合物如磺基丁二酸二锌酯、α-硫基苯并噻唑都可用于石油产品输油管道作为油溶性缓蚀剂，α-硫基苯并噻唑还可作为铜的缓蚀剂。

3.3.1.2　高分子羧酸及及其金属皂类

高分子羧酸及其金属皂类一般具有优良的耐潮湿性和抗大气腐蚀能力，对钢铁、铜及镀锌、镀镉的金属均有良好的防锈效果，适宜作为长期封存防锈油脂用缓蚀剂。其化学表达式为 R—COOH 及 $(R—COO)_n \cdot Me_m$。一般来讲，长链脂肪酸及单羧基的极性基团极性较弱，吸附能力不强，缓蚀防锈效果也较差。为了增强其极性，往往通过将其制成金属皂或者引入第二个极性基团，如—OH、—COOH 等，来提高吸附能力，进而提高缓蚀能力。极性基团的引入不是越多越好，多项试验表明，随着分子极性的增强，缓蚀剂的油溶性会降低，所以对于极性基团及金属离子的引入需要综合考虑。

普通的高分子羧酸多指动、植物脂肪酸和石油酸。动、植物脂肪酸主要有牛油酸、羊油酸、棕榈酸、硬脂酸、蓖麻酸、油酸等。石油酸，也就是通常所说的环烷酸，主要来自石油产品。环烷酸都含有单个羧基的高分子羧酸，油溶性好，但防锈效果差。

合成脂肪酸是在一定温度和催化剂的作用下将矿油某一段馏分的氧化产物继续被空气氧化得到的，如氧化石油脂、氧化地蜡等。氧化过程中会产生少量的中间产物，如羟基酸、酮酸以及醇、酮等。氧化得到的合成脂肪酸通常含有多个极性基团，并且分子结构与润滑油结构相似而与之有效配合，对金属能产生较强的吸附能力，形成稳定的吸附膜层，比脂肪酸防锈效果更好。比如氧化石油脂，这种防锈剂是脂肪酮、醛、醇、烃基酸的混合物。氧化石油脂含有羧、羟基等极性基团，对金属表面具有较强的吸附能力、较好的油溶性、良好的缓蚀效果，其缓蚀性能优于脂肪酸，甚至优于硬脂酸铝和环烷酸锌等。氧化石油脂对黑色金属有明显的缓蚀作用，但对黄铜和铝有腐蚀性。合成脂肪酸的缺点是，随着氧化得到的极性基团越多，其油溶性越差，所以实际使用过程中常常加入其他助剂配合使用。

目前，许多厂家研制出了大量合成多极性高分子羧酸，如烯基丁二酸、烷基丁二酸（如十六烷基丁二酸）、羟基脂肪酸（如 α-羟基十八酸）、苯氧基十八酸、壬基苯氧基乙酸、N-油酰肌氨酸、烷基苯氧基醋酸等。其中，十二烯基丁二酸是一种良好的油溶性缓蚀剂，不溶于水，溶于有机溶剂和油，是目前使用最多的一种合成多极性高分子羧酸。它在油中能够稳定存在，带有憎水长链烃基，具有对金属有强烈吸附能力的极性基团。此外，合格产品还具有性质稳定，遇水不乳化、不分解和不起泡等特点。在实际使用中通常与二壬基萘磺酸钡和烯基咪唑啉等配合使用，能够达到更好的防锈效果。烯基丁二酸的衍生物也同样具有良好的防锈性，如它与醇胺反应制得的防锈剂不但具有防锈及抗氧化性能，加入汽轮机油、仪表油、液压油中还能降低相应油品中沉积物的生成。

将高分子羧酸制成不同种类的金属皂类，能显著提高其对金属的吸附能力，提高防锈性能。但是不是所有的脂肪酸制成的金属皂都能作为缓蚀剂，因为部分金属皂在油中的溶解度比其相应的酸要小得多，有的多极性基团的酸、羟基酸、二元酸甚至不溶于油。能够制成金属皂类用于防锈剂的酸主要有油酸、硬脂酸、氧化石蜡、环烷酸、羊毛酸等，因为它们在油中的溶解度较大。常见的高分子羧酸皂有环烷酸锌、硬脂酸铝、羊毛脂镁、氧化石油脂钡等。在对高分子羧酸金属皂的使用过程中发现，由于制备过程中化学反应不完全而造成金属皂中常常含有一些游离的脂肪酸。这些脂肪酸不仅不会影响金属皂的防锈性能，反而可以改善金属皂在油中的溶解性，起到助溶和分散剂的作用。特别注意的是，金属皂类对钢铁等黑色金属有良好的防锈作用，但是其对锌的缓蚀作用不如磺酸盐类，对铅的影响较大，所以常常与磺酸盐复合使用。高分子羧酸金属皂遇水会分解，降低油溶性，储存过程中常会有沉淀析出，添加到油品中使油品乳化等现象。因此，高分子羧酸金属皂一般不用于齿轮油、液压油等润滑油中作为缓蚀剂，而多用于封存用防锈油中。

3.3.1.3 酯类

酯类化合物很早就作为油溶性缓蚀剂用于防锈油脂中，其分子表达式为$RCOOR'$。一般简单的酯类油溶性强，极性较弱，须在油中加入很大浓度才能达到防锈效果，其优点是比酸类油溶性好，抗湿热性好，能改善重叠性，还有一定的助溶、分散作用。酯中和性不如皂类，但比羧酸类要好，一般和其他缓蚀剂复合使用可提高其防锈性。

天然的酯类化合物主要有蜂蜡、羊毛脂。蜂蜡是工蜂腹部下面四对蜡腺的分泌物质。其主要成分有酸类、游离脂肪酸、游离脂肪醇和碳水化合物。蜂蜡具有良好的塑性和抗水性能，添加在防锈油中可提高防锈油对金属的黏附力，在-40℃下不发脆、不开裂。但是其成本较高，来源单一，限制了它在防锈油品中的应用。

羊毛脂是由羊的皮脂腺分泌出来的天然物质，主要成分是甾醇类、脂肪醇类和三萜烯醇类与大约等量的脂肪酸所生成的酯，约占95%，还含有游离醇4%，并有少量的游离脂肪酸和烃类物质。羊毛脂为淡黄色或棕黄色的软膏状物，有黏性而滑腻，臭微弱而特异。羊毛脂是一种高极性物质，具有强吸附性，形成的油膜具有良好的抗酸、碱、盐等腐蚀介质，与水起乳化作用，长期储存不易变质，且储存越久黏性越强。由于羊毛脂对金属具有极强的黏附力，所以会对油膜的去除带来一些困难。羊毛脂常作为黑色和有色金属的缓蚀剂，实际应用表明，含60%羊毛脂的石油溶剂在良好的贮存条件下，可封存钢铁超过5年。对黄铜、镍和银等有色金属，用添加羊毛脂的防锈油脂保护，可使其超过2年不发生腐蚀。

羊毛脂单独作为缓蚀剂使用时添加量很大，一般达到10%~20%。为了提高其防锈性，减少其使用量，实际使用过程中，多用羊毛脂的衍生物作为缓蚀剂，并与石油磺酸钡、环烷酸锌等复合使用。防锈油脂中使用的羊毛脂的衍生物一般是指羊毛脂皂类及磺化羊毛脂皂类。磺化羊毛脂皂类主要是羊毛脂磺酸钙。羊毛脂皂类主要是镁皂和铝皂。这些皂类缓蚀性能优于羊毛脂本身，特别是在盐水浸渍和湿热箱中效果更好，适用于黑色和有色金属。作为缓蚀剂，羊毛脂皂类用量仅为3%~5%。与羊毛脂相比，其对金属表面附着力强，特别用于溶剂稀释型防锈油时，金属表面油膜难以去除。值得提及的是，由于羊毛脂是混合物，其含有可皂化的脂肪酸以及不可皂化的醇类，制成皂后，这些不皂化的醇类及少量的羟基酸皂在油中溶解不充分，有时会在油品表面出现结皮现象。

前面提到，简单的酯类极性较弱，在油中加入很大浓度才会有效，因此，往往在酯类化合物上引入另外的极性基团，以增加它的极性，提高其防锈效果。合成酯类化合物主要有：脂肪酸季戊四醇酯、己二酸丁醇脂、单油酸丁二醇酯或丁三醇酯、山梨糖醇酐单油酸酯（司本-80）、蔗糖脂肪酸酯等。其中，目前使用最广的是山梨糖醇酐单油酸酯。蔗糖脂肪酸酯油溶性差，防锈性也不好。将蔗糖同二元酸和一元酸混合酯化产物，其防锈和抗盐雾比单用一种酸的酯好。

3.3.1.4　胺类及其他含氮有机物

含氮有机物中，胺类是最早使用的缓蚀剂，其表达式为 R—NH$_2$。胺类按其烃基长短，可分为水溶性和油溶性。烃基较小的胺类主要有三乙醇胺、单乙醇胺、六次甲基四胺、尿素等，常常作为水溶性缓蚀剂。烃基较大的主要有月桂胺、十八胺、二环己胺等，常常作为油溶性缓蚀剂。胺类缓蚀剂具有一定碱性，因此对黑色金属有效，并具有良好的酸中和性和一定的汗液中和置换性，但对铜合金会引起腐蚀。

胺的极性较相应的有机酸小，所以单纯的胺类在矿物油中的溶解能力和防锈效果均不理想。为了增加其油溶性，避免其从油中析出，常常添加醇类、酯类和植物油脂等助溶剂。为了提高胺类的缓蚀作用，常与油溶性磺酸盐、环烷酸盐、有机磷酸盐或羟酸盐复合使用，如烷基丙二胺与三乙基四胺混合使用，可达到较好的防锈效果。如果用油溶性磺酸、环烷酸、有机磷酸及某些羧酸将其中和成盐，能够大大提高油溶性和防锈性。胺与有机酸所形成的盐如硬脂酸二环己胺、油酸十八烷胺、油酸三乙醇胺、油酸二环己胺、月桂酸二环己胺、N-油酰肌氨酸十八胺等都是较为有效的缓蚀剂。

胺及其衍生物还可以作为气相防锈油的缓蚀剂。如异丙胺、二乙胺、环己胺、辛胺、乙二胺、二乙烯基三胺、三乙烯基四胺等，但这类缓蚀剂挥发性大，气味、毒性大，正在逐步在气相防锈油中被淘汰。

酰胺是羧酸中的羟基被氨基（或胺基）取代而生成的化合物，也可看成是氨（或胺）的氢被酰基取代的衍生物。长链的酰胺具有较强的吸附能力和良好的抗海水腐蚀能力。比如当葵二酸与十二烷胺形成的二酰胺与石油磺酸钡复合使用时，可大大提高油品的耐潮湿性和耐盐水浸渍性能。

N-油酰肌氨酸是一种高效油用防锈添加剂、无灰型缓蚀剂和良好的表面活性剂，对人体无毒，可生物降解，广泛地应用于腐蚀抑制剂、润滑剂、燃料添加剂等工业部门。其对钢铁的防护十分有效，添加量较大时，对铅、锌、铜均有腐蚀作用。

咪唑啉类及其衍生物是近年来发展较快的一类含氮无灰油溶性缓蚀剂，其分子结构中含有氮五元杂环的化合物，它具有相容性好、热稳定性好、毒性低、抗湿热好、抗盐水好、能阻垢杀菌等特点，是当前缓蚀剂领域研究的一个热点。咪唑啉衍生物缓蚀剂的突出特点是：当金属与酸性介质接触时，它可以在金属表面形成单分子吸附膜，改变氢离子的氧化还原电位；也可以配合溶液中的某些氧化剂，达到缓蚀的目的。该类缓蚀剂与各种有机酸和其多余的胺基生成的盐，不但油溶性好而且防锈性也好，并且也适用于铜合金。近年来，咪唑啉衍生物缓蚀剂产品如 SO-1、CL-1、KS-98 等商品牌号，在大庆油田、胜利油田和中原油田中应用，反应效果良好。相关文献报道，美国很多油田使用的有机缓蚀剂中咪唑啉及其衍生物用量最大。

3.3.1.5 磷酸酯及其他含磷有机化合物

含磷的有机物缓蚀剂通常作为润滑油的防锈、抗氧、抗磨多效添加剂。常见的有酸性磷酸酯、酸性亚磷酸酯及硫代磷酸酯类等。双十八烷基磷酸酯、双辛基磷酸酯、双环己基磷酸酯等是典型的酸性磷酸酯，只要添加 0.2% 就能是防锈油，通过液相锈蚀试验。磷酸酯具有容易水解的缺点，会在试样表面形成一层灰暗色的反应膜，所以它一般不能单独用于封存类防锈油。常与胺类、咪唑啉类反应，得到具有良好抗盐水性和耐潮湿性的防锈剂。磷酸酯制成纯单酯或双酯形式困难，工业上采用其混合物制成酸或金属盐、铵盐的形式。其中，Na、Ca、Mg、Ba 和 Pd 等的金属盐或铵盐均有防锈效果。常见的有机物包括十二烷基酸性磷酸酯和9-亚磷酰基硬脂酸，尤其采用9-亚磷酰基硬脂酸与石油磺酸钡配合使用时，可明显改善其酸性。

烷基硫代磷酸酯及其金属盐类常作为抗氧、抗腐、抗磨、浮游和降凝添加剂用于液压油、内燃机油、齿轮油等，很少作为防锈油中的防锈剂。

3.3.1.6 杂环化合物及其他

杂环化合物及其衍生物具有分子结构紧凑、良好的防锈性能、含活性元素、环境危害低等优点，其防锈性能主要是杂环上与 N 成键的官能团的作用。疏水基团远离金属表面形成一种疏水层，对电极表面起到外围阻止作用，并对腐蚀介质向金属表面的迁移起到阻碍作用；而亲水基团可以有效地提高缓蚀剂的水溶性来增强缓蚀剂的缓蚀性能。

含硫、磷的聚丁烯加水分解的产物与硼酸反应的生成物、链烷醇胺与硼酸反应的生成物、聚胺与硼酸反应的生成物、三烷基硫代硼酸盐、羊毛脂酸等都可以作为防锈添加剂。苯甲基二胺与乙二醇硼酸反应生成的盐可防止铜-铅合金的腐蚀，三聚甲醛可防止银合金的腐蚀，均苯四甲酸的二异辛基醚可以减少铅的腐蚀。

此外，亚硝酸钠、铬酸钠以及焦硼酸钠的油悬浮液，羟乙基化聚胺的铬酸盐等，也具有一定的缓蚀作用。

3.3.2 油溶性缓蚀剂的选择

不同类型的油溶性缓蚀剂具有不同的特性，这也决定了各类防锈剂对金属的适应性有所不同。不同类型油溶性缓蚀剂的特性见表 3-1。苯骈三氮唑对铜具有良好的缓蚀效果，但其具有微酸性，不利于钢的防锈；铅及其合金对具有微酸性和碱性的缓蚀剂比较敏感，容易产生锈蚀，所以一般含有游离有机酸的酯类和皂类不利于铅及其合金的防护。即使同一种缓蚀剂，由于生产工艺和生产原料的不同，对金属的缓蚀效果也不相同。主要是考虑

表 3-1 不同类型油溶性缓蚀剂的特性

缓蚀剂类型	优 势 项 目	劣 势 项 目
山梨糖醇酐、部分酯	存放	硫酸水溶液浸渍、热安定性
石油磺酸钡	热安定性、盐水浸渍、不同金属浸渍	存放
羧酸	存放	盐水浸渍、硫酸水溶液浸渍、热安定性
有机胺皂	硫酸水溶液浸渍	热安定性、存放
有机磷酸酯盐	潮湿、赤血盐反应	热安定性（游离酸）、存放（胺盐）

到缓蚀剂的酸碱度产生了变化。比如常见的石油磺酸钡，中性的石油磺酸钡对铜不会产生不利影响，而微碱性的石油磺酸钡对有色金属就很不利。

因此，选择防锈添加剂时，首先要考虑防护金属基体材质，根据不同金属材质特点选择适应良好的防锈添加剂；其次要考虑防锈添加剂自身的质量品质，必须满足自身的稳定性以及性能指标对金属的适应性。对于含有多种金属的设备或产品，避免所选防锈添加剂对某种金属具有良好防锈效果而对其他金属有腐蚀影响。实际选择过程中，往往是多种添加剂互相复合使用，通过配伍能够取长补短，减小单一防锈添加剂的削减效应。

3.4　常见的防锈添加剂

3.4.1　石油磺酸钡（T701）

石油磺酸钡具有优良的抗潮湿、抗盐雾和抗盐水性能，而且对汗液和水膜有抑制和置换作用，是防锈油中最基本的缓蚀剂。其分子式为 $Ba(RSO_3)_2$，代号为 T701。

石油磺酸钡对黑色金属具有很好的防锈效果，对其他金属也有不同程度的防锈性。对酸性介质有中和作用。但其抗高温性能差，不宜长期高温加热，避免影响防锈效果。抗大气腐蚀不如硬脂酸铝、氧化石油脂钡皂等，但仍具有一定效果。实际使用过程中，添加量不是越多越好，应控制用量。单独添加石油磺酸钡的防锈油中用量一般控制在 3%～5%，与环烷酸锌、羊毛脂镁皂、氧化石油脂钡皂、司本-80 等复合使用时一般控制在 1%～10%，最多不超过 20%。在湿热试验中，如果添加量过少，其对黄铜、紫铜的防锈效果不明显，添加量过大，其对青铜的腐蚀加重。因此，石油磺酸钡添加量过多或过少均会对有色金属产生不良影响。

石油磺酸钡中的钡含量越高，极性基团的极性就越强，防锈性能越好。国外一些国家生产的石油磺酸钡中金属钡含量一般超过 10%，如 Texaco 的 TLA-107，金属含量达到 14.2%，TBN 为 35mgKOH/g；松村石油的 Sufol Ba MB 金属含量为 11%，TBN 为 65mgKOH/g。国内合成磺酸钡防锈剂采用复分解方法，金属钡含量一般在 7.5%左右。复分解工艺流程见图 3-2。

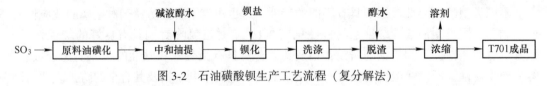

图 3-2　石油磺酸钡生产工艺流程（复分解法）

原料油中单环长侧链芳烃与 SO_3 气体反应，生成石油磺酸。之后，与氢氧化钠水溶液进行中和反应，生成石油磺酸钠，然后用醇水溶液进行萃取，得到一定纯度的磺酸钠抽出物。抽出物在溶剂稀释下与 $BaCl_2$ 进行复分解反应，生成石油磺酸钡。经醇水洗涤，洗去未反应的亲水性的一价磺酸钠，然后离心脱渣，蒸馏脱除溶剂后即得到成品 T701 防锈剂成品。

国外合成碱性石油磺酸钡是采用的中和法，工艺流程见图 3-3。

中和法是将磺化后酸性油用乙醇水抽提，所得的抽提物用氢氧化钡水溶液（20%），在 70～80℃中和皂化 2～3h。然后升温至 120～140℃反应脱水，再加入汽油，稀释离心

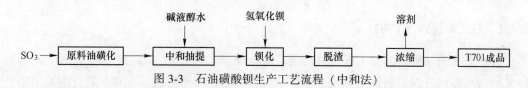

图 3-3　石油磺酸钡生产工艺流程（中和法）

（或过滤）成产品。生产过程主要有磺化、抽提、中和皂化、离心脱渣和蒸馏 5 个工序。与复分解法相比，由于采用氢氧化钡为原料，而不是氯化钡，取消了去除氯根的醇水洗涤工序，因而工艺简单、容易控制。但是原料氢氧化钡容易与空气中的二氧化碳反应而生成碳酸钡细小颗粒，这些细小颗粒往往混合在石油磺酸钡中，较难去除。

目前，市售的石油磺酸钡产品多为半固体状态，使用过程中需要切成小块，加热到 100℃ 左右才能渐渐溶入油中，费时、耗能，而且对于低闪点溶剂存在着火灾隐患。因此许多科研院所及生产厂家改进了石油磺酸钡的流动性，并且这种石油磺酸钡（FT701）含钡量多在 40% 以上，其主要性能优于半固体状态的石油磺酸钡。

石油磺酸钡符合 SH/T 0391—1995 标准，技术要求见表 3-2。

表 3-2　石油磺酸钡（T701）技术要求

项　目		质量指标				试验方法
		1 号		2 号		
		一等品	合格品	一等品	合格品	
外观		棕褐色、半透明、半固体				目测
磺酸钡含量/%	不小于	55	52	45		附录 A
平均分子量	不小于	1000				附录 A
挥发物含量/%	不大于	5				附录 B
氯根含量/%		无				附录 C
硫酸根含量/%		无				附录 C
水分[①]/%	不大于	0.15	0.30	0.15	0.30	GB/T 260
机械杂质/%	不大于	0.10	0.20	0.10	0.20	GB/T 511
pH 值		7~8				广泛试纸
钡含量[②]/%	不小于	7.5	7.0	6.0		SH/T 0225
油溶性		合格				附录 E
防锈性能						
湿热试验（49℃±1℃，湿度95%以上）[③]/级		72h	24h	72h	24h	
10 号钢片	不大于	A				GB/T 2361
62 号黄铜片	不大于	1				
海水浸渍（25℃±1℃，24h）[③]/级						
10 号钢片	不大于	A				附录 D
62 号黄铜片	不大于	1				

①以出厂检验数据为准。

②作为保证项目，每季抽查一次。

③湿热、海水浸渍试验在测定时以符合 GB 443 的 L-AN 46 全损耗系统用油为基础油，加入 3%（m/m）701 防锈剂（磺酸钡含量按 100% 计算）配成涂油。

3.4.2　石油磺酸钠（T702）

石油磺酸钠是矿物油加工成白油的副产品，分子式为 RSO_3Na，代号为 T702。其具有较强的亲水性和较好的防锈及乳化性能，所以常用于置换型防锈油和切削乳化油及水溶性乳化油。它是一种阴离子表面活性剂。分子结构中有一个强亲水性的磺酸基与烃基相联结，表面活性强，低温水溶解性好，20℃含32%活性物，浊点（25%时）为3℃，表面张力（1%）25℃时为31mN/m，润湿力0.1%水溶液20℃时为8s，50℃时为4s。在碱性、中性、弱酸性溶液中稳定，对硬水不敏感。作为乳化剂时，多选用黏度较小的润滑油作基础油；而作为防锈剂时，多选用黏度中等的润滑油作基础油，一般用量为3%~15%。石油磺酸钠一般不单独使用，与其他添加剂复合使用时能起到良好的助溶效果，对黑色金属和有色金属均具有良好的防锈性能。需要注意，单独使用时，随着用量的增加会促进青铜、紫铜腐蚀加重。

石油磺酸钠是石油磺酸钡生产过程中的一个中间生成物，生产工艺与石油磺酸钡相似，技术要求见表3-3。

表3-3　石油磺酸钠（T702）技术要求

项　目		质量指标						出口标准
型　号		乳化型			防锈型			
		45	55	65	45	55	65	
外观		棕褐色半透明黏稠体（随型号增加黏稠度增加）						棕褐色半透明黏稠体
磺酸钠含量/%	不小于	45	55	65	45	55	65	65
平均分子量		420~500			450~530			450~500
矿物油含量/%	不大于	50	40	30	50	40	30	30
挥发物含量/%	不大于	3.0	3.0	3.0	3.0	3.0	3.0	3.0
水分含量/%	不大于	4.0	4.0	4.0	4.0	4.0	4.0	4.0
pH 值		7~8	7~8	7~8	7~8	7~8	7~8	7~8
无机盐含量/%	优质品 不大于	1.0	1.0	1.0	1.0	1.0	1.0	不大于1.0
	合格品 不大于	2.0	2.0	2.0	2.0	2.0	2.0	

3.4.3　十七烯基咪唑啉十二烯基丁二酸盐（T703）

咪唑啉类属于碱性防锈剂，一般由有机酸和多乙烯多胺（如二乙烯三胺、三乙烯四胺、四乙烯五胺）、多丁烯多胺（如二丁烯三胺）合成，其中，由油酸和二乙烯三胺合成的咪唑啉作为防锈剂效果最好。咪唑啉类油溶性较差，但它与有机酸生成的盐在油中的溶解度大大提高。

十七烯基咪唑啉十二烯基丁二酸盐是一种良好的油溶性缓蚀剂，代号为T703，别名兰703。它具有良好的油溶性，一定的酸中和性，不仅对黑色金属有良好的防锈性，而且对黄铜、紫铜、青铜也有显著的防锈性，尤其在有色金属湿热试验中，性能优于石油磺酸钡。但在静态腐蚀试验和盐水浸渍试验中不如石油磺酸钡。十七烯基咪唑啉十二烯基丁二酸盐还是苯骈三氮唑的良好助溶剂。与其他防锈添加剂复合使用，防锈效果更佳，一般用量为0.5%~4%，用于调制各种防锈润滑两用油、防锈油及防锈脂。使用温度一般不超过75℃，长期贮存温度一般不超过45℃。

十七烯基咪唑啉十二烯基丁二酸盐的生产工艺是将等摩尔的油酸和二乙烯三胺投入反应釜中，加热熔融。在150℃左右脱水生成油酰胺，再加热到240~250℃进一步脱水闭环，形成2-十七烯基-N-胺乙基咪唑啉。然后冷却移入成盐釜，在100℃左右与丁二酸中和成盐，以酸值达到30~80mgKOH/g为终点，趁热出料包装得成品。产品技术要求见表3-4。

表3-4 十七烯基咪唑啉十二烯基丁二酸盐（T703）技术要求

项 目	质量指标	试验方法
外观	红棕色油状液体	目测
机械杂质/% 不大于	0.20	GB/T 511
湿热试验	测定	GB/T 2361
碱性氮含量/%	0.8~2.0	SH/T 0413
总酸值/mgKOH·g^{-1}	30~80	GB/T 7304
水溶性酸或碱	中性或碱性	GB/T 259

3.4.4 环烷酸锌（T704）

环烷酸锌自身具有良好的油溶性，同时对极性较强的物质有一定的助溶和分散作用，代号为T704。环烷酸，又称石油酸，是生产环烷酸锌的主要原料。是由环烷基原油中所切取的轻质石油馏分，经硫酸酸化所得的副产品。根据切取馏程的不同，石油酸分为三个牌号。不同牌号的石油酸的酸值和分子量各不相同，随着分子量的增大，酸值逐渐降低，制得的环烷酸锌中的锌含量也会逐渐下降。环烷酸锌对钢、铜、铝均具有良好的防锈性能，静态防腐蚀也好，对铸铁防锈性差，其含有游离有机酸，对铅及其合金也不适宜。随着添加量的增大，对紫铜、黄铜、青铜的防护性能都有一定提高。但是，环烷酸锌具有一定毒性，对人体造成伤害，而且抗盐雾性能较差，长期受热对矿物油有加速氧化的作用。常与石油磺酸钡复合使用，一般用量为5%~10%。环烷酸锌还能用作涂料的氧化促进剂。

环烷酸锌符合SH/T 0390—1992标准，技术要求见表3-5。

表3-5 环烷酸锌（T704）技术要求

项 目		质量指标	试验方法
外观		棕色黏稠状物	目测
锌含量/% 不小于		8	附录A
机械杂质/% 不大于		0.15	GB/T 511
水分/% 不大于		0.05	GB/T 260
水萃取试验	酸碱反应	中性	附录B
	硫酸根	无	
	氯根	无	
腐蚀（T3 铜片，100℃，3h）		合格	SH/T 0195
防锈性能 潮湿箱试验（铜片、钢片）		报告	GB/T 2361

3.4.5 二壬基萘磺酸钡 (T705)

二壬基萘磺酸钡属于人工合成的防锈添加剂，与石油磺酸钡相比，具有显著的油溶性，能溶于硅油中，贮存稳定性好，代号为 T705。壬烯 (C_9H_8) 是生产二壬基萘磺酸钡的主要原料，它由叠合汽油中的一段馏程制得，一般不纯，所以由它制得的二壬基萘磺酸钡往往含有二辛基萘、二癸基萘等物质。故二壬基萘磺酸钡是一种混合物。与石油磺酸钡缓蚀性能相似，它具有一定的抗盐雾性、盐水浸渍性能，添加量较小，一般在 2%~5% 即可，对基础油的理化性能影响较小。二壬基萘磺酸钡是一种多用途防锈添加剂，可用于润滑油、内燃机油、专用锭子油等。在湿热试验中，单独使用便能对黑色金属具有良好的防锈性能。与偏酸性的十二烯基丁二酸等复合使用，防锈效果更佳。二壬基萘磺酸钡碱性较大，常被称为碱性二壬基萘磺酸钡，对黄铜防锈较好，对紫铜和青铜稍差，对铅不适宜。

二壬基萘磺酸钡符合 SH/T 0554—1993 标准，技术要求见表 3-6。

表 3-6 二壬基萘磺酸钡 (T705) 技术要求

项　　目		质量指标		试验方法
		一级品	合格品	
外观		棕色至褐色透明黏稠液体	棕色至褐色黏稠液体	目测[①]
密度 (20℃)/kg·m^{-3}	不小于	1000		GB/T 2540
闪点 (开口)/℃	不低于	165		GB/T 3536
黏度 (100℃)/mm^2·s^{-1}	不大于	100	140	GB/T 265
水分/%	不大于	0.01		GB/T 260
机械杂质/%	不大于	0.10	0.15	GB/T 511
钡含量/%	不小于	11.5	10.5	SH/T 0225
总碱值/mgKOH·g^{-1}		35~55		GB/T 7304
潮湿箱/级	96h　不低于	A	—	GB/T 2361[②]
	72h　不低于	—	A	
液相锈蚀		无锈		GB/T 11143B 法[③]
油溶性		合格		目测[④]

注：工艺控制稀释油加入量不大于 40%。

①在直径 30~40mm、高度 120~130mm 的玻璃试管中，将试样注入至试管的 2/3 高度，在室温下从试管侧面观察。

②150 号中性油中加入 5%T705 配成溶液后评定。

③150 号中性油中加入 0.05%T705 配成溶液后评定。

④在烧杯中加入一定量橡胶工业用溶剂油，加 5%T705 试样使之完全溶解，放置 24h 无白色沉淀和悬浮物为合格。

中性二壬基萘磺酸钡，代号 T705A，其化学结构与碱性二壬基萘磺酸钡有所不同，所以碱值比二壬基萘磺酸钡小，在油品中与某些酸性添加剂中和的作用也小，在调制复合剂时，T705A 不会产生沉淀。参考技术要求见表 3-7。

表 3-7 中性二壬基萘磺酸钡 (T705A) 技术要求

项　目	质量指标	试验方法
外观	棕色至褐色透明黏稠液体	目测

项 目		质量指标	试验方法
密度（20℃）/kg·m^{-3}	不小于	1000	GB/T 2540
闪点（开口）/℃	不低于	165	GB/T 3536
黏度（100℃）/mm^2·s^{-1}	不大于	120	GB/T 265
水分/%	不大于	0.01	GB/T 260
机械杂质/%	不大于	0.10	GB/T 511
钡含量/%	不小于	7.0	SH/T 0225
总碱值/mgKOH·g^{-1}	不大于	5.0	GB/T 7304
潮湿箱（72h）/级	不低于	A	GB/T 2361
油溶性		透明	目测

3.4.6 苯骈三氮唑（T706）

苯骈三氮唑（BTA），又称苯三唑，可以说是一种多用途、用得较为普遍的缓蚀剂，可以用于冷却液、切削乳液、油漆、防锈油等，代号为T706。它属于一种阳极型缓蚀剂。苯骈三氮唑分子上的反应基团和腐蚀过程生成的金属离子相互作用能够形成沉淀膜或不溶性配合膜，在金属表面进一步聚合而形成沉淀保护膜，从而阻止腐蚀过程。

苯骈三氮唑对铜及铜合金具有独特而优异的防锈性。在苯骈三氮唑溶液中，铜在固液界面处取代一个苯骈三氮唑分子的 NH 官能团中的氢原子，以共价键连接，并与另一个苯骈三氮唑分子中氮原子的自由电子以配位键相连接形成半渗透聚合配合物。而这种聚合配合物薄膜在很多溶剂中稳定且不溶解，有良好的抗蚀保护作用。研究表明，利用含有苯骈三氮唑 0.5% 的气相防锈剂包装纸包装铜制品，在工业环境中保存期可以超过一年；含有 0.1% 微量苯骈三氮唑的润滑油，能够有效保护铜及铜合金零件，而且还能防止铜对油的催化而使油变质现象的发生；机械切削加工过程中，在切削冷却液中添加 0.005%~0.1% 的苯骈三氮唑，能有效防止铜制零件在加工过程中的变色锈蚀。而且许多铜制零件、仿金首饰、电镀黄铜等还可以采用浸渍苯骈三氮唑溶液的方法来代替传统的钝化，不仅可以提高抗氧化能力，而且与铬酸或铬酸盐钝化处理相比，无污染，更环保。

同时，BTA 对银及银镀层的抗变色能力与对铜的防护机理大体相似。其对锌、镉也有明显的缓蚀效果，对锡有部分抑制腐蚀效果，主要是因为与锌、镉等离子形成极薄的表面沉淀膜层，能有效阻止锌、镉等表面生成氧化物而腐蚀。但是苯骈三氮唑略带酸性，所以不适宜铅及铅合金的腐蚀性防护。

苯骈三氮唑在油中的溶解度很小，一般添加量超过 0.01% 就会有沉淀析出，所以在实际使用过程中，通常加入一些良好的助溶剂，如丙醇、正丁醇、苯二酸二丁酯、司本-80、石油磺酸钠、环烷酸锌等。当石油磺酸钠作为助溶剂时，对黑色及有色金属均有良好的防锈性、重叠性和抗静态腐蚀性。

苯骈三氮唑的蒸气压较大，室温下约为亚硝酸二环己胺的 100 倍，可作气相缓蚀剂用。而且它对酸、碱、氧化剂、还原剂都比较稳定，毒性小，口服、皮肤接触毒性较低，但受强热或高温金属接触时会生成类似苯胺、硝基等有毒有害物质。

以溴化锂溶液作为制冷介质的溴化锂吸收式制冷机，多使用碳钢、紫铜等材料，溴化锂溶液对碳钢、紫铜具有强腐蚀作用。试验表明，在溴化锂溶液中添加 0.2mol/L 的氢氧化锂调节 pH 值，同时加入 0.02mol/L 苯骈三氮唑，可有效抑制溴化锂溶液对碳钢的腐蚀，有明显的缓蚀作用。并且通过极化曲线、扫描电镜、红外光谱等手段发现，苯骈三氮唑在碳钢表面形成一层连续的 Fe-BTA 复合吸附膜，对阳极反应和阴极反应有一定的阻滞作用。而且苯骈三氮唑与钼酸钠复配能够表现出更强的防锈效果。

苯骈三氮唑的酰基衍生物是一种混合抑制型缓蚀剂，防锈性能优于苯骈三氮唑，对铜电极的阴、阳极电化学过程有抑制作用。

苯骈三氮唑符合 SH/T 0397—1994 标准，技术要求见表3-8。

表 3-8　苯骈三氮唑（T706）技术要求

项　目		质量指标			试验方法
		优等品	一等品	合格品	
外观		白色结晶	微黄色结晶	微黄色结晶	目测
色度/号	不大于	120	160	180	GB/T 605①
水分⑦/%	不大于	0.15			附录 A
终熔点/℃	不低于	96	95	94	GB/T 617②
醇中溶解性		合格			目测③
pH 值		5.3~6.3	5.3~6.3	5.3~6.3	GB/T 9724④
灰分/%	不大于	0.10	0.15	0.20	GB/T 9741⑤
纯度⑦/%	不低于	98			附录 B
湿热试验（H62 号铜）/d	不少于	7	5	3	GB/T 2361⑥

①称取 5.00g 的 T706 样品加无水乙醇（分析纯）溶解并稀释至 50mL 评定。

②试样预先在浓硫酸干燥器中干燥 24h，按 GB/T 617 测定。

③称取 1.00g 的 T706 样品于 50mL 烧杯中，加入 20mL 无水乙醇（分析纯）溶解，溶液应透明，无丝状物、无沉淀为合格。

④称取 0.50g 的 T706 样品溶解于 100mL，pH 值为 7.0 的蒸馏水中进行测定。

⑤称取 3.00g 的 T706 样品于已恒重约 50mL 瓷坩埚中，在电炉或电热板上慢慢蒸发至干，再在 600℃±50℃ 煅烧测定。

⑥称取 0.10g 的 T706 样品溶于 3.00g 邻苯二甲酸二丁酯中，再用 HVI100 基础油稀释至 100.0g 进行试验，按 SH/T 0080 判断一级为合格。

⑦为保证项目，每半年测定一次。

3.4.7　亚硝酸钠（T707）

亚硝酸钠，分子式为 $NaNO_2$，是亚硝酸根离子与钠离子化合生成的无机盐，呈白色至浅黄色粒状、棒状或粉末。亚硝酸钠易潮解，易溶于水和液氨，其水溶液呈碱性，其 pH 值约为 9，微溶于乙醇、甲醇、乙醚等有机溶剂。属强氧化剂又有还原性，在空气中会逐渐氧化，表面则变为硝酸钠，也能被氧化剂所氧化。遇弱酸分解放出棕色二氧化氮气体，与有机物、还原剂接触能引起爆炸或燃烧，并放出有毒的刺激性的氧化氮气体。遇强氧化剂也能被氧化，特别是铵盐，如与硝酸铵、过硫酸铵等在常温下，即能互相作用产生高热，引起可燃物燃烧。

亚硝酸钠是肉制品工业中应用历史最长最广泛的添加剂之一。在食品腌制过程中能够起到发色、抑菌和抗氧化的作用。

亚硝酸钠作为金属缓蚀剂，通常是以碱土金属皂作载体或由精制亚硝酸钠、高级润滑油和乳化剂制成高度分散的亚硝酸钠-油悬浮液将亚硝酸钠应用于各种润滑脂中。亚硝酸钠属于阳极性缓蚀剂，有研究表明，当其质量分数为 0.1% 时，不仅达不到缓蚀目的，而且会增大腐蚀速率。在质量分数达到 0.2% 后，缓蚀效率与亚硝酸钠浓度成正比，并且当浓度增加到 0.6% 时，缓蚀效率可达 95% 以上。

亚硝酸钠还是一种良好的预膜剂。预膜剂是指在水处理的预处理过程中，能在金属表面预先形成保护膜的一类化学药品。亚硝酸钠预膜时，添加量越高，对 Q235 碳钢的缓蚀防护性能越好。亚硝酸钠预膜时添加量低于 100mg/L 时，对铜有一定的缓蚀性能；添加量等于或高于 100mg/L 时，对铜有腐蚀作用。而且亚硝酸钠和多聚磷酸钠进行二元复配，能够发挥出良好的协同效应和缓蚀性能，应用于化学清洗后的预膜工艺，预膜效果非常理想。

亚硝酸钠符合 GB 2367—2006 标准，技术要求见表 3-9。

表 3-9　亚硝酸钠（T707）技术要求

项　　目		质量指标		
		优等品	一等品	合格品
亚硝酸钠（$NaNO_2$）质量分数（以干基计）/%	不小于	99.0	98.5	98.0
硝酸钠质量分数（以干基计）/%	不大于	0.8	1.0	1.9
氧化物（以 NaCl 计）质量分数（以干基计）/%	不大于	0.10	0.17	—
水不溶物（以干基计）/%	不大于	0.05	0.06	0.10
水分的质量分数/%	不大于	1.4	2.0	2.5
松散度（以不结块物的质量分数计）/%	不小于	85		

注：松散度指标为添加防结块剂产品控制的项目，在用户要求时进行测定。

3.4.8　磷酸酯咪唑啉盐（T708）

某些磷酸酯及其胺盐是较好的防锈剂，酸性磷酸酯中和咪唑啉衍生物的反应产物对多种金属具有较好的防锈效果。磷酸酯咪唑啉盐具有优异的抗湿热性和一定的酸中和性能，且具有一定的极压抗磨性能，是一种良好的缓蚀剂，代号为 T708。对钢、铜、镁、铸铁均有良好的防锈效果。尤其对镁，具有独特的缓蚀效果。

烃基结构对磷酸酯咪唑啉盐的防锈性有显著影响，其中以十二烷基磷酸酯咪唑啉盐防锈效果最好。这表明，烃基类型防锈剂的链长度要适当，烷基要对称，使防锈剂在金属表面吸附时分子容易保持平衡，吸附膜致密，从而防锈性好。

常温下可作为苯骈三氮唑的良好助溶剂，与其他添加剂复合使用，可配制出用于发动机、仪表等设备的防锈润滑两用油。

3.4.9　N-油酰肌氨酸十八胺盐（T711）

N-油酰肌氨酸十八胺盐是一种淡黄色蜡状固体，代号为 T711。无毒，加热熔化成琥珀色油状液体，不溶于水而溶于油。它是一种性能优良的油溶性缓蚀剂。N-油酰肌氨酸十八胺盐最早由中石化总公司根据军用油品的需要，研制并批量生产。主要作为军工封存油、机械工业防锈油或防锈润滑两用油的防锈添加剂，应用于精密机械工业、坦克制造业、军械弹药仓库、轧钢厂、内燃机厂、轴承厂、链条厂、手表厂、锁厂、剪刀厂以及工业品仓库等行业领域。

　　N-油酰肌氨酸十八胺盐是由 N-油酰肌氨酸与十八胺按 1:1 摩尔比复合调制而成，具有多种基团的表面活性剂，能够在黑色或有色金属表面形成致密的保护膜，阻止氧化，防锈性强。具有良好的抗湿热性、抗盐雾性及酸中和性。一般用量在 1%~3%。添加在润滑油、液压油、循环油、仪表油和防锈油中，用于油田二次采油、注水系统管道及设备的防锈、原油输送管道设备的防锈。同时又可应用于溶剂型防锈漆中。

　　相对其他油溶性缓蚀剂，N-油酰肌氨酸十八胺盐的油溶性较差，在 40℃ 以上才能全部溶解，尤其在薄质矿物油中容易从油中析出而失去防锈性能。因此，N-油酰肌氨酸十八胺盐一般加热使用，通常与石油磺酸钡复配，石油磺酸钡能起到很好的助溶作用。

　　N-油酰肌氨酸十八胺盐技术要求见表 3-10。

表 3-10　N-油酰肌氨酸十八胺盐 (T711) 技术要求

项　　目		质量指标	试验方法
外观		淡黄色蜡状固态物	目测
氯含量/%	不大于	0.015	SH/T 0161
总胺值/mgKOH·g^{-1}	不大于	90.0~95.0	GB/T 7304
pH 值		7~9	广泛试纸
湿热试验 (45 号钢, 336h)/级	不大于	1	GB/T 2361
腐蚀试验 (100℃, 3h)/级	45 号钢　不大于	1	SH/T 5096
	黄铜　不大于	1	
油溶性		合格	目测

3.4.10　氧化石油脂及其皂类 (T743)

　　氧化石油脂是以含有 70%~80% 微结晶地蜡和 20%~30% 重质润滑油的石油脂为原料，在催化剂催化作用下，在 140~160℃ 高温空气氧化下制得的氧化混合物。它是一种优良的防锈添加剂，能够适应钢、铁、铝、铜、镀层等多种金属，尤其对 45 号钢具有极佳的防锈能力。主要缺点是防锈性和油溶性不可兼得。如果氧化程度增大，会增加羟基酸等极性化合物的含量，进而提高防锈性能，但这样一来，油溶性会大大下降。如果提高油溶性，防锈性能又下降。因此氧化石油脂多与其他添加剂及助溶剂等复合使用，适当改变其自身的油溶性。

　　根据金属皂的不同，可以把氧化石油脂制成氧化石油脂钡皂、钠皂、锂皂。其中，氧化石油脂钡皂应用最广。氧化石油脂钠皂因其具有良好的亲水性常作为配制乳化液的添加剂。氧化石油脂锂皂常用于配制内燃机油。氧化石油脂钡皂，代号 T743，具有良好的抗大气腐蚀性能、抗湿热性能、与金属黏附力强，又可兼作溶剂稀释型软膜防锈油的成膜剂。但其抗盐雾性能不如石油磺酸盐类。与石油磺酸钡复合使用，用量一般在 1%~2%，作为成膜剂时，用量一般在 20% 以上。常用于军工器械、枪支、炮弹及各种机床、配件、工卡量具等的防锈，适用于钢铁、铜、铝等多种金属。

氧化石油脂钡皂技术要求见表 3-11。

表 3-11 氧化石油脂钡皂（T743）技术要求

项 目		质量指标	试验方法
外观		棕褐色膏状物	目测
机械杂质/%	不大于	0.05	GB/T 511
水分/%	不大于	0.05	GB/T 260
钡含量/%	不小于	8.0	SH/T 0225
铜片腐蚀（100℃，3h)/级		合格	SH/T 5096
水溶性酸或碱		中性或弱碱性	GB/T 259

3.4.11 十二烯基丁二酸（T746）

十二烯基丁二酸具有较好的油溶性、抗湿热性能，不易水解，遇水不乳化，也不会被水抽提等，而且不起泡，氧化稳定性好，代号为 T746。与抗氧剂复合使用，多用于配置汽轮机油和有抗乳化要求的仪表油、齿轮传动油、液压油等，一般用量为 0.03% ~ 0.05%。与石油磺酸钡和二壬基萘磺酸钡等复合使用，用于配置各类防锈油，尤其是封存防锈油，一般用量为 1% ~ 2%。十二烯基丁二酸能在金属表面形成稳定的油膜，对紫铜的抗人工海水腐蚀能力优于石油磺酸钡，但对钢铁抗海水腐蚀能力较差。十二烯基丁二酸的缺点是含有较多低分子水溶性酸，当添加量超过 0.03% 时，有时会产生水溶性酸。而且烯基丁二酸在 260℃ 以上高温时，容易失去羧基，继而防锈性能会大大降低，所以不宜长期在高温下存放。

十二烯基丁二酸符合 SH/T 0043—1991（1998）标准，技术要求见表 3-12。

表 3-12 十二烯基丁二酸（T746）技术要求

项 目		质量指标		试验方法
质量等级		一级品	合格品	
外观		透明黏稠液体		目测
密度/kg·m^{-3}		报告		GB/T 1884 及 GB/T 1885
运动黏度（100℃)/mm^2·s^{-1}		报告		GB/T 265
闪点（开口）/℃	不低于	100	90	GB/T 3536
酸值/mgKOH·g^{-1}		300~395	235~395	GB/T 7304
pH 值	不小于	4.3	4.2	SH/T 0298
碘值/gI·100g^{-1}		50~90		SH/T 0243
铜片腐蚀（100℃，3h)/级	不大于	1		GB/T 5096[①]
液相锈蚀试验	蒸馏水	无锈	无锈	GB/T 11143[①]
	合成海水	无锈	—	
	坚膜韧性	无锈		

①用 32 号未加防锈剂的汽轮机油添加 0.03%T746。

3.4.12　硬脂酸铝

硬脂酸铝为有毒白色或微黄色粉末，不溶于水、乙醇、乙醚，溶于碱、松节油、矿油、石油、煤油及苯等溶剂中。遇强酸分解成硬脂酸和相应的盐。硬脂酸铝具有较好的抗湿热和抗大气腐蚀性能，属于一种十七烷基的羧酸盐。

工业生产中原料硬脂酸通常含有一定的油酸，这也造成了生产出来的硬脂酸铝中也含有部分油酸和油酸铝。根据碱量的不同，硬脂酸铝分为单硬脂酸铝、双硬脂酸铝和三硬脂酸铝，分子式分别为 $RCOOAl(OH)_2$、$(RCOO)_2Al(OH)$ 和 $(RCOO)_3Al$。其中双硬脂酸铝被作为防锈添加剂使用效果最佳。

硬脂酸铝适用于钢铁、铜、铝等金属，也对铸铁和黄铜有一定的适应性。主要缺点是油溶性差，当添加量超过7%时，经常出现低温油膜断裂现象。其中含有游离的硬脂酸和部分油酸有时会使黄铜和铜合金发生轻微变色，对铅及铅合金不适应。为了解决这一缺点，可以适当控制硬脂酸铝的添加量（3%以下）或添加少量二苯胺来中和过量的酸，基本能消除变色现象，改善对铜的适应性。为了提高硬脂酸铝的黏着性和拉丝性，还可加入甘油酯、羊毛脂、醇类、胺类、脂肪酸等物质。

添加有硬脂酸铝的防锈油脂不适用于高速运转的设备，应用更多的是作为船用润滑脂、火炮润滑脂等的稠化剂，可冷涂在大型设备或军工装备上用以封存或防锈。

3.4.13　羊毛脂及其皂类

羊毛脂，羊皮腺的分泌物，是羊毛酸和羊毛醇组成的各种酯类混合物。它的显著特点是含有多种极性物质，在金属表面有强烈的黏附力。形成的油膜稳定，当金属基体或环境温度变化时，所形成的油膜也会随之变化以修复油膜。正是因为这个特点，它具有良好的抗酸、碱、盐等腐蚀介质的能力。经过长期储存的羊毛脂，黏韧度会显著增强，添加到防锈油脂中会进一步加大油膜的黏附力，提高油品的防锈性能。但随之带来油膜较难去除的问题。羊毛脂的另一个优良特点是具有良好的脱水性。实际应用表明，添加5%~10%羊毛脂在矿物油中，就能吸收大量的水而成乳状物。尤其是作为脱水防锈油中的脱水剂效果明显。羊毛脂单独使用，对钢铁、黄铜、镍、银等金属均具有较好的防锈性，用量一般在10%~15%。在封存防锈油中多与石油磺酸钡、环烷酸锌等缓蚀剂复合使用，用量一般在5%~10%。

将羊毛脂制成相应的金属皂类，能够有效提高羊毛脂的防锈能力。羊毛脂皂类具有一定的抗盐水性和乳化性能，吸附力强等。

羊毛脂镁皂具有良好的抗湿热、抗大气腐蚀性能，与金属黏附力强，对钢铁、铜、铝等多种金属均有良好的缓蚀性能。抗盐雾性能较差，吸湿性强，添加在防锈油脂中遇水分层。油溶性也一般，添加量在2%以上时便可使矿物油稠化。羊毛脂镁皂可以说是羊毛酸镁皂和羊毛醇的混合物。其中，羊毛醇是一种不皂化物，同样能使油膜具有一定的吸附力和乳化性能，提高防锈油脂的防锈能力。羊毛脂镁皂多与石油磺酸钡、环烷酸锌复合使用，添加量在3%~5%，尤其适用于寒带地区，低温下油膜不开裂。

羊毛脂镁皂技术要求可参考表3-13。

表 3-13　羊毛脂镁皂技术要求

项　目		质量指标	试验方法
外观		棕褐色固体	目测
滴点/%	不小于	65	GB/T 4929
水分/%	不大于	1.0	GB/T 260
镁含量/%	不小于	2.0	企业标准
铜片腐蚀（100℃，3h)/级		合格	SH/T 5096
水溶性酸或碱		中性或弱碱性	GB/T 259
硫酸根		无	企业标准

羊毛脂铝皂和羊毛脂镁皂结构相似，防锈性能也相似，具有较好的抗盐水性能。

磺化羊毛脂钙皂是硫酸化羊毛醇钙和羊毛酸钙的混合物，具有一定的缓蚀效果和良好的乳化性能。它的防锈能力比羊毛脂镁皂、羊毛脂铝皂差，又因生产工艺复杂，产品质量难于控制，已逐步淘汰使用。

3.4.14　山梨糖醇酐单油酸酯

山梨糖醇酐单油酸酯（Span-80），又称司本-80，在矿物油中的溶解度较大，具有良好的抗盐水性能和乳化性能。可应用在石油钻井加重泥浆中作乳化剂，食品和化妆品生产中作乳化剂，油漆、涂料工业中作分散剂，钛白粉生产中作稳定剂，农药生产中作杀虫剂、润湿剂、乳化剂，石油制品中作助溶剂，作防锈油的防锈剂，亦可用于纺织和皮革的润滑剂和柔软剂。作为金属防锈添加剂，对黑色金属、青铜、黄铜效果较好，但在静态腐蚀试验中，对铜特别是黄铜、青铜性能很差，甚至使金属表面变黑。司本-80 作为良好的助溶剂和分散剂，多与苯骈三氮唑、石油磺酸钡、氧化石油脂等防锈添加剂配合使用，一般用量在 1%~3%。它还是一种无灰添加剂，添加在油品中可降低油品的凝点。主要缺点是热安定性差，长期受热下容易氧化，使防锈油脂变质降低防锈能力，引起金属腐蚀。而且司本-80 中含有部分游离酸，对铅、锡等有色金属有一定的腐蚀性。

作为乳化剂的山梨糖醇酐单油酸酯符合 HG/T 3508—2010 标准，技术要求见表 3-14。

表 3-14　山梨糖醇酐单油酸酯（Span-80）技术要求

项　目		质量指标		试验方法
		优等品	合格品	
外观		淡黄色至黄色透明黏稠液体	琥珀色至棕色黏稠油状物	目测
酸值/mgKOH·g⁻¹	不大于	6.0	8.0	GB/T 6365
皂化值/mgKOH·g⁻¹		149~160	140~160	HG/T 3505
羟值/mg·g⁻¹	不小于	193~209	190~220	GB/T 7383
含水量/%	不大于	0.5	1.5	GB/T 11275

3.4.15　其他防锈添加剂

其他一些防锈添加剂的主要性能及应用见表 3-15。

表 3-15　其他防锈添加剂主要性能及应用

化合物名称	主要性能（特点）	主要应用
羧酸盐衍生物	水溶性锈蚀和腐蚀抑制剂	合成拉拔及模压液，合成及半合成切削液和磨削液
高分子醇、有机酸、高分子酯	成型润滑油腐蚀抑制剂	成型润滑油
咪唑啉	优良的防锈性能	防锈油、工业润滑油
咪唑啉衍生物	腐蚀抑制剂、脱水剂、乳化剂	金属加工液、润滑脂
脂肪酸与咪唑啉的反应物	优良的防锈性能	润滑脂
硼胺缩合物	腐蚀抑制剂	高水含量液压液
脂肪酸单乙醇酰胺	腐蚀抑制剂、乳化剂、润滑剂	高水含量液压液、水混合清洗液
脂肪酸二乙醇酰胺	腐蚀抑制剂	水混合清洗液
脂肪酸二异丙醇酰胺	腐蚀抑制剂、乳化剂、黏度改进剂	高水含量液压液、水混合金属加工液
脂肪酸二乙二醇酰胺	腐蚀抑制剂、乳化剂	高水含量液压液、水混合清洗液
硼酰胺	腐蚀抑制剂、润滑剂、水溶性好	合成和半合成金属加工液
十二烯基丁二酸半酯	对油品酸值影响小	汽轮机油、液压油、齿轮油
重烷基苯磺酸钡	良好的油溶性、抗盐雾性、脱水性	防锈油
N-油酰肌氨酸	腐蚀抑制剂	用于汽油、煤油、储油罐防锈
Z 型防锈添加剂	良好的油溶性、抗大气腐蚀、抗湿热性、抗盐雾性	封存防锈油

3.5　辅助添加剂

3.5.1　清净剂和分散剂（T101、T102、T103、T109、T152、T154）

清净分散剂是一种具有表面活性的物质，它能吸附油中的固体颗粒污染物，并使污染物悬浮于油的表面，以确保参加润滑循环的油是清净的，以减少高温与漆膜的形成。分散剂则能将低温油泥分散于油中，以便在润滑油循环中将其滤掉。清净分散添加剂是它们的总称，它同时还具有洗涤、抗氧化及防腐等功能。

石油磺酸钙是一种良好的清净分散剂，也可作为防锈剂用于防锈油品的调制。一般呈碱性，作为防锈剂时对黑色金属有良好的缓蚀效果。同时，石油磺酸钙还具有良好的酸中和性、一定的增溶性和分散性以及优良的洗涤性，主要用于内燃机油中，可以使润滑油在低温条件下快速分散，在高温条件下增加其清净性能。无毒，作为缓蚀剂调制的防锈油脂可用于食品机械以及医疗器械的防锈。根据磺酸盐中钙含量的差异，石油磺酸钙主要分为三个种类：中灰分石油磺酸钙（又称中性磺酸钙，代号 T101）、高灰分石油磺酸钙（又称碱性磺酸钙，代号 T102）、高碱性石油磺酸钙（代号 T103），其中高灰分和高碱性石油磺酸钙除作为防锈剂外，多作为分散剂使用。

三类磺酸钙中高碱值石油磺酸钙用途最为广泛。目前许多厂家合成出了超高碱值石油磺酸钙。高碱值石油磺酸钙的合成过程是由气、液、固三相物质共同参与的化学反应，其合成反应的机理方程式如下：

（1）$2AR—SO_3H + Ca(OH)_2 \longrightarrow (AR—SO_3)_2Ca + 2H_2O$

$\qquad Ca(OH)_2 + 2CH_3OH \longrightarrow (CH_3O)_2Ca + 2H_2O$

（2）$(CH_3O)_2Ca + 2CO_2 \longrightarrow (CH_3OCOO)_2Ca$

$\qquad m(AR—SO_3)_2Ca + n(CH_3OCOO)_2Ca \longrightarrow m(AR—SO_3)_2Ca \cdot n(CH_3OCOO)_2Ca$

$m(AR—SO_3)_2Ca \cdot n(CH_3OCOO)_2Ca + nH_2O \longrightarrow m(AR—SO_3)_2Ca \cdot nCaCO_3 + 2nCH_3OH + CO_2$

在反应过程中石油磺酸或磺酸盐首先与氢氧化钙（$Ca(OH)_2$）或氧化钙（CaO）发生中和反应，生成中性石油磺酸钙。然后在促进剂的作用下进行碳酸化反应，生成含有碳酸钙的磺酸钙胶束，除去有机溶剂、促进剂及钙渣后得到高碱值石油磺酸钙添加剂，生产高碱值石油磺酸钙添加剂的工艺流程见图3-4。

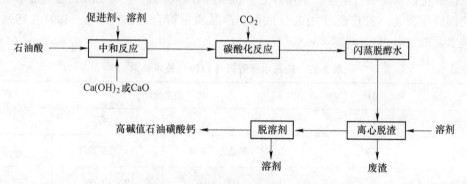

图 3-4 高碱值石油磺酸钙工艺流程

生产工艺是先将石油酸、促进剂、溶剂、$Ca(OH)_2$ 或 CaO 等原料按一定比例加入反应釜中，充分混合后，控制反应温度在 $35\sim50℃$，完成中和反应后，向反应器中鼓入 CO_2 进行碳酸化反应，再将含有高碱值添加剂的反应产物转入蒸馏釜，经过闪蒸脱醇水、离心除渣、清液脱溶剂等后处理工艺，得到高碱值石油磺酸钙添加剂产品。

石油磺酸钙符合 SH/T 0042—1991（1998）标准，技术要求见表3-16。

表 3-16 石油磺酸钙技术要求

项　目	质　量　指　标					试验方法
	T101	T102		T103		
	一级品	一级品	合格品	一级品	合格品	
密度 (20℃)/kg·m⁻³	950.0~1050	1000~1150	1000~1150	1100~1200	1100~1200	GB/T 2540
运动黏度 (100℃)/mm²·s⁻¹　不大于	报告	30	40	100	150	GB/T 265
闪点 (开口)/℃　　　不低于	180					GB/T 3536
碱值/mgKOH·g⁻¹　　不小于	20~30	140	130	290	270	SH/T 0251
水分/%　　　　　　不大于	0.08	0.08	0.10	0.08	0.10	GB/T 260
机械杂质/%　　　　不大于	0.08	0.08	0.10	0.08	0.10	GB/T 511
有效组分①/%　　　不小于	45	40	35	50	48	SH/T 0034

项　　目	质 量 指 标					试验方法
	T101	T102		T103		
	一级品	一级品	合格品	一级品	合格品	
钙含量/%　　　　不小于	2.0~3.0	6.0	5.0	11.0	10.0	SH/T 0297
浊度/JTU　　　　不大于	—	200	270	220	270	SH/T 0028
中性磺酸钙②/%	报告					附录 A

①为保证项目，每季度抽查一次。
②为保证项目，每半年抽查一次。

　　烷基水杨酸钙分散剂，代号为 T109，具有优异的高温清净性和良好的酸中和能力，较好的抗氧化性及高温稳定性，油溶性好，抗水性好等特点。它与 ZDDP 复合能够显示优异的协调效应，是一种广泛使用的分散剂。产品质量符合 SH/T 0045—1991（1998）标准，技术要求见表 3-17。

表 3-17　烷基水杨酸钙（T109）技术要求

项　　目	质量指标		试验方法
质量等级	一级品	合格品	
外观	褐色透亮液体	褐色透亮液体	目测
密度（20℃）/kg·m⁻³	900~1100	900~1100	GB/T 2540
运动黏度（100℃）/mm²·s⁻¹	10~30	10~40	GB/T 265
闪点（开口）/℃　　　不低于	165	165	GB/T 3536
钙含量/%　　　　不小于	6.0	5.5	SH/T 0297
硫酸盐灰分/%　　　不小于	18	18	GB/T 2433
水分/%　　　　　不大于	0.1	0.1	GB/T 260
机械杂质/%　　　不大于	0.08	0.08	GB/T 511
浊度/JTU　　　　不大于	180	报告	SH/T 0028
碱值/mgKOH·g⁻¹　　不小于	160	150	SH/T 0251

　　注：工艺控制稀释油加入量不应大于 40%。

　　双烯基丁二酰亚胺是以高活性聚异丁烯为原料、采用热加合工艺制备的无灰分散剂，代号为 T152 和 T154。具有良好的清净分散性，主要用于调制中、高档柴油机油、汽油机油，尤其适用于调制环保型内燃机油，可抑制发动机活塞上积炭和漆膜的生成。在防锈油脂中，T154 主要是用于调制清洁润滑防护三用油，使油品能够很好地清除金属基体表面积炭等杂质。双烯基丁二酰亚胺标准号为 SH 0623—1995。技术要求见表 3-18。

表 3-18　双烯基丁二酰亚胺技术要求

项　目		质量指标				试验方法
		T152		T154		
		一等品	合格品	一等品	合格品	
外观		黏稠透明液体				目测
密度（20℃）/kg·m⁻³		890~935	890~935	890~935		GB/T 1884 GB/T 1885
色度（稀释）/号	不大于	6	7	6	7	GB/T 6540
闪点（开口杯）/℃	不低于	170	170	170	170	GB/T 267
运动黏度（100℃）/mm²·s⁻¹		150~250①	140~270①	185~225	150~250	GB/T 265
机械杂质/%	不大于	0.08	0.08	0.08	0.08	GB/T 511
水分/%	不大于	0.08	0.08	0.08	0.08	GB/T 260
氮含量/%		1.15~1.35	1.15~1.35	1.1~1.3	1.1~1.3	SH/T 0224
氯含量/%	不大于	0.3	0.5	0.3	0.5	SH/T 0161
碱值/mgKOH·g⁻¹		15~30	15~30	15~30	15~30	SH/T 0251
分散性/SDT	不低于	55	45	55	45	附录 A

①当 T152 用于化工领域时，运动黏度可不受本指标限制，可与用户协商确定。

3.5.2　抗氧抗腐剂（T202、T203、T204、T205、T206）

防锈油脂在使用中要与空气接触，另外，各种金属材质，如铜、铁等均会起催化作用加速油品的氧化变质，最终生成酸性物质腐蚀金属材质。这些变化严重影响了防锈油脂的防锈性能，有时甚至加速金属制品的腐蚀。因此，要求防锈油脂具有较好的抗氧和抗腐作用。在防锈油脂中加入抗氧和抗腐添加剂，其目的是抑制油品的氧化过程，钝化金属对氧化的催化作用，起到延长油品使用的目的。经过一定精制的基础油，有一定的抗氧化作用，但一些防锈油品仍需加入抗氧抗腐剂以满足苛刻的防护要求。

主要产品有：硫磷烷基酚锌盐（T201）、硫磷丁辛基锌盐（T202）、碱式硫磷双辛基锌盐（T203）、硫磷伯仲醇基锌盐（T204）、硫磷仲醇基锌盐（T205）、硫磷伯仲烷基锌盐（T206）。以上添加剂统称为 ZDDP（二烷基二硫代磷酸锌）系列添加剂，其中 T202 是一种性能较全面的抗氧、抗腐添加剂，适用于各种领域，已经有七八十年的生产历史，T203 的抗磨性、水解安定性及热稳定性都要优于 T202，主要用于柴油机油；T204 的抗氧性要更好一些，T205 主要用于调制高档汽油机油。

防锈油脂调制过程中，使用 T202 和 T203 较多。T202 是采用丁醇、辛醇制备的硫磷酸为原料制得的硫磷酸锌盐，T203 是采用辛醇制备的硫磷酸为原料制得的硫磷酸锌盐。它们加入油品中可控制油品的氧化，具有抗氧化、抗磨和抗腐蚀作用。T202、T203 抗氧抗腐剂符合 SH/T 0394—1996 标准，技术要求见表 3-19。

表 3-19 T202、T203 抗氧抗腐剂技术要求

项　　目		质量指标				试验方法
		T202		T203		
		一等品	合格品[①]	一等品	合格品[①]	
外观		琥珀色透明液体		琥珀色透明液体		目测
色度（稀释）/号	不大于	2.0	2.5	2.0	2.5	GB/T 6540
密度（20℃）/kg·m^{-3}		1080~1130	1080~1130	1060~1150	1060~1150	GB/T 2540
运动黏度（100℃）/mm^2·s^{-1}		报告	报告	报告	报告	GB/T 265
闪点（开口杯）/℃	不低于	180	180	180	180	GB/T 3536
硫含量（质量分数）/%		14.0~18.0	12.0~18.0	14.0~18.0	12.0~18.0	SH/T 0303
磷含量（质量分数）/%		7.2~8.5	6.0~8.5	7.5~8.8	6.5~8.5	SH/T 0296
锌含量（质量分数）/%		8.5~10.0	8.0~10.0	9.0~10.5	8.0~10.5	SH/T 0226
pH 值	不小于	5.5	5.0	5.8[②]	5.3	附录 A
水分[③]/%	不大于	0.03	0.09	0.03	0.09	GB/T 260
机械杂质/%	不大于	0.07	0.07	0.07	0.07	GB/T 511
热分解温度/℃	不低于	220	220	230	225	SH/T 0541
轴瓦腐蚀试验[④]	轴瓦失重/mg　不大于	25	25	25	25	SH/T 0264
	40℃运动黏度增长率/%　不大于	50	50	50	50	GB/T 265

①合格品原则上不宜于调制中高档润滑油。

②调制抗磨液压油，pH 值不应小于 6.0。

③4 月 15 日~9 月 15 日，一等品水分可不大于 0.06%。

④以 HVI500（或 MVI600）中性油为基础油，添加 3%T108（或 T108A）和 0.5%T202（或 T203）进行试验，每半年评定一次。

　　T204 是采用辛醇制备的硫磷酸为原料制得的硫磷酸锌盐。加入油品中可控制油品的氧化，具有抗氧化、抗磨及抗腐蚀作用。其具有突出的抗磨性和水解安定性。T204 符合 Q/JTH 006—2009 标准，技术要求参考表 3-20。

表 3-20 T204 抗氧抗腐剂技术要求

项　　目		质量指标	试验方法
外观		琥珀色透明液体	目测
闪点（开口杯）/℃	不低于	160	GB/T 3536
密度（20℃）/kg·m^{-3}		1050~1150	GB/T 2540
硫含量（质量分数）/%		13.6~16.0	SH/T 0303
磷含量（质量分数）/%	不小于	6.5	SH/T 0296
锌含量（质量分数）/%	不小于	7.5	SH/T 0226
pH 值	不小于	5.5	SH 0394 附录 A
水分/%	不大于	0.08	GB/T 260
机械杂质/%	不大于	0.08	GB/T 511

　　T205 是采用丙、辛仲伯混合醇制备的硫磷酸为原料制得的硫磷酸锌盐。加入油品中

同样可控制油品的氧化,具有抗氧化、抗磨和抗腐蚀作用。除此之外,它还具有良好的抗磨性和抗氧性,其水解安定性也很好。T205 符合 Q/JTH 006—2009 标准,技术要求参考表 3-21。

表 3-21 T205 抗氧抗腐剂技术要求

项　　目		质量指标	试验方法
外观		琥珀色透明液体	目测
闪点(开口杯)/℃	不低于	100	GB/T 3536
硫含量(质量分数)/%		15.0~19.0	SH/T 0303
磷含量(质量分数)/%	不小于	7.5	SH/T 0296
锌含量(质量分数)/%	不小于	9.5	SH/T 0226
pH 值	不小于	5.5	SH 0394 附录 A
水分/%	不大于	0.07	GB/T 260
机械杂质/%	不大于	0.07	GB/T 511

T206 是采用伯、仲醇制备的硫磷酸为原料制得的硫磷酸锌盐。加入油品中可控制油品的氧化,抑制轴瓦腐蚀及减少凸轮、挺杆的磨损,起到抗氧化、抗磨及抗腐蚀作用。本产品是一种性能较全面的通用型抗氧抗磨抗腐添加剂。T206 符合 Q/JTH 006—2009 标准,技术要求参考表 3-22。

表 3-22 T206 抗氧抗腐剂技术要求

项　　目		质量指标	试验方法
外观		琥珀色透明液体	目测
密度(20℃)/kg·m^{-3}		1100~1180	GB/T 2540
闪点(开口杯)/℃	不低于	160	GB/T 3536
硫含量(质量分数)/%		14.5~18.1	SH/T 0303
磷含量(质量分数)/%	不小于	7.7~8.3	SH/T 0296
锌含量(质量分数)/%	不小于	8.4~9.2	SH/T 0226

3.5.3 极压抗磨剂(T301、T304、T305、T306、T321、T361)

极压抗磨剂是一种重要的润滑脂添加剂,大部分是一些含硫、磷、氯、铅、钼的化合物。极压剂是指润滑剂在低速高负荷或高速冲击负荷摩擦条件下,即在所谓的极压条件下防止摩擦面发生烧结、擦伤的能力。极压剂多含有硫磷氯等活性物质,极压剂在摩擦面上和金属起化学反应,生成剪切力和熔点都比原金属低的化合物,构成极压固体润滑膜,防止烧结。抗磨剂是指润滑剂在轻负荷和中等负荷条件下能在摩擦表面形成薄膜,防止磨损的能力。一些用于低速高负荷或高速冲击负荷金属部位的防锈油脂,如既起润滑作用又起防护作用的防锈油脂,一般添加少量极压抗磨剂来改善油品的极压抗磨性能。

氯化石蜡,代号为 T301,可用作高压润滑和金属切削加工的抗磨剂、防霉剂。它还可以作为各类产品的阻燃剂,塑料、橡胶、纤维等工业领域的增塑剂,织物和包装材料的表面处理剂，粘接材料和涂料的改良剂。氯化石蜡的生产工艺是将计量的液体石蜡加入反应釜中，在搅拌下滴加氯化亚砜，回流 5~7h 后，常压回收过量的氯化亚砜。用水、NaOH 水溶液依次洗涤减压脱水至含水量小于 2%，得到产品。产品质量符合 HG 2092—1991 (2009) 标准，技术要求见表 3-23。

表 3-23　氯化石蜡 (T301) 技术要求

项　目		质量指标			试验方法
		优等品	一等品	合格品	
色泽 (铂-钴)/号　　不大于		100	250	600	GB 1664
密度 (50℃)/g·cm^{-3}		1.23~1.25	1.23~1.27	1.22~1.27	GB/T 2540
氯含量/%		51~53	50~54	50~54	GB 1679
黏度 (50℃)/mPa·s		150~250	≤300	—	GB 1660
折光率 n_D^{20}		1.510~1.513	1.505~1.513	—	GB 1657
加热减量 (130℃, 2h)/%　不大于		0.3	0.5	0.8	HG 2092 要求
热稳定指数[①] (175℃, 4h, 氮气 10L/h), HCl%　　　　不大于		0.10	0.15	0.20	GB 1680

①至少半年检验一次。

亚磷酸二正丁酯极压抗磨剂，代号为 T304，不溶于水，易溶于酯、醇、醚等有机溶剂，有较强的极压抗磨性，是首选的润滑油极压抗磨剂，极压抗磨指数高，配伍性能好，可配制双曲线齿轮油、工业齿轮油和车辆齿轮油、切削油及其他油品，还可作汽油添加剂和阻燃剂。技术要求见表 3-24。

表 3-24　亚磷酸二正丁酯 (T304) 技术要求

项　目	质量指标	试验方法
外观	无色或淡黄色透明液体	目测
磷含量 (质量分数)/%	14.5~16.0	SH/T 0296
铜片腐蚀 (121℃, 3h)/级　不大于	1	GB/T 5096
酸值/mgKOH·g^{-1}　　不大于	1.0	GB/T 264

硫磷酸含氮衍生物，代号为 T305，是以硫磷酸、环氧丙烷、十八胺和多聚甲醛为原料经酯化和曼尼希反应后精制过滤而得的。其具有优良的极压、抗磨性能和一定的抗氧抗腐性能，拥有较好的热稳定性。有臭味，油溶性好，组分为硫磷含氮衍生物（即硫磷氮剂）。技术要求见表 3-25。

表 3-25　硫磷酸含氮衍生物 (T305) 技术要求

项　目	质量指标	试验方法
外观	棕红色透明油状液体	目测
闪点 (开口)/℃　　不低于	110	GB/T 267
铜片腐蚀 (100℃, 3h)/级　不大于	2b	GB/T 5096
磷含量/%　　　　不小于	5.5	SH/T 0296

续表 3-25

项　　目		质量指标	试验方法
硫含量/%	不小于	10.0	SH/T 0303
氮含量/%	不小于	1.0	SH/T 0204
水分/%	不大于	0.1	GB/T 260
机械杂质/%	不大于	0.1	GB/T 511
油溶性		溶解，不分层	目测

磷酸三甲酚酯，代号为 T306，为透明油状液体，具有良好的极压抗磨性能、阻燃性能、耐霉菌性能，挥发性低，电气性能好。有一定的毒性，注意防护。技术指标可参考表 3-26。

表 3-26　磷酸三甲酚酯（T306）技术要求

项　　目		质量指标	试验方法
外观		无色或淡黄色透明油状液体	目测
闪点（开口）/℃	不低于	220	GB/T 267
密度（20℃）/kg·m^{-3}	不大于	1190	GB/T 1884
酸值/mgKOH·g^{-1}	不大于	0.25	GB/T 264
游离甲酚/%	不大于	0.20	Q/SY 206009

硫化异丁烯，代号为 T321，是采用硫黄或单氯化硫及异丁烯为原料制得的含硫添加剂，具有优良的极压性能，油溶性好，颜色浅，与含磷化合物有很好的配伍性，且对金属的腐蚀性相对较小。产品质量符合 SH/T 0664—1998，技术要求见表 3-27。

表 3-27　硫化异丁烯（T321）技术要求

项　　目		质量指标	试验方法
外观		橘黄~琥珀色透明液体	目测
水分（体积分数）/%	不大于	痕迹	GB/T 260
机械杂质（质量分数）/%	不大于	0.05	GB/T 511
闪点（开口）/℃	不低于	100	GB/T 3536
运动黏度（100℃）/mm^2·s^{-1}		5.50~8.00	GB/T 265
密度（20℃）/kg·m^{-3}		1100~1200	GB/T 13377
油溶性		透明无沉淀	目测[①]
硫含量（质量分数）/%		40.0~46.0	SH/T 0303[②]
氯含量（质量分数）/%	不大于	0.4	SH/T 0161
铜片腐蚀（121℃、3h）/级	不大于	3	GB/T 5096[③]
四球机试验 P_D/N	不小于	4900	GB/T 3142[③]

①5%（质量分数）T321+95%（质量分数）基础油［60%（质量分数）HVI150BS+40%（质量分数）HVI500］在室温下（20℃）搅拌均匀后，目测应为透明无沉淀。

②T321 硫含量除用 SH/T 0303 测定外，也可以用其他试验方法测定。

③5%（质量分数）T321+95%（质量分数）基础油［60%（质量分数）HVI150BS+40%（质量分数）HVI500］。

　　硼酸盐，代号为 T361，具有良好的抗锈蚀、抗磨损和热氧化安定性，在高负荷下有良好的抗磨和抗擦伤能力，但耐水性差。硼酸盐主要是以高碱值石油磺酸钙、硼酸为原料，通过与氢氧化钾或氢氧化钠反应而制得，产品质量符合 SH/T 0016—1990（1998），技术要求见表 3-28。

表 3-28　硼酸盐（T361）技术要求

项　目		质量指标	试验方法
外观①		红棕色透明黏稠液体	目测
密度（20℃）/kg · m⁻³		1200~1400	GB/T 1884 及 GB/T 1885
运动黏度（100℃）/mm² · s⁻¹		实测	GB/T 265
硼含量/%	不小于	5.8	SH/T 0227
闪点（开口杯法）/℃	不低于	170	GB/T 267
水分/%	不大于	0.1	GB/T 260
碱值/mgKOH · g⁻¹		280~350	SH/T 0251
铜片腐蚀（120℃，3h）/级	不大于	1b	GB/T 5096
四球机试验②　最大无卡咬负荷 PB/N	不小于	900	GB/T 3142
抗极压性能②　梯姆肯试验（OK 值）/N	不小于	267	GB/T 11144

①把产品注入 100mL 量筒中，在室温下观测应均匀透明。

②以 650 SN 的中性油为基础油，加 T361 至油中，在含硼量为 0.6%±0.01% 时进行四球机试验和梯姆肯试验，梯姆肯试验为保证项目，每年评定一次。

3.5.4　抗氧剂及金属减活剂（T501、T511、T512、T531、T534）

　　抗氧剂在聚合物体系中仅少量存在时，就可延缓或抑制聚合物氧化过程的进行，所以它是防止油品老化的重要添加剂，能够有效提高油品的使用寿命。有机化合物的热氧化过程是一系列的自由基链式反应，在热、光或氧的作用下，有机分子的化学键发生断裂，生成活泼的自由基和氢过氧化物。氢过氧化物发生分解反应，也生成烃氧自由基和羟基自由基。这些自由基可以引发一系列的自由基链式反应，导致有机化合物的结构和性质发生根本变化。抗氧剂的作用是消除刚刚产生的自由基，或者促使氢过氧化物的分解，阻止链式反应的进行。

　　2，6-二叔丁基对甲酚，代号为 T501，是一种用途比较广泛的抗氧剂。溶于苯、甲苯、甲醇、甲乙酮、乙醇、异丙醇、石油醚、亚麻子油，也溶于水及 10% 烧碱溶液。常用作橡胶、塑料的防老剂，各种石油产品和食品、饲料、动植物油、肥皂的抗氧剂。它的油溶性良好，加入后不影响油品色泽，广泛使用于变压器油、透平油等。遇光颜色变黄，并逐渐变深，质量指标符合 SH/T 0015—1990（1998）标准，技术要求见表 3-29。

表 3-29 2，6-二叔丁基对甲酚（T501）技术要求

项　目		质量指标		试验方法
		一级品	合格品	
外观[①]		白色结晶	白色结晶	目测
初熔点/℃		69.0~70.0	68.5~70.0	GB/T 617
游离甲酚（质量分数）/%	不大于	0.015	0.03	附录 A
灰分（质量分数）/%	不大于	0.01	0.03	GB/T 508
水分（质量分数）/%	不大于	0.05	0.08	GB/T 606[②]
闪点（闭口）/℃		报告	—	GB/T 261

①交货验收时为白色结晶。

②测定水分时，手续改为取 3~4mL 溶液甲，以溶液乙滴定至终点，不记录读数，然后迅速加入试样 1g，称准至 0.01g，在搅拌下使之溶解，再用溶液乙滴定至终点。

4，4-亚甲基（2，6-二叔丁基酚），代号为 T511，也称抗氧剂 7930，抗氧效果优于 T501，也属于润滑油酚类抗氧剂，起到提高油品抗氧化性，延长油品使用寿命的作用。技术要求参考表 3-30。

表 3-30 4，4-亚甲基（2，6-二叔丁基酚）（T511）技术要求

项　目		质量指标	试验方法
外观		白色或微黄色结晶粉末	目测
熔点/℃		149~154	GB/T 617
灰分/%	不大于	0.10	GB/T 508
蒸发减量/%	不大于	0.5	—

T512 是由中国石化石油化工科学研究院研发的一种新型高分子量液态酚酯型抗氧剂。具有高温条件下抗氧化性能突出、油溶性好、与其他添加剂的配伍性好等特点，广泛用于各种高档内燃机润滑油、导热油、液压油、齿轮油、防锈油等工业油品及各种润滑脂。技术要求参考表 3-31。

表 3-31 抗氧剂 T512 技术要求

项　目		质量指标	试验方法
外观		浅黄色透明液体	目测
闪点（开口）/℃	不低于	195	GB/T 3536
运动黏度（100℃）/mm² · s⁻¹	不小于	6.9	GB/T 265
酸值/mgKOH · g⁻¹	不大于	0.40	SH/T 0163
水分/%	不大于	0.02	GB/T 260
机械杂质/%	不大于	0.01	GB/T 511
灰分/%	不大于	0.01	GB/T 508
有效含量/%	不小于	97.0	GC 气相色谱法
密度（20℃）/kg · m⁻³	不大于	961	GB/T 2540

N-苯基-α-萘胺，代号为 T531，也是一种胺型润滑油抗氧添加剂。主要用于提高合成

油和矿物油的高温抗氧化性能，在油中溶解性好，抗氧作用明显，可延长氧化诱导期，提高油品的起始温度，降低油耗，极大地延长油品的使用寿命。适用于航空润滑油及各种工业润滑油、防锈油，技术要求参考表 3-32。

表 3-32　N-苯基-α-萘胺（T531）技术要求

项　　目		质量指标	试验方法
外观		白色或略显粉红色结晶	目测
熔点/℃	不小于	59.5	GB/T 617
灰分/%	不大于	0.05	GB/T 508
游离胺/%	不大于	0.20	—
蒸发减量/%	不大于	1.0	—

二烷基二苯胺，代号为 T534，与 T531 一样同属胺型抗氧添加剂，具有良好的油溶性和高效的高温抗氧性能，通过了 API（美国石油协会）SJ 汽油机油台架试验，能够完全取代国外的同类产品，主要用于调制高品质油品，延长使用寿命。技术要求参考表 3-33。

表 3-33　二烷基二苯胺（T534）技术要求

项　　目		质量指标	试验方法
外观		透明浅色液体	目测
闪点（开口）/℃	不低于	180	GB/T 3536
运动黏度（40℃）/mm^2·s^{-1}		100~350	GB/T 265
总碱值/mgKOH·g^{-1}		152~172	SH/T 0251
水分/%	不大于	0.15	GB/T 260
碱性氮/%		3.4~4.3	克丝法
倾点/℃	不高于	12	GB/T 3535
二苯胺含量/%	不大于	1.0	色谱法
密度（20℃）/kg·m^{-3}		945~995	GB/T 1884

3.5.5　金属减活剂（T551、T561）

各种材质的金属均会对油品产生或多或少促进氧化的作用，如铜对汽油和航空喷气燃料自动氧化的促进很大，铁、铝次之，铬和铜并存时，促进作用更为强烈。因此，一些防锈油品会添加一些能够阻止金属对油品的自动氧化起促进作用的添加剂，即金属减活剂。

苯三唑甲醛-胺缩合衍生物，代号为 T551，是一种性能优良的金属减活剂。对抑制金属离子对油品氧化的催化作用、提高油品的抗氧化能力、延长油品的使用寿命有突出的增效作用。能在金属表面形成惰性膜或与金属离子形成螯合物，阻止金属氧化，具有抑制金属对氧化反应的催化加速作用。以适当量与 T501 抗氧剂复合使用，能够显示出优异的增效作用，大大降低了 T501 的用量。需要注意，使用中避免与 ZDDP（即二烷基二硫代磷酸锌，T202、T203 等抗氧抗腐剂）系列添加剂复合，否则发生沉淀。

苯三唑甲醛-胺缩合衍生物产品质量符合 SH/T 0563—1993 标准，技术要求见表 3-34。

表 3-34　苯三唑甲醛-胺缩合衍生物（T551）技术要求

项　目		质量指标	试验方法
		一级品	
外观		棕色透明液体	目测
色度/号		实测	GB/T 6540[①]
密度（20℃）/kg·m^{-3}		910~1040	GB/T 2540
运动黏度（50℃）/mm^2·s^{-1}		10~14	GB/T 265
闪点（开口）/℃	不低于	130	GB/T 3536
碱值/mgKOH·g^{-1}		210~230	SH/T 0251[②]
氧化试验（增值）/min		90	SH/T 0193[③]
溶解度/%		合格	目测[④]
热分解温度[⑤]/℃		报告	附录 A

①色度检验应在打开包装后 24h 之内进行。

②SH/T 0251 的指示剂改为结晶紫，石油醚用量为 40mL。指示剂配制方法是：称取 0.2g 结晶紫指示剂，溶于
　100mL 冰乙酸中。

③0.05% T551+0.5% T501+0.03% T746+32 汽轮机油基础油（余量）配方的氧弹寿命与以上配方中不加 T551 的
　氧弹寿命之差值。该项目为保证项目，3 个月抽查检验一次。需要提及的是，在配制油品时，不能把 T551 与
　T746 一起调制母液。要先将 T746 等剂调入油中后，再将 T551 调入油中。

④0.5% T551 加到中性油中，搅拌加热到 60℃时至完全溶解后，在室温下放置 24h，目测透明。

⑤热分解温度为开始分解的温度，只作为 T551 性能指标，予以定期抽验，不作为出厂控制与交货验收的指标。

　　噻二唑多硫化物，代号为 T561，它能捕捉油品中的活性硫，抑制金属腐蚀。由于它含有多硫键，可与金属表面形成硫化膜，极为有效地防止添加剂中活性硫和氧化作用产生的酸性物质对金属引起的腐蚀，也抑制了金属及金属离子对油品的催化作用，使其丧失活性质点，从而延长油品的氧化诱导期，有效改善油品的使用寿命。对抑制铜腐蚀尤其明显，能够明显降低 ZDDP 对铜的腐蚀和水解安定性的问题。噻二唑多硫化物技术要求参见表 3-35。

表 3-35　噻二唑多硫化物（T561）技术要求

项　目		质量指标	试验方法
外观		棕色或深棕色透明液体	目测
密度（20℃）/kg·m^{-3}		实测	GB/T 2540
运动黏度（100℃）/mm^2·s^{-1}		实测	GB/T 265
闪点（开口）/℃	不低于	130	GB/T 3536
酸值/mgKOH·g^{-1}	不大于	18	附录 A
硫含量（质量分数）/%		24~29	GB/T 0303
铜片腐蚀（120℃，3h）/级	不大于	1b	GB/T 5096
水分（质量分数）/%	不大于	实测	GB/T 260

3.5.6　黏度指数改进剂（T601、T602、T603）

　　黏度指数改进剂通常是一种油溶性高分子化合物，在室温下一般呈橡胶状或固体。为

便于使用，通常用 150SN 或 100SN 的中性油稀释为 5%~10% 的浓缩物。黏度指数改进剂就是基于不同温度下具有不同形态，并对黏度产生不同的影响，不仅可以增加油品黏度，而且可以改进油品的黏温性能。防锈油脂中添加合适的黏度指数改进剂能够使油溶性缓蚀剂更好地分布于基础油中，增强油膜附着力，有效提高防锈添加剂防锈能力。

聚乙烯基正丁基醚，代号为 T601，外观为淡黄色黏稠液体，能提高油品的黏度和黏度指数。但该增黏剂增稠能力不强，热稳定性不高，实际使用不广泛。

聚甲基丙烯酸酯，代号为 T602，是一种广泛使用的多功能黏度指数改进剂，兼有增黏和降凝双重作用。使用过程中，注意避免与降凝剂 T801 同时使用，否则会影响降凝效果。而且调制防锈油脂过程中，聚甲基丙烯酸酯不宜长时间加热，以免解聚。根据碳链的不同，聚甲基丙烯酸酯又分为 T602（$C_{7\sim9}$）、T602-HB（$C_{12\sim14}$）、T602-HC（C_{14}）、T602-HG、T602-HE、T602-HJ 等六个型号。

T602（$C_{7\sim9}$）添加剂具有较好的增黏能力，同时具有抗剪切下降率低、抗氧化稳定性好的特点。本剂主要用于航空液压油、数控机床液压油、特种液压油以及各类防锈油脂等。技术要求参考表 3-36。

表 3-36　T602（$C_{7\sim9}$）技术要求

项　　目	质量指标	试验方法
外观	淡黄色透明液体	目测
黏均分子量	7.5 万~12.0 万	ZBE60005
酸值/mgKOH·g^{-1}	实测	GB/T 7304

T602-HB 具有较强的稠化能力与降凝效果，一剂双效。主要用于严寒地区稠化机油和机械油。防锈油脂也可添加该增黏降凝剂，以提高防锈油品的低温性能，用于严寒苛刻地区。技术要求参考表 3-37。

表 3-37　T602-HB 技术要求

项　　目		质量指标	试验方法
外观		透明液体、无悬浮物	目测
闪点（开口)/℃	不小于	165	GB/T 3536
低温性能/℃	不大于	-60	GB/T 510
降凝效果[①]/℃	不大于	-40	GB/T 510
稠化能力/%		22~40	GB/T 265

①对凝点为-25℃的变压器油降至规定指标。

T602-HC 主要用于降凝剂，此剂对凝点为-10℃左右的基础油有较好的降凝效果。技术要求参考表 3-38。

表 3-38　T602-HC 技术要求

项　　目		质量指标	试验方法
外观		透明液体、无悬浮物	目测
闪点（开口)/℃	不小于	165	GB/T 3536
降凝效果[①]/℃	不大于	-40	GB/T 510

①对凝点为-7℃的机械油降至规定指标。

T602-HE 增黏剂主要用于高档润滑脂，对在高温或高负荷工作状态下的润滑脂，可提高其附着性和润滑性，提高润滑脂的使用性能。技术要求参考表 3-39。

表 3-39　T602-HE 技术要求

项　目		质量指标	试验方法
外观		淡黄色透明液体	目测
黏均分子量		18.5 万~24.0 万	ZBE60005
酸值/mgKOH·g^{-1}	不大于	0.50	GB/T 7304
剪切安定性/%	不大于	18	SH/T 0505
水溶性酸或碱		无	GB/T 259

T602-HG 与 T602-HJ 具有良好的降凝效果，适用于内燃机油、车轴油、防锈油以及液压油等多种油品。技术要求参考表 3-40。

表 3-40　T602-HG、T602-HJ 技术要求

项　目		质量指标		试验方法
		T602-HG	T602-HJ	
外观		微黄透明液体、无悬浮物	淡黄至红色透明液体、无悬浮物	目测
闪点（开口）/℃	不小于	160	160	GB/T 3536
酸值/mgKOH·g^{-1}	不大于	0.50	0.50	GB/T 7304
降凝效果①/℃	不大于	-30	-30	GB/T 510

①降凝效果是对凝点为-15℃的 HVI150 基础油中加入 0.5% 的产品进行测试。

聚异丁烯，缩写为 PIB，添加剂代号为 T603，也是一种良好的增黏剂。它是由单体异丁烯通过阳离子聚合反应得到的产物。由于其为一种饱和聚合物，因而能耐老化，耐臭氧，耐多种无机酸、碱、盐和极性介质的侵蚀。技术要求参考表 3-41。

表 3-41　T603 技术要求

项　目		质量指标	试验方法
颜色/号	不大于	3	GB/T 6540
运动黏度（100℃）/mm^2·s^{-1}		300~450	GB/T 265
黏均分子量		4 万~6 万	ZBE60005
酸值/mgKOH·g^{-1}	不大于	0.10	GB/T 7304
剪切安定性/%	不大于	25	SH/T 0505
水溶性酸或碱		无	GB/T 259
黏度指数	不小于	1350	GB/T 1995
闪点（开口）/℃	不小于	180	GB/T 3536
机械杂质/%	不大于	0.04	GB/T 511
水分/%	不大于	痕迹	GB/T 260
稠化能力/%	不小于	10	GB/T 265
干剂含量/%	不小于	25	抽提法
灰分/%	不大于	0.20	GB/T 508

乙丙共聚物是以乙烯丙烯共聚物为原料，在 HVI150 或 HVI100 基础油中热溶解、机械降解或热氧化降解制得的黏度指数改进剂。外观为浅黄色透明黏稠液体，能改善油品的黏温性能，提高黏度指数。其增稠能力强，抗剪切性、低温清净性、防锈性、抗磨性好，低温流动性稍差。乙丙共聚物主要有 T612、T612A、T613、T614、T614A、T615。产品质量符合 SH/T 0622—2007。技术要求见表 3-42。

表 3-42　乙丙共聚物黏度指数改进剂技术要求

项　　目		质　量　指　标						试验方法
		T612	T612A	T613	T614	T614A	T615	
外观		透明黏稠液体						目测
颜色	不大于	2.5					2.0	GB/T 6540
密度（20℃）/kg·m⁻³		报告						GB/T 1884 和 GB/T 1885、SH/T 0604
运动黏度（100℃)/mm²·s⁻¹ 不大于		600	900	800	650	1400	550	GB/T 265
闪点（开口）/℃ 不小于		185						GB/T 3536
水分/%（质量分数） 不大于		0.05						GB/T 260
机械杂质/%（质量分数） 不大于		0.05						GB/T 511
稠化能力/mm²·s⁻¹ 不小于		4.5	5.5	4.8	4.5	5.0	4.0	附录 A
剪切稳定性指数 (SSI)[①] (100℃)	超声波法 不大于	40	40	25	20	20	15	附录 B
	柴油喷嘴法 不大于	50	50	35	27	27	20	附录 C
降凝度参数[②]/℃		报告						附录 D
低温表观黏度指数（CCSI）（-20℃）		—			报告			附录 E

①剪切稳定性指数（SSI），两者选其一，客户有要求时按客户的要求选择方法，仲裁时以附录 C 方法测定结果为准。

②降凝度参数报告应注明采用何种降凝剂。

3.5.7　降凝剂（T801、T803）

降凝剂是一种化学合成的聚合物或缩合物，在其分子中一般含有极性基团（或芳香核）和与石蜡烃结构类似的烷基链。降凝剂不能阻止石蜡在低温下结晶析出，即油品的浊点不变，它是通过在蜡结晶表面的吸附或与蜡共晶来改变蜡晶的形状和尺寸，防止蜡形成三维网状结构，使之仍然保持油在低温下的流动能力。要强调的是，降凝剂只在含有少量蜡的油品中才能起降凝作用，油品中不含蜡或含蜡太多都无降凝效果。

烷基萘，代号为 T801，可提高低温下油品的流动性，降低油品的凝固点，是一种良好的降凝剂，也可作为润滑油脱蜡加工的助滤剂。产品质量符合 SH/T 0097—1991 标准，技术要求见表 3-43。

表 3-43 烷基萘（T801）技术要求

项 目		质量指标		试验方法
		一级品	合格品	
运动黏度（100℃）/mm² · s⁻¹		实测	—	GB/T 265
闪点（开口）/℃	不低于	180		GB/T 267
倾点/℃		实测	—	GB/T 3535
色度/号	不大于	4	6	GB/T 6540①
有效组分/%	不低于	40	35	附录A
氯含量/%	不大于	2	—	SH/T 0161
机械杂质/%	不大于	0.1	0.2	GB/T 511
水分/%	不大于	痕迹	0.2	GB/T 260
灰分/%	不大于	0.1	0.2	GB/T 508
残炭/%	不大于	4.0		GB/T 268
降凝度/℃	不低于	13	12	GB/T 510②

①T801 用不含添加剂、赛氏比色大于+25 的喷气燃料，按样品与喷气燃料 1：49 稀释后测定。

②在凝点为 0～-1℃的大庆 500SN 标准基础油中加入降凝剂 0.5%（质量分数）。

 803 系列降凝剂是以聚 α 烯烃为主要成分的一类物质，本系列产品的降凝效果优异，而且颜色浅，可以显著改善各类油品的低温性能，是用于轻质润滑油较为理想的降凝剂，也可用于重质润滑油。其中，T803 为聚 α 烯烃，常用于浅度脱蜡油。T803A 为聚 α 烯烃-1，多用于深度脱蜡油。T803B 为聚 α 烯烃-2，氢调产品，不但能保持 T803A 的降凝效果，而且它的黏度小，抗剪切性能优于 T803A，可以提高油品的黏度指数。T803C 具有更好的流动性，便于储运和使用，T803D 黏度相对较小，也能够提高油品的黏度指数和抗剪切性能。803 系列降凝剂广泛应用于各类工业用油，其中 T803A 和 T803B 产品质量符合 SH/T 0046—1996 标准，技术要求见表3-44。

表 3-44 T803A、T803B 技术要求

项 目		质量指标				试验方法
		T803A		T803B		
		一等品	合格品	一等品	合格品	
外观		橙黄色液体		橙黄色液体		目测①
运动黏度（100℃）/mm² · s⁻¹	不大于	4000	5000	1500	2300	GB/T 265
闪点（开口）/℃	不低于	135	120	135	120	GB/T 3536②
机械杂质（质量分数）/%	不大于	0.06	0.10	0.06	0.10	GB/T 511③
灰分（质量分数）/%	不大于	0.10	0.15	0.10	0.15	GB/T 508④
水分（质量分数）/%	不大于	0.03	0.05	0.03	0.05	GB/T 260
有效组分（质量分数）/%	不小于	35	30	35	30	SH/T 0034
降凝度/℃	不低于	18	15	18	16	GB/T 510⑤
剪切稳定指数（SSI）		—	—	报告	报告	附录A

①将试样注入 50mL 量筒中，在室温下观察。

②闪点允许用 GB/T 267 进行测定，但仲裁试验时以 GB/T 3536 为准。

③加 10g 试样于 100g HVI150 基础油中，用 G3 漏斗过滤，其他操作条件按 GB/T 511 进行。

④灰分测定取样为 10g，其他操作按 GB/T 508 进行。

⑤向凝点-15℃（±1℃）HVI150 基础油中加入1%的试样，测定其凝点，试样凝点的降低即为降凝度。

3.5.8　抗泡沫剂（T901、T911、T912）

防锈油及各类工业润滑油使用过程中，常会受到震荡、搅动等影响，使空气进入油品中，以至于形成气泡。如果防锈油易产生气泡，则会影响油膜吸附质量，不仅降低油品的防锈性能，而且由于气泡处的坏点将加速金属制品的腐蚀。对于润滑油，不但影响其润滑性能，加速氧化速度，导致油品损失，而且会阻碍油品的传送，使供油中断，妨碍润滑，对液压油则影响其压力的传递。抗泡剂的作用主要是抑制泡沫的产生，提高消除泡沫的速度，以免形成安定的泡沫。它能吸附在泡沫上，形成不安定的膜，从而达到破坏泡沫的目的。

最常用的抗泡剂是甲基硅油抗泡剂，代号为 T901，无色、无味、不易挥发，不溶于水、甲醇、乙二醇，可与苯、二甲醚、甲乙酮、四氯化碳或煤油互溶，具有很小的蒸气压，较高的闪点和燃点。性能方面，甲基硅油具有卓越的耐热性、电绝缘性、耐候性、疏水性、生理惰性和较小的表面张力，还具有低的黏温系数和较高的抗压缩性。它能使气泡迅速地溢出油面，失去稳定性并易于破裂，从而缩短了气泡存在的时间。用量很小，一般在油品中加入 $5\sim10\mu g/g$ 即可有效消泡。但是 T901 油溶性不好，又没有推广新式分散工艺，使硅油在油中难于分散均匀，影响消泡效果。如果加大剂量（有的已增加到 $20\mu g/g$），不仅会增加成本，而且影响油品空气释放值。

为了弥补甲基硅油的不足之处，开发了非硅系列消泡剂，主要有 T911 和 T912。它们都是聚丙烯酸酯共聚物，不同点是 T911 的分子量比 T912 小。T911 在重质润滑油中效果较好，而在轻质油（小于 150SN）中效果不显著，而 T912 在轻质和重质润滑油均有较好的效果。非硅消泡剂最大优点是易溶于油，不影响油品空气释放值，但加剂量较大，故有的配方采用两者复合调配改良之。缺点是加量比硅油大（$10\sim500\mu g/g$）。T911 和 T912 符合 SH/T 0598—1994 标准，技术要求见表 3-45。

表 3-45　T911、T912 技术要求

项　目		质量指标		试验方法
		T911	T912	
外观		淡黄色黏性液体	淡黄色黏性液体	目测
密度 （20℃）/kg·m^{-3}	不大于	900	—	GB/T 1884
	不小于	—	910	GB/T 1885
闪点（闭口）/℃	不低于	15	5	GB/T 261
平均分子量 M_n		4000~10000	20000~40000	SH/T 0108
分子量分布 D	不大于	6.0	6.0	SH/T 0108
未反应单体含量/%	不大于	5.0	3.0	附录 A
起泡性： 泡沫倾向/泡沫稳定性（24℃）/mL·mL^{-1}	在 HVI100 基础油中　不大于	—	30/0	GB/T 12579[①]
	在 HVI500 基础油中　不大于	20/0	30/0	

①起泡性的具体测法是：将非硅抗泡剂用 SH 0005 油漆工业用溶剂油稀释成 15%（质量分数）的浓度，然后以大庆原油生产的其24℃起泡性大于 100mL 的 HVI100 或 HVI500 基础油为试验油，加热至 60~70℃，在转速为 400~600r/min 的机械搅拌下，加入上述非硅抗泡剂 50μg/g，继续搅拌 10min，即按 GB/T 12579 法测试油样在 24℃的起泡性。

4 防锈油脂

4.1 防锈油脂的防锈原理

防锈油脂除了含有油溶性缓蚀剂外，其余大部分是含有碳氢化合物的基础油。此外，防锈油脂中还含有增黏剂、助溶剂等助剂来保证油溶性缓蚀剂有效地溶解于基础油中，以发挥防锈效果。实验表明，仅仅靠油溶性缓蚀剂分子在金属表面上的吸附不能完全起到防锈作用。当优良的油溶性缓蚀剂石油磺酸钡添加到水中时，对金属反而起到了腐蚀作用，其他缓蚀剂也表现出类似的性质。

同样，单单依靠防锈油脂的基础油也不能有效阻挡腐蚀介质。水蒸气可以以恒定的速度穿透油膜，即使增加油膜厚度也只是减小水蒸气的穿透速度。油膜更不能阻止硫化氢和二氧化硫等腐蚀介质的穿透。

但是，基础油在防锈油脂的防锈过程中起着极其重要的作用。首先，基础油可作为油溶性缓蚀剂的载体，油溶性缓蚀剂在油-金属界面上吸附，极性分子的有序排列都要借助一定的载体。

同时，基础油分子不断运动，分子的烃基可以深入到定向排列的油溶性缓蚀剂的分子之间，借助其与缓蚀剂分子的烃基间的范德华力形成物理吸附，共同堵塞空隙，使金属表面上分子吸附更加紧密完整，同时也使得吸附不牢固的油溶性缓蚀剂分子不易脱落。基础油还可与油溶性缓蚀剂形成缔合物，一定程度上保证了油膜的厚度。

高黏度的基础油还可以降低油膜的透水率，增强油膜的强度。

但基础油因其种类、精制程度与含烃基的结构不同而与油溶性缓蚀剂的配合防锈效果也各不相同。这就要求根据防锈环境、防锈要求等因素，选择符合防锈条件的基础油与油溶性缓蚀剂进行配合使用。一般矿物油作为基础油时防锈性最优，双酯或硅油类合成油防锈性能次之，聚氧乙烯类最差。不过经过近几年不断研制发展，有些厂家合成了一些高品质的合成油，作为防锈油脂的基础油也取得了很不错的防锈效果。

综上所述，防锈油脂就是依靠在基础油中添加一定的油溶性缓蚀剂以及其他功能的添加剂，能够吸附在金属表面上，形成紧密稳定的油膜，将引起金属生锈的水、氧、硫化氢、二氧化硫、氯化钠和二氧化碳等腐蚀介质进行有效的物理隔离和化学隔离来实现防锈作用的。

4.2 防锈油脂的组成

防锈油脂一般由基础油和油溶性缓蚀剂、分散剂、抗氧化剂、防霉剂、消泡剂等多种添加剂在一定工艺下调合而成。

基础油有一定的亲水或疏水性，以及抗氧化性和极性，所以其对防锈膜层起到增强和保护的作用，又被称为成膜材料。常见的成膜材料有变压器油、机油、石蜡、凡士林、树脂等。基础油是生产防锈油脂的主体原料，配方中所占比例最大，大部分是通过石油蒸馏、物理分离和化学改质而得到的矿物型基础油，但也有部分采用化工合成得到的合成基础油。矿物型基础油主要是将原油经过分馏、溶剂精制、溶剂脱蜡、白土精制等工艺，保留馏分中理想组分，去除非理想组分而制得的，并以40℃和100℃黏度分为若干牌号。目前，高压加氢工艺广泛应用于原油加工，大大降低了以前工艺对原油性质的依赖，同时也使基础油的部分性能有了很大提高。

一般防锈油脂使用的缓蚀剂都是具有极性基的油溶性高分子有机化合物，种类繁多，常用的主要是磺酸盐类、羧酸盐类、酯类、胺类及磷化物等。

防锈油脂一般由多种油溶性缓蚀剂配合使用，以达到各缓蚀剂的优势互补。根据选用基础油和防锈剂种类的不同，可调制出不同用途的防锈油脂。

4.3　防锈油脂的分类与标准

4.3.1　国外防锈油脂的种类和规格

防锈油脂的种类是随着防锈添加剂的发展而变化的。防锈添加剂是防锈油脂的关键成分，随着石油工业的不断发展，防锈添加剂的种类也越来越多，防锈油脂的品种也在不断更新完善。

目前，国际上对防锈油脂的分类标准，使用比较多的是美国标准和日本标准。美国从第二次世界大战期间开始集中精力研究防锈油，并逐步建立了他们完整的 MIL 体系。日本防锈油的产品标准大都参照美军标准，并且日本在美军体系基础上，建立了自己的 NP 系列标准，1994 年发布了《防锈油》（JIS K2246—1994）标准，2007 年重新进行了修订。与日本相比，美军标准主要用于军工产品，并且产品的用途也不完全相同。因而有些产品的防锈性指标，美军 MIL 标准要求高于日本的 JIS 标准，产品的使用性能指标也略多于 JIS 标准，但绝大多数质量指标相同或相近。美国、日本、英国各类防锈油种类规格及用途对照见表 4-1。

表 4-1　美国、日本、英国防锈油种类规格及用途对照

类型	美国种类规格			日本种类规格		英国种类名称	主要用途
	P 系列代号	MIL 规格	名称	NP 系列代号	JIS 名称		
溶剂型	P-1	MIL-C-16173D 1 级	薄膜防锈剂干燥硬膜，常温用	NP-1 Z1801	溶剂稀释型防锈油第 1 种（硬质膜）	TP₁溶剂沉积硬膜	室内、室外金属防锈，海上运输过程防锈
	P-2	MIL-C-16173D 2 级	薄膜防锈剂软膜，常温用	NP-2 Z1801	溶剂稀释型防锈油第 2 种（软质膜）	TP₂溶剂沉积软膜	主要作为室内金属防锈

续表 4-1

类型	美国种类规格			日本种类规格		英国种类名称	主要用途
	P 系列代号	MIL 规格	名称	NP 系列代号	JIS 名称		
溶剂型	P-3	MIL-C-16173D 3级	薄膜防锈剂水置换软膜	NP-3 Z1801	溶剂稀释型防锈油第3种（水置换软膜）	—	能置换水、海水，主要作为室内金属表面防锈
	P-19	MIL-C-16173D 4级	薄膜防锈剂非黏着性透明膜	NP-19 Z1801	溶剂稀释型防锈油第4种（非黏结透明膜）	—	常温涂覆，牢固的透明干性薄膜。适用于非精密面的室外储存。大多情况下无须包装
	P-21	MIL-C-16173D 5级	薄膜防锈剂软膜用低压蒸汽可除去	—	—	—	基本要求同 P-3，但膜可用低压蒸汽去除
石油脂型	P-4	MIL-C-11706 1类	重质防锈剂热浸，硬膜	NP-4 Z1801	防锈石油脂第1种（硬质膜）	—	大型机械或部件防锈，长期室外防锈
	P-5	MIL-C-11796 2类	中质防锈剂软膜、加热浸渍	NP-5 Z1802	防锈石油脂第2种（中质膜）	TP_3热浸渍软膜	一般机械和小件精密加工部件防锈。缓和条件的室外封存，一般室内用
	P-6	MIL-C-11796 3类	轻质防锈剂软膜	NP-6 Z1802	防锈石油脂第3种（软质膜）	TP_5擦涂软膜	轴承等高级机械加工面防锈，室内长期防锈

类型	美国种类规格			日本种类规格		英国种类名称	主要用途
	P 系列代号	MIL 规格	名称	NP 系列代号	JIS 名称		
润滑油型	P-7	MIL-L-3150B	中质防锈油及（常温用）	NP-7 Z1803	防锈润滑油第 1 种（中质）	TP$_6$（a）（油膜型）一般防锈润滑油	一般机械润滑兼防锈，室内用
	P-8	MIL-L-3503	轻质防锈油及（常温用）	NP-8 Z1803	防锈润滑油第 2 种（轻质）		低黏度、低流动点的润滑兼防锈，室内用
	P-9	MIL-L-800	极轻质防锈油及（低温用）	NP-9 Z1803	防锈润滑油第 3 种（特轻质）		低温下使用的精密机械润滑和防锈用
	P-10	MIL-L-21260	发动机防锈油（常温用）	NP-10 Z1803	防锈润滑油第 4 种（1，2，3 号）	TP$_8$（b）发动机用防锈润滑油	内燃机用，内燃机组合部件的防锈
	P-11	MIL-G-3278 MIL-G-10294 MIL-G-16908	防锈润滑脂	NP-11 Z1805（1980 年废除）	防锈润滑油 1 种（1，2，3 号）2 种（1，2，3 号）	TP$_4$润滑脂型软膜	航空发动机和计器，高低温用润滑脂
	P-13	MIL-W-3688	蜡乳化液	—	—	—	部件防锈，干性润滑剂
	P-14 P-15 P-16 P-17	MIL-G-10328 MIL-H-6083 MIL-C-5545 MIL-L-6085	食品机械防锈油 油压传动防锈油 航空发动机防锈油 计器轴承防锈油				
		MIL-C-15074	指纹除去型防锈油	NP-0 Z1804	指纹除去型防锈油	—	高级加工机械部件、轴承等的指纹除去，并起除锈作用的场合

类型	美国种类规格			日本种类规格		英国种类名称	主要用途
	P 系列代号	MIL 规格	名称	NP 系列代号	JIS 名称		
润滑油型	P-18	MIL-P-3420 MIL-I-2210	气相防锈纸 气相防锈剂 （粉末）	NP-18 Z1519 Z1535	气相缓蚀剂（粉末） 气相防锈纸	TP$_8$气相缓蚀剂	零部件和制品的包装纸，还可作溶液防锈
	P-20	MIL-L-46002 MIL-L-23310	气相防锈油 油溶性气相防锈剂	NP-20 Z1806	气相防锈润滑油 油溶性气相防锈剂	—	应用于密闭装置内防锈，如内燃机油压装置，超气相、液相防锈作用

　　日本 JIS K2246 标准将防锈油分为指纹除去型防锈油、溶剂稀释型防锈油、石油型防锈油、润滑油型防锈油和挥发性防锈油 5 个种类，具体分类见表4-2~表4-6，该标准中各类防锈油的品质和性能见表4-7~表4-11。

表 4-2　指纹除去型防锈油

种　　类	符号	膜的性质	主　要　用　途
指纹除去型防锈油 1 类	NP-0	低黏度油膜	一般机械和机械部件上附着指纹的除去和防锈

表 4-3　溶剂稀释型防锈油

种　　类			符号	膜的性质	主　要　用　途
溶剂稀释型防锈油	1 类		NP-1	硬质膜	室内和室外的防锈
	2 类		NP-2	软质膜	主要为室内的防锈
	3 类	1 号	NP-3-1	软质膜	主要为室内的防锈
		2 号	NP-3-2	中高黏度油膜	（水置换型）
	4 类		NP-19	透明、硬质膜	室内和室外的防锈

表 4-4　石油型防锈油

种　　类	符号	膜的性质	涂敷温度/℃	主　要　用　途
石油型防锈油	NP-6	软质膜	80 以下	滚动轴承等高度机械精加工面的防锈

表 4-5　润滑油型防锈油

种　　类			符　号	膜的性质	主 要 用 途
润滑油型 防锈油	1类	1号	NP-9	低黏度油膜	金属材料和金属制品的防锈
		2号	NP-8	低黏度油膜	
		3号	NP-7	中黏度油膜	
	2类	1号	NP-10-1	低黏度油膜	内燃机的防锈，主要用于保管和 中负荷的临时性运转的场合
		2号	NP-10-2	中黏度油膜	
		3号	NP-10-3	高黏度油膜	

表 4-6　挥发性防锈油

种　　类			符　号	膜的性质	主 要 用 途
挥发性防锈油	1类	1号	NP-20-1	低黏度油膜	密闭空间的防锈
		2号	NP-20-2	中黏度油膜	

表 4-7　指纹除去型防锈油的品质和性能

项　　　目		NP-0
闪点/℃		38 以上
运动黏度（40.0℃）/mm$^2 \cdot$ s^{-1}		12 以下
分离安定性		无相的变化和分离
指纹除去性		无锈
除膜性	湿热后	可除膜
腐蚀性	质量变化/mg·cm^{-2}	钢±0.1　黄铜±1.0 锌±3.0　　铝±0.1 铅±45.0
操作防腐蚀性		无锈
防锈性能	湿热	A 级（168h）

表 4-8　溶剂稀释型防锈油的品质和性能

项　　目	NP-1	NP-2	NP-3-1	NP-3-2	NP-19
闪点/℃	38 以上	38 以上	38 以上	38 以上	38 以上
干燥性	不黏着状态	柔软状态	柔软状态	柔软状态或 油状态	指触干燥状态 （4h） 不黏着状态 （24h）
流下点/℃	80 以上	—	—	—	80 以上
低温附着性	膜不脱落				
水置换性	—	—	无锈、表面粗糙和污迹		—
喷雾性	连续的膜				
分离安定性	无相的变化和分离				

项　目		NP-1	NP-2	NP-3-1	NP-3-2	NP-19
除膜性	耐候性后	可除膜（30 次）	—	—		—
	包装贮存后	—	可除膜（15 次）	可除膜（6 次）		可除膜（15 次）
透明性		—				可见标刻印记
腐蚀性	质量变化 /mg·cm^{-2}	钢±0.2　黄铜±1.0　锌±7.5　铝±0.2 镁±0.5　镉±5.0　铬保持光泽				
	膜厚/μm	100 以下	50 以下	25 以下	15 以下	50 以下
防锈性能	湿热	—	A 级（720h）	A 级（720h）	A 级（480h）	A 级（720h）
	盐水喷雾	A 级（336h）	A 级（168h）	—	—	A 级（336h）
	耐候性	A 级（600h）	—	—	—	—
	包装贮存性	—	A 级（360d）	A 级（180d）	A 级（90d）	A 级（360d）

表 4-9　石油型防锈油的品质和性能

项　目		NP-6
锥入度		200~325
滴熔点/℃		55 以上
闪点/℃		175 以上
分离安定性		无相的变化和分离
蒸发量/%		1.0 以下
吸氧量（100h）/kPa		150 以下
沉淀值		0.05 以下
磨损性		无损伤
流下点/℃		40 以上
除膜性		可除膜（150 次）
低温附着性		无膜的脱落
腐蚀性	质量变化/mg·cm^{-2}	钢±0.2　黄铜±0.2 锌±0.2　铝±0.2 铅±1.0　镁±0.5 镉±0.2 除铅以外，无严重的表面粗糙、污迹和变色
防锈性能	湿热	A 级（720h）
	盐水喷雾	A 级（120h）
	包装贮存性	A 级（360h）

表 4-10　润滑油型防锈油的品质和性能

项　目	NP-7	NP-8	NP-9	NP-10-1	NP-10-2	NP-10-3
闪点/℃	180 以上	150 以上	130 以上	170 以上	190 以上	200 以上
倾点/℃	−10 以下	−20 以下	−30 以下	−25 以下	−10 以下	−5 以下

项　　目		NP-7	NP-8	NP-9	NP-10-1	NP-10-2	NP-10-3
运动黏度/mm² · s⁻¹		(40℃) 100±25	(40℃) 18±2	(40℃) 13±2	(-18℃) 2500 以下	(100℃) 9.3 以上 未到 12.5	(100℃) 16.3 以上 未到 21.9
黏度指数		—	—	—	75 以上	70 以上	
氧化安定性 (165.5℃, 24h)	黏度变化 (40℃)/%	—	—	—	300 以下	200 以下	
	总酸值的增加 /mgKOH · g⁻¹	—	—	—	3.0 以下	3.0 以下	
挥发性物质 /%		—	—	—	2 以下		
泡沫性	泡沫量 /mL	24℃	—	—	—	300 以下		
		93.5℃				25 以下		
		93.5℃后的24℃				300 以下		
酸中和性		—	—	—	无锈、表面粗糙、污迹和变色		
铜片腐蚀 (100℃，3h)		2 以下			—		
除膜性	湿热后	可除膜					
防锈性能	湿热	A 级 (240h)	A 级 (192h)		A 级 (480h)		
	盐水喷雾	A 级 (48h)	—		—		
	盐水浸渍	—			A 级 (20h)		

表 4-11　挥发性防锈油的品质和性能

项　　目		NP-20-1	NP-20-2
闪点/℃		115 以上	120 以上
倾点/℃		−25.0 以下	−12.5 以下
运动黏度/mm² · s⁻¹	100℃	—	8.50~12.98
	40℃	10 以上	95~125
挥发性物质/%		15 以下	5 以下
黏度变化/%		−5~20	
沉淀值/mL		0.05 以下	
烃溶解性		无相的变化和分离	
酸中和性		无锈、表面粗糙、污迹和变色	
水置换性		无锈、表面粗糙和污迹	
腐蚀性	质量变化/mg · cm⁻²	钢±0.1　　　　铜±1.0 铝±0.1	
防锈性能	湿热	A 级　(200h)	
	挥发性防锈性	无锈	
	暴露后的挥发性防锈性	无锈	
	加温后的挥发性防锈性	无锈	

4.3.2 我国防锈油脂的分类和标准

我国研制防锈油脂起步较晚，在 20 世纪 50 年代，开始参照苏联的标准研制了一些防锈油脂产品，但是产品防锈能力很差。20 世纪 60 年代参照美军标准又发展了一些产品，提高了国产防锈油脂的防锈质量。

我国防锈油脂的标准化进程一直很慢，造成国内防锈油脂生产厂商没有统一的产品标准，防锈油脂种类繁多，并且都以各企业标准生产，产品质量参差不齐。为改变上述情况，中国石油化工总公司，按照国家标准局对产品尽量等同、等效或参照采用国际或国外先进标准的要求，于 1986 年提出了防锈油脂产品系列化和标准化的征求意见稿。先后制定了几类防锈油脂的质量标准。主要有：《防护油》（SH 0353—1992）、《溶剂稀释型防锈油》（SH 0354—1992）、《石油脂型防锈脂》（SH 0366—1992）、《置换型防锈油》（SH 0367—1992）、《钢丝绳表面脂》（SH 0387—1992）、《钢丝绳麻芯脂》（SH 0388—1992）、《L-RG 溶剂稀释型防锈油》（SH/T 0095—1991）、《L-RK 脂型防锈油》（SH/T 0096—1991）。

国际标准化组织根据 ISO 6743-0-81 润滑剂、工业润滑油和有关产品（L 类）的分类第 0 部分，总组分中，将 L 类产品分为 18 组，其中第 8 部分 R 组为暂时保护防腐蚀组，并于 1987 年发布《暂时保护防腐蚀产品的分类标注》（ISO 6743/8—87）。1989 年我国等效采用 ISO 6743/8—1987 制定了《润滑剂和有关产品（L 类）的分类第 6 部分：R 组（暂时保护防腐蚀）》（GB/T 7631.6—89）产品的分类标准，见表 4-12。本标准所提到的"暂时"，是指产品经过一定时间防锈后防护材料能被去除，而不是指这类产品的防锈期。该标准的制定为我国防锈油脂产品的研制和生产实现系列化和标准化、老产品的改质和新产品的开发提供了依据。

需要指出的是表 4-12 中附录 A 规定，缓和工作条件是指储存期少于 4 个月，零件不能暴露于反复凝露的湿度条件下（仓库或房间温度易发生变化），也不能暴露于特殊的腐蚀条件下（酸或碱蒸汽、烟雾等），或者是在密闭干燥条件下零件的短期运输（例如密封包装、密封容器或密闭式车辆）；较苛刻工作条件是指除缓和工作条件外的所有情况。

我国防锈油脂产品主要为民用，对于军用防锈产品，一般根据装备特殊需要专门制定产品标准。因此，在 ISO 质量标准尚未发布之前，除部队特殊用油外，其余产品标准大都参照日本 JIS K2246 标准制订。

为了进一步规范我国防锈油脂产品的生产和使用，推进防锈油脂标准化进程，2000年我国等效采用日本工业标准《防锈油》（JIS K2246—1994）第 1~4 条产品规格相关内容，制定了我国产品的行业标准：SH/T 0692—2000。本标准将防锈油分为：除指纹型防锈油、溶剂稀释型防锈油、脂型防锈油、润滑油型防锈油和气相防锈油五种类型，又根据膜的性质、产品黏度等细分为 15 个牌号，见表 4-13。各类防锈油的产品的技术要求及试验方法见附录 1。SH/T 0692—2000 标准的产品命名采用《润滑剂和有关产品（L 类）的分类第 6 部分：R 组（暂时保护防腐蚀）》（GB/T 7631.6—89）产品的分类标准。代替了《L-RG 溶剂稀释型防锈油》（SH/T 0095—1991）、《L-RK 脂型防锈油》（SH/T 0096—1991）、《溶剂稀释型防锈油》（SH 0354—1992）、《石油脂型防锈脂》（SH 0366—1992）、《置换型防锈油》（SH 0367—1992）、《L-RA 水置换型防锈油》（SH/T 0602—1994）等标准。

表 4-12   暂时保护防腐蚀产品的分类（GB/T 7631.6—89）

组别符号	总应用	特殊应用	具体应用	膜的特性和状态	产品符号 L-	典型应用	备注
R	暂时保护防腐蚀	主要用于裸露金属的防护	缓和工作条件（见附录A）	具有薄防护膜的水置换性液体	RA	工序间机加工和磨削的零件	用合适的溶剂或水基清洗剂去除（也可不去除）
				具有薄油膜的水稀释型液体 具有水置换性的 RB 产品	RB RBB		
				未稀释液体 具有水置换性的 RC 产品	RC RCC		
			较苛刻工作条件（见附录A）	未稀释液体 具有水置换性的 RD 产品	RD RDD	薄钢板、钢板 金属零件	用合适的溶剂和/或水基清洗剂去除
				具有油或脂状膜的溶剂稀释型液体 具有水置换性的 RE 产品	RE REE	钢管、钢棒、钢丝 铸件、内加工或完全拆卸的机械零件 螺母、螺栓、螺杆 薄钢板	
				具有蜡至干膜的溶剂稀释型液体 具有水置换性的 RF 产品	RF RFF	完全拆卸的机械零件薄铝板	用合适的溶剂和/或水基清洗剂去除
				具有沥青膜的溶剂稀释型液体	RG	重负荷机械管轴	用合适的溶剂和机械力去除
				具有蜡至脂状膜的水稀释型液体	RH	管线和机械零件	用合适的溶剂或水基清洗剂去除
				具有可剥性膜的溶剂或水稀释型液体	RP	薄铝板 薄不锈钢板	剥离或用合适的溶剂或水基溶液去除
				融化使用的塑性化合物	RT	机加工和磨削的零件小型脆性工具	撕除
				热或冷涂的软或厚的石油脂	RK	轴承 机械零件	用合适的溶剂或简单的擦掉去除
		主要用于有涂层金属的防护	所有条件	未稀释液体	RL	镀层薄钢板（镀锡板除外） 薄镀锌板 发动机和武器的装配件	剥离或用合适的溶剂或水基溶液去除
				具有蜡至干膜的溶剂和/或水稀释型液体	RM	上漆表面 车身 镀层薄钢板	

表 4-13　防锈油分类（SH/T 0692—2000）

种类			代号 L-	膜性质	主　要　用　途
除指纹型防锈油			RC	低黏度油膜	除去一般机械附件上附着的指纹，达到防锈目的
溶剂稀释型防锈油	Ⅰ		RG	硬质膜	室内外防锈
	Ⅱ		RE	软质膜	以室内防锈为主
	Ⅲ	1 号	REE-1	软质膜	以室内防锈为主（水置换性）
		2 号	REE-2	中高黏度油膜	
	Ⅳ		RF	透明，硬质膜	室内外防锈
脂型防锈油			RK	软质膜	类似转动轴类的高精度机加工表面的防锈，涂敷温度在 80℃ 以下
润滑油型防锈油	Ⅰ	1 号	RD-1	中黏度油膜	金属材料及其制品的防锈
		2 号	RD-2	低黏度油膜	
		3 号	RD-3	低黏度油膜	
	Ⅱ	1 号	RD-4-1	低黏度油膜	内燃机防锈。以保管为主，适用于中负荷，暂时运转的场合
		2 号	RD-4-2	中黏度油膜	
		3 号	RD-4-3	高黏度油膜	
气相防锈油		1 号	RQ-1	低黏度油膜	密闭空间防锈
		2 号	RQ-2	中黏度油膜	

4.4　常见的防锈油脂产品

4.4.1　1、2号防护油

4.4.1.1　概述

此类油品基础油为 1、2 号防护油专用基础油，主要通过原油经减压蒸馏、溶剂精制、溶剂脱蜡、白土或加氢精制而得。再加入多种防锈添加剂及黏度指数改进剂调和而成。

4.4.1.2　产品性能

优异的高低温性能，可满足全国大部分地区使用需求；良好的防锈性能，可满足金属制品的日常擦拭防护保养；良好的氧化安定性和贮存稳定性。其中，2 号防护油低温性能优于 1 号防护油。

4.4.1.3 主要用途

1、2号防护油又称防锈枪油，多用于-30℃以上地区军械枪支的日常维护保养和短期（1个月）防护，也可用于金属制品、大型机械的日常维护保养。日常擦拭保养时，首先用干净的棉布蘸上防护油，将金属表面擦拭干净，除去污物和锈点。用干净的白棉布擦拭后，再在金属表面涂上薄薄一层油膜。这里需要指出，油膜不是越厚越好，以表面不流失为宜。

4.4.1.4 执行标准

此类产品符合 GJB 2049—94 标准，技术要求见表4-14。

表 4-14　1、2号防护油技术要求

项　　目			质量指标		试验方法
			1号防护油	2号防护油	
色度/号		不大于	7	7	GB/T 6540
倾点/℃		不高于	−8	−40	GB/T 3535
运动黏度 /mm² · s⁻¹	40℃	不小于	47~57	16	GB/T 265
	−30℃	不大于	—	4500	
闪点（开口）/℃		不低于	180	150	GB/T 267
沉淀值/mL		不大于	0.05	0.05	SH/T 0024
蒸发损失（100℃，22h）/%		不大于	25	25	GB/T 7325
铜片腐蚀（100℃，3h）/级		不大于	3	3	GB/T 5096
抗磨损性（1200r/min，75℃，60min，392N）	磨斑直径/mm	不大于	1	1	SH/T 0189
人汗置换性，10号钢片			合格	合格	SH/T 0311
水置换性，10号钢片			合格	合格	SH/T 0036
湿热试验 /级	10号钢片，192h	不大于	B	—	GB/T 2361
	10号钢片，96h	不大于	—	B	
盐水浸渍（10号钢片，100h）/级		不大于	B	—	SH/T 0025
钡含量/%		不小于	0.5	—	SH/T 0225
锌含量/%		不小于	0.08	—	SH/T 0226

运动黏度的单位为 $mm^2 \cdot s^{-1}$

4.4.2　3 号防护油

4.4.2.1　概述

3 号防护油基础油是软蜡裂解烯烃叠合的合成润滑油，再加入优良的防锈添加剂及黏度指数改进剂、抗氧剂等调和而成的。3 号防护油是 1、2 号防护油的升级油品。

4.4.2.2　产品性能

优异的低温流动性能，可满足严寒地区使用需求；良好的防锈性能，可满足金属制品的日常擦拭防护保养；良好的氧化安定性和贮存稳定性。

4.4.2.3　主要用途

多用于 -60℃ 以上地区军械枪支的日常维护保养和短期（1 个月）防护，也可用于严寒地区金属制品、大型机械的日常维护保养。使用方法和 1、2 号防护油相同。

4.4.2.4　执行标准

产品符合 GJB 2049—94 标准，技术要求见表 4-15。

表 4-15　3 号防护油技术要求

项　　目			质量指标	试验方法
色度/号		不大于	7	GB/T 6540
倾点/℃		不高于	实测	GB/T 3535
运动黏度/mm^2·s^{-1}	40℃	不小于	10	GB/T 265
	-45℃	不大于	4000	
闪点（开口）/℃		不低于	100	GB/T 267
沉淀值/mL		不大于	0.05	SH/T 0024
蒸发损失（100℃，22h）/%		不大于	25	GB/T 7325
铜片腐蚀（100℃，3h）/级		不大于	3	GB/T 5096
抗磨损性（1200r/min，75℃，60min，392N）	磨斑直径/mm	不大于	1	SH/T 0189
水置换性，10 号钢片			合格	SH/T 0036
湿热试验/级	10 号钢片，96h	不大于	B	GB/T 2361

4.4.3　JY 清洁润滑防护三用油

4.4.3.1　概述

JY 清洁润滑防护三用油是以精制的直馏或脱蜡轻馏分油为基础油，并加入聚四氟乙烯超细粉悬浮液及一些表面活性剂、防锈添加剂等材料调和而成的。相当于美标 MIL-L63460D 修订的"清洁、润滑、防护武器三用油"，具有清洁、润滑、防护三种功能，属于防锈油中的高级油品。是亚丁湾护航舰队的专用清洁防护油品。

4.4.3.2　产品性能

优异的清洁性能，能有效地清除火炮射击后的火药残渣和机械制品附着的油污等；优异的润滑性能，能够为金属机械结构提供良好的润滑；优异的防护性能，能满足高温、高湿、高盐雾等各种苛刻环境下的防护。

4.4.3.3　主要用途

军工方面，用于各种轻、重武器裸露金属部件的润滑、防护和火药残渣的清除。民用方面，主要用于苛刻环境条件下的金属结构的润滑与防护，使用温度一般在−45～65℃。由于该油品中含有挥发性溶剂，属易燃物品，使用和贮存过程中严禁明火。油品中出现白色沉淀属正常现象，为保证防锈效果，使用前须摇匀。此油品禁止用于木质件、塑料件和有机涂层表面，如果不慎洒落其上，应及时擦拭干净。

4.4.3.4　执行标准

产品符合 GJB 2378—1995 标准，技术要求见表 4-16。

表 4-16　JY 清洁润滑防护三用油技术要求

项　　目		质量指标	试验方法
外观		摇匀后呈均匀棕黄色液体	目测
闪点（开口）/℃　　　　不低于		65.5	GB/T 267
倾点/℃　　　　　　　　不高于		−59	GB/T 3535
运动黏度/mm²·s⁻¹	40℃　　　不小于	9.0	GB/T 265
	−54℃　　不大于	3700	
抗磨损性（1200r/min，75℃，60min，392N）	平均磨斑直径/mm　不大于	0.8	SH/T 0189
燃烧残余物去除率/%　　不小于		80	附录 A
极压性能/N（lbf）　　　不小于		3336（750）	附录 B
湿热试验（900h）/级　　不低于		B	GB/T 2361
盐雾试验（48h）/级　　　不低于		B	SH/T 0081
水置换性		试片无锈斑或异常污斑	SH/T 0036

4.4.4　1号硬膜防锈油

4.4.4.1　概述

1号硬膜防锈油为溶剂稀释型防锈油，是以蜡膏和机械油为基础原料，加入多种防锈添加剂和辅助添加剂调配而成。

4.4.4.2　产品性能

涂于金属表面后能够形成均匀硬质油膜，具有良好的防锈性能。

4.4.4.3　主要用途

本产品主要用于大型机械和零部件的外部防锈。

4.4.4.4 执行标准

产品符合 SH/T 0692—2000 标准中溶剂稀释型防锈油 L-RG 类，技术要求见表4-17。

表 4-17 1 号硬膜防锈油技术要求

项 目		质量指标	试验方法
闪点（闭口）/℃	不低于	38	GB/T 261
干燥性		不黏着状态	SH/T 0063
流下点/℃	不低于	80	SH/T 0082
低温附着性		合格	SH/T 0211
分离安定性		无相变、不分离	SH/T 0214
除膜性/次	不大于	30	SH/T 0212
腐蚀性（质量变化）/mg·cm^{-2}		钢±0.2　黄铜±1.0 锌±7.5　铝±0.2 镁±0.5　镉±5.0 铬不失去光泽	SH/T 0080
膜厚/μm	不大于	100	SH/T 0105
盐雾试验（336h）/级	不小于	A	SH/T 0081
耐候性能（600h）/级	不小于	A	SH/T 0083
喷雾性		膜连续	SH/T 0216

4.4.5 2 号软膜薄层防锈油

4.4.5.1 概述

2 号软膜薄层防锈油为溶剂稀释型防锈油，是由石油溶剂、成膜材料和防锈添加剂等调制而成的。

4.4.5.2 产品性能

优异的防锈性能，可满足金属制品的长期封存；该油品油膜薄，金属制品使用时免于启封，可带膜使用；油膜具有良好的自修复能力。

4.4.5.3 主要用途

本产品主要用于金属零部件、机械金属结构、手工工具等金属制品的长期封存。与相适应的包装制品配合使用，封存期可长达 5~10 年。该油品中也含有挥发性强的有机溶剂，属易燃物品，使用和贮存过程中应远离火源。存放过程中，油品中会出现沉淀，属正常现象，使用前摇匀即可。应按照金属制品的相关封存工艺使用。

4.4.5.4 执行标准

产品符合 SH/T 0692—2000 标准中溶剂稀释型防锈油 L-RE 类，技术要求见表4-18。

表 4-18 2 号软膜薄层防锈油

项 目		质量指标	试验方法
闪点（闭口）/℃	不低于	38	GB/T 261

项　目		质量指标	试验方法
干燥性		柔软状态	SH/T 0063
低温附着性		合格	SH/T 0211
分离安定性		无相变、不分离	SH/T 0214
除膜性/次	不大于	15	SH/T 0212
腐蚀性（质量变化）/mg·cm^{-2}		钢±0.2　黄铜±1.0 锌±7.5　铝±0.2 镁±0.5　镉±5.0 铬不失去光泽	SH/T 0080
膜厚/μm	不大于	50	SH/T 0105
湿热试验（720h）/级	不小于	A	GB/T 2361
盐雾试验（168h）/级	不小于	A	SH/T 0081
包装贮存试验（360d）/级	不小于	A	SH/T 0584
喷雾性		膜连续	SH/T 0216

4.4.6　ZT 工序防锈油

4.4.6.1　概述

ZT 工序防锈油以煤油为基础油，并添加各种添加剂调和而成。属溶剂稀释型防锈油。

4.4.6.2　产品性能

具有良好的短期防锈性能。

4.4.6.3　主要用途

本产品主要用于机械加工零部件水洗后的工序间防锈。

4.4.6.4　执行标准

产品符合 SH/T 0692—2000 标准中溶剂稀释型防锈油 L-REE-2 类，技术要求见表 4-19。

表 4-19　ZT 工序防锈油技术要求

项　目		质量指标	试验方法
闪点（闭口）/℃	不低于	70	GB/T 261
干燥性		柔软或油状态	SH/T 0063
低温附着性		合格	SH/T 0211
水置换性		合格	SH/T 0036
分离安定性		无相变、不分离	SH/T 0214
除膜性/次	不大于	6	SH/T 0212

项　目		质量指标	试验方法
腐蚀性（质量变化）/mg·cm⁻²		钢±0.2　黄铜±1.0　锌±7.5 铝±0.2　镁±0.5　镉±5.0 铬不失去光泽	SH/T 0080
膜厚/μm	不大于	15	SH/T 0105
湿热试验（480h）/级	不小于	A	GB/T 2361
包装贮存试验（90d）/级	不小于	A	SH/T 0584
喷雾性		膜连续	SH/T 0216

4.4.7　JY-1 脂型防锈油

4.4.7.1　概述

JY-1 脂型防锈油以蜡膏和机械油为基础原料，加入多种优良的防锈添加剂和辅助添加剂调配而成。

4.4.7.2　产品性能

本产品具有良好的黏附性能和优异的防锈性能。

4.4.7.3　主要用途

本产品主要用于滚动轴承等高精度机械加工面的防锈。

4.4.7.4　执行标准

此类产品符合 SH/T 0692—2000 中 L-RK 脂型防锈油标准，技术要求见表4-20。

表 4-20　JY-1 脂型防锈油技术要求

项　目		质量指标	试验方法
锥入度（25℃）/0.1mm		200~325	SH/T 269
滴熔点/℃	不低于	55	GB/T 8026
闪点/℃	不低于	175	GB/T 3536
分离安定性		无相变、不分离	SH/T 0214
蒸发量（质量分数）/%	不大于	1.0	SH/T 0035
吸氧量（100h，99℃）/kPa	不大于	150	SH/T 0060
沉淀值/mL	不小于	0.05	SH/T 0215
磨损性		无伤痕	SH/T 0215
流下点/℃	不低于	40	SH/T 0082
除膜性/次	不大于	15	SH/T 0212
低温附着性		合格	SH/T 0211
盐雾试验（120h）/级	不小于	A	SH/T 0081

4.4.8　炮用润滑脂

4.4.8.1　概述

炮用润滑脂是由固态烃类稠化高黏度矿物润滑油制成的。

4.4.8.2　产品性能

常温下呈褐色至深褐色油膏状物，具有一定的附着性、防护性、化学安定性、抗水性和润滑性。

4.4.8.3　主要用途

本产品适用于夏季涂抹各种机械的机件装置及金属制件，特别是大型金属结构的防护，在常温下还具有一定的润滑能力。但不适用于低温。使用时，可冷涂，也可热涂，加热使用时的温度一般不超过120℃。可单独使用，也可与2号防护油或其他防锈油混合使用，混合比例一般为炮用润滑脂70%~90%，防锈油10%~30%，应根据环境温度选择，以不流失为宜。

4.4.8.4　执行标准

产品符合 SH/T 0383—2005 标准，技术要求见表4-21。

表 4-21　炮用润滑脂技术要求

项　　目		质量指标	试验方法
滴点/℃	不低于	50	附录 A
腐蚀（钢片及铜片，100℃，3h）		合格	SH/T 0331
运动黏度（100℃）/mm² · s⁻¹		12~15	GB/T 265
防护性能试验（40号或50号钢片，50℃，30h）		合格	附录 B
酸值/mgKOH · g⁻¹	不大于	0.3	GB/T 264
保持能力（60℃，24h）/mg · cm⁻²	不小于	0.6	附录 C
水溶性酸或碱		中性或弱碱性	附录 D
机械杂质/%		0.07	GB/T 511
水分/%		无	GB/T 512
灰分/%	不大于	0.07	SH/T 0327

5 防锈油脂封存工艺

5.1 防锈油脂的选择

前文我们提到，防锈油脂的品种较多，不同类型的防锈油脂特性也各不相同。比如有的具有优异的抗湿热性，有的抗盐雾性较好，有的置换性良好，有的能够耐高温及抗大气腐蚀。因此，要根据实际防锈要求，合理地选用防锈油脂。

首先，要考虑金属制品的运输和储运环境、防护和封存时间要求以及封存使用环境。根据不同的使用环境，主要是气候特点，可选用具有抗湿、抗盐雾等特性的防锈油脂。考虑到防锈时间因素和使用用途，要选择是工序间短期防锈、润滑防锈还是长期封存防锈。

其次，要考虑所选防锈油脂与金属制品和包装材料的适应性。目前，没有一种防锈油脂能够适应所有的金属材料。由不同油溶性缓蚀剂配制出的防锈油脂适应的金属也各不相同，有的对黑色金属具有良好的防锈性，有的对有色金属具有良好的防锈性。需要注意的是有的防锈油脂对金属具有加速腐蚀的作用。由于这种情况，还要结合金属制品的结构特点，根据不同部位的金属材质选用与之相适应的防锈油品，忌油部位做好防护。所选的防锈油脂还要与包装材料具有良好的适应性，否则包装材料将达不到预期的封存防护效果。

当然，金属制品的结构和大小也是选用防锈油的依据。结构简单和表面积大的可选用溶剂稀释型或脂型防锈油，而结构复杂有孔或内腔的可选用润滑油型防锈油。

最后，要考虑所选防锈油脂的质量保证，使用是否方便，有无毒害，后期去除是否方便以及防锈材料来源是否广，使用成本等问题。

5.2 金属表面预处理

金属表面预处理又称表面调整及净化或前处理，通常指金属材料在涂装、电镀或化学镀、防锈封存、表面改性、表面膜转换等施工前表面的预处理。实践中，常常发现由于金属表面预处理时的隐患，而造成意外的锈蚀。经过全面的金属表面预处理，能有效地增加防护层的附着力，延长其使用寿命，减少引起金属腐蚀及非金属破坏的因素。如果前处理不好，就会引起涂层不均匀、电镀层脱落等现象，大大降低防护材料应有的作用。因此，金属表面预处理是不可缺少的工序，往往是保证防护层质量的重要环节。

金属表面预处理主要是去除金属表面的沾污。这些沾污按其物理状态可分三类：一是液态，包括大多数的矿物、植物油以及切削油和脂等油污、除锈或除腐蚀产物等；二是半固态或固态有机物，如树脂物质、蜡、肥皂以及沾附的手汗印等；三是固态无机物，如灰尘、炭黑、残块、焊药以及氧化皮（铁锈）等。

除沾污主要分为溶剂清洗法、碱液清洗法等。除锈及腐蚀产物主要有机械清理法、酸液清洗法。需要注意的是，实际操作中要根据处理目的及后续工序要求，选择合理的方法进行有效的处理。

5.2.1　溶剂清洗

溶剂清洗又称溶剂除油，主要是利用有机溶剂去除金属表面的油污，是应用较为普遍的一种除油方法。溶剂清洗具有以下优点：

（1）除油效果好。有机溶剂除油是物理溶解的过程，良好的有机溶剂既可以溶解皂化油又可溶解非皂化油，并且溶解能力强，对于难以去除的高黏度、高熔点的矿物油，具有良好的除油效果。

（2）对黑色金属和有色金属均无腐蚀作用。使用时不受基体材质的制约，绝大部分有机溶剂对金属不会产生不良影响。

（3）可在常温环境使用，操作简单。溶剂清洗设备简单，易于操作，在常温环境中即可实施，并且溶剂可以回收重复利用。

虽然溶剂清洗具有以上显著优点，但是大部分有机溶剂挥发性较强，有特殊性气味，有毒有害，长期使用对身体会产生不良影响。

溶剂清洗材料一般要求对油污的溶解能力强，挥发性适中，无特殊气味，不刺激皮肤，不易着火，毒性小等。但实际操作过程中，没有一种溶剂能达到上述要求，只能是尽可能减少不良反应的发生，所以使用过程中要做好防护措施。常见的有机溶剂及特点见表5-1。

表 5-1　常见的有机溶剂及特点

类别	主要溶剂	溶剂特点
石油溶剂	200 号溶剂汽油、120 号汽油、石油醚、煤油等	对油污的溶解能力较强，挥发性较低，无特殊气味，毒性低，价格适中，应用广泛；易于着火，长期接触有害身体，使用时注意通风
芳烃溶剂	苯、甲苯、二甲苯和重质苯等	溶解能力比石油溶剂强，但对身体影响大，挥发性高，尤其是苯，均是易燃的危险品，实际使用较少
卤代烃	二氯乙烷、三氯乙烯、四氯乙烯、四氯化碳和三氟三氯乙烷等	以三氯乙烯和四氯化碳应用最多，它们的溶解能力强，蒸汽密度大，不燃烧，可加热清洗，但毒性较大，适用于在封闭型的脱脂机中使用

5.2.2　碱液除油

碱液除油又称为化学除油或化学脱脂，就是利用碱与油脂起化学反应，以除去工件表面上的油污。碱液除油的主要目的同样是增强防护材料与金属表面的结合力，保证防护材料高质量地附着于金属表面，使防锈封存、表面改性以及其他防锈工艺起到应有的防护作用。通过近几年对碱液配方的改良，并且碱液具有价格低廉、使用方便等特点，目前被广泛应用于表面处理行业。

配制碱液的常用组分主要有以下几种：

（1）氢氧化钠。氢氧化钠（NaOH）又称烧碱或苛性钠，主要与酸性油垢或动植物油起皂化反应，生成可溶于水的盐或皂，使油垢从金属表面脱落。使用时需要加热，对有色金属有腐蚀作用。

（2）碳酸钠。碳酸钠（Na_2CO_3）又称小苏打或纯碱，能皂化和软化水，起一定的缓冲作用，碱性小，对有色金属的侵蚀比氢氧化钠轻，但其水洗性较差。

（3）硅酸钠。硅酸钠（Na_2SiO_3）又称泡花碱，水解时生成不溶于水的硅酸，提供溶液碱度。硅酸钠具有表面活性，能乳化和分散矿物油，对金属有缓蚀作用。但是应当注意，当溶液酸性较强时，水解生成的游离硅酸会在金属表面沉积，形成不溶于水的薄膜，后序水洗很难洗掉。

（4）磷酸盐。磷酸盐有较强的分散作用，水解时生成离解度较小的磷酸使溶液获得碱度。磷酸钠（Na_3PO_4）具有一定表面活性剂的作用。磷酸盐还能与钙、镁离子结合，形成不溶于水的钙、镁磷酸盐，所以在含有钙、镁离子较多的水中可加大磷酸盐的使用量。

高清洗除油能力的碱液往往是以上几种组分的复配产物，通常根据油污的种类特点、工件材质等因素，再添加一些其他表面活性剂进行复配。常见的碱液配方及使用条件见表5-2。

表 5-2 常见的几种碱液配方及使用条件

工件材质	溶液配方		使用条件		备注
	成分	浓度/$g \cdot L^{-1}$	温度/℃	时间/min	
钢铁件	氢氧化钠	50~100	80~90	12~15	若油污较重，可加入工业皂粉，pH=11~14
	磷酸三钠	10~35			
	碳酸钠	10~40			
	硅酸钠	10~30			
	碳酸钠	3.5~5	60~65	1~5	适用于油污不严重时的铸铁件，喷射法，pH=10~12
	磷酸三钠	3.5~5			
	OP乳化剂	0.2~0.5			
	氢氧化钠	4	80	1~5	适用于冲压件，喷射法，pH=12~13.5
	碳酸钠	8			
	磷酸三钠	3			
铝及铝合金件	碳酸钠	15~20	60~70	3~5	—
	磷酸三钠	15~20			
	613乳化剂	10~16			
铜及铜合金件	碳酸钠	10~20	60~70	3~5	喷射法，pH=10.5
	磷酸三钠	10~20			
	硅酸钠	5~10			
	OP乳化剂	2~3			

工件材质	溶 液 配 方		使 用 条 件		备　注
	成分	浓度/g·L⁻¹	温度/℃	时间/min	
锌及锌合金件	碳酸钠	15~30	60~70	3~5	—
	磷酸三钠	5~30			
	硅酸钠	10~15			
	氢氧化钠	1~10	50~60	以除净油污为止	—
	碳酸钠	20~30			
	硅酸钠	20~30			
	表面活性剂	适量			

碱液除油后，应用自来水对金属残留碱液进行冲洗并干燥，以进行后序操作。

5.2.3　机械清理

机械清理是指借助机械力除去金属表面上的腐蚀产物、油污、旧漆膜以及各种杂物，以获得洁净的表面，有利于防护材料更好地附着于金属表面，使其充分发挥应有的作用。需要采用机械处理的领域主要是大型造船厂、重型机械厂、汽车厂等，主要用于清除热轧厚钢板上的氧化皮、铸造件的型砂。但也要根据实际情况而定，如果小型金属件锈蚀严重，在不影响金属件使用功能的条件下，也需要采用机械清理的方法。若金属件无严重锈蚀，可不用进行机械清理。

机械清理主要分为摩擦除锈和喷射除锈两种方法。

摩擦除锈又分为手工打磨和机械打磨。手工打磨工具主要有刮刀、钢凿子、钢丝刷、砂布或砂纸、木片、胶木板等。刮刀主要是将锈蚀产物刮除。钢丝刷适用于除厚锈，长丝刷适用于曲折表面的除锈，短丝刷适用于平面除锈。砂布和砂纸打磨利用砂粒的磨削作用去除附着于金属表面的锈层。机械打磨工具有盘形打磨器、管式清除器、喷气钢凿、电动钢刷、电动砂轮机等。手工打磨和机械打磨适用于质量要求不高、工作量不大的除锈作业。

喷射除锈是一种以砂、钢砂以及钢丸喷射材料，喷射于钢铁表面以除掉金属表面黑皮和红锈的方法。喷射处理可以获得效果好、除锈率高的金属表面，同时还能形成适当的粗糙面，从而得到容易附着涂膜的被涂表面。喷砂机是利用压缩空气的喷射能力将砂粒高速喷出，撞击金属表面产生摩擦的喷射装置，主要用于喷射除锈。喷射一般分为干式或湿式，以及开放式或密闭式，实际使用中主要是干式喷砂法。喷射除锈会对金属基体造成一定的损坏，操作过程需按规格要求把握喷砂程度，谨慎处理。

干式喷射除锈需要的注意事项：

（1）压缩空气应干燥清洁，不得含有水分和油污。通过气体缓冲罐、过滤器、油水分离器等装置，可使空气净化分离。空气过滤器应定期更换填料，对空气缓冲罐、油水分离器应定期排放积液。

（2）石英砂或钢砂的储存场地应平整、坚实，应有防潮措施。石英砂可重复使用，但必须过筛、干燥，含水率不应大于1%。

（3）磨料的种类有石英砂、硅质河沙或海沙、金刚砂、激冷铁砂或激冷铁丸、钢丝粒、铁丸或钢丸。各类磨料不得含有油污。

（4）喷射处理薄钢板时，磨料颗粒和空气压力应适当减少。表面不做喷射处理的螺纹、密封面、光滑面或其他部位应采取保护措施，不得受损。

（5）应根据金属材质和锈蚀程度，正确选用喷射材料，把握好金属表面的喷砂程度。

5.2.4 化学除锈

所谓的化学除锈指的是用酸溶液与金属表面的锈蚀产物进行化学反应，使其溶解或脱落在酸溶液中，达到除锈的目的。所以化学除锈通常称为酸液除锈。化学除锈所用的酸溶液主要有盐酸、硫酸、磷酸、硝酸、氢氟酸、柠檬酸、酒石酸等，以盐酸和硫酸应用最多。

常用酸溶液的使用条件及优缺点见表5-3。

表 5-3　常用酸溶液的使用条件及优缺点

类别	使用条件	优　点	缺　点
硫酸	质量分数：5%~11%； 温度：60~80℃； Fe^{2+}含量在110g/L时有效	成本低； 当酸液浓度降低时可提高温度以保持原除锈能力	处理温度高； 易产生氢脆和过腐蚀； 处理时间比盐酸长
盐酸	质量分数：15%~20%； 温度：室温~40℃； Fe^{2+}含量在130~150g/L时有效	除锈速度快； 氢脆影响比硫酸小； 铁盐溶解速度大； 可常温酸洗	易逸出盐酸气体，产生酸雾
磷酸	质量分数：15%~20%； 温度：40~80℃； Fe^{2+}含量在30g/L时有效，可保持较好的除锈能力	一般不会发生氢脆和过腐蚀； 形成保护膜的防腐蚀能力好	成本较高； 易被铁离子污染，可能造成除锈能力下降

酸不仅可以有效地溶解锈，而且在反应过程中生成氢气。氢气可以对铁锈和难溶的氧化皮产生压力，促使其脱离金属表面，可以加速酸洗除锈的过程。但是，由于氢原子的体积非常小，很容易向钢铁内部扩散，氢原子的渗入使钢铁内部产生大的内应力。同时，当渗入的氢在缺陷部位析出而成为氢分子时，产生极大的压力，甚至造成微裂纹，因而使其力学性能下降，导致金属表面的韧性、延展性和塑性降低，脆性和硬度提高，即所谓的氢脆。而且氢气从酸溶液中逸出时会带出酸雾，影响操作者的身体健康。

为了消除这些不良影响，减缓氢脆以及酸过度腐蚀金属的发生，在酸洗过程中往往加入特定的酸洗缓蚀剂。缓蚀剂易于吸附在基体金属表面形成分子膜保护金属，同时增加了氢的超电压，阻止酸的作用，以达到缓蚀的目的。这样就可以在不影响金属制件尺寸精度的情况下，顺利地去除锈蚀产物。但由于酸同样与金属反应，所以酸洗除锈必定会对金属表面产生一定的影响。缓蚀剂的种类较多，常用的酸洗缓蚀剂有：KC缓蚀剂、乌洛托品（六次甲基四胺）、IIB-5缓蚀剂、若丁（含邻二甲苯硫脲、食盐、糊精、皂荚粉）。酸液配制中，除了加入缓蚀剂，还常加入一些湿润剂，如平平加、OP乳化剂、吐温-80、601

洗涤剂等。

5.2.5　金属表面综合处理

实际实施金属表面预处理时往往不是单单针对上述的某一项清理方法，而是连续地进行每一项处理。一般处理流程是，首先通过机械清理的方式将金属表面较多的锈蚀产物清除，之后通过溶剂清洗或碱液除油对金属表面进行除油清污处理。最后进行酸液除锈处理及中和水洗、干燥等工序。具体处理流程及注意事项见图5-1。

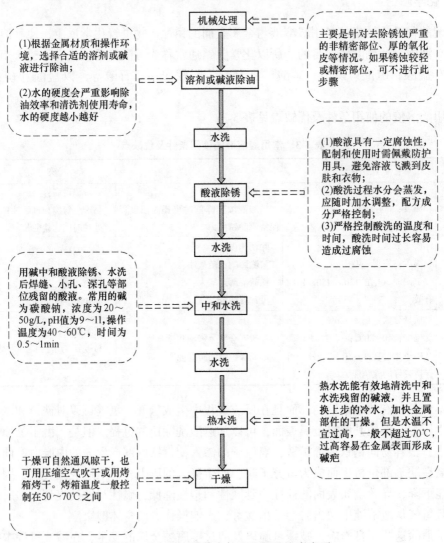

图 5-1　金属表面综合处理流程及注意事项

5.3　干燥

干燥是油封前的一道工序，主要是为了彻底除去金属制品表面及结构内部的水分，以防影响防锈效果。不同品种的防锈油脂对干燥程度要求也不相同，实际操作中，应根据防护条件及制品结构合理选择干燥方法。

干燥主要有烘干、吹干、擦干及沥干等方法。大件金属制品可选用清洁干燥的布将其表面水分擦干。如果允许较长的干燥周期，清洗后不会立即造成锈蚀，并且若干燥周围环境条件允许，如温度适宜，湿度小，可将金属制品沥干、晾干处理。烘干是最常用的一种干燥方法，具有烘干周期短，干燥效果好等特点。一般是将清洗后的金属制件放入105～110℃的烘箱或烘房内进行烘干，有特殊要求的金属制品可调节温度范围，避免对金属造成伤害。值得注意的是，如果金属制品选择的是石油溶剂或液态三氯乙烯等易挥发低燃点液体进行的清洗步骤，严禁将其放入非防爆的烘箱或烘房内，以免发生爆炸，造成人员伤害。除了烘干外，还可以利用清洁、干燥的压缩空气将金属制品吹干。有条件的也可用红外线灯或远红外装置直接进行干燥，这时还要考虑红外线是否对金属基体造成伤害。

置换脱水法除水也是一种很好的干燥方法。它主要是通过水膜置换防锈油将金属表面水分、清洗液、切削液等除去的一个过程。根据金属制品表面残留液体的种类，选择相应的脱水防锈油。将金属制品放入脱水防锈油中翻动或冲刷后沥干或晾干。这种脱水方法不用烘干、吹干，还能起到短期防锈的作用。如果想要进行长期封存可直接进行封存工艺。

5.4 油封

油封简单来说就是将防锈油脂涂覆于金属制品表面及结构内部。根据防锈油脂种类品种的不同、金属制件结构的形式、表面精度以及储存条件、封存期长短等，选择一种合理的涂覆方式，对于油膜的形成至关重要，影响着封存的防锈效果。常见的油封方法主要有浸涂法、刷涂法、喷涂法、全浸法、注油法等。

5.4.1 浸涂法

将完成表面预处理及干燥后的金属制品浸入到液态防锈油脂中，待油品完全涂覆于金属表面一定时间后取出沥干即完成浸涂法的涂覆。浸涂法主要适用于大批量的零星小件，如中、小轴承，钢球，工量具，刃具，五金，标准件，汽车零配件等。结构允许拆卸的大件金属制品也可拆为单件进行浸涂。浸涂法不适宜带有涂层面的金属制品。对于结构复杂，管道、孔穴多的部件，浸入防锈油脂中时应调整位置，防止孔穴中的空气阻碍油品的浸入。

目前，一般使用的防锈油流动性很好，只需将金属制品浸于防锈油1～2min即可在金属表面达到一定油膜厚度。防锈脂的浸入时间则根据油膜厚度的要求和加热温度而定。油膜变化规律是随着浸涂时间的加长，金属制品温度不断升高，油膜逐渐变薄，当金属温度与防锈脂温度相同时，油膜厚度不再变化。所以要想得到较薄的油膜，可延长浸涂时间或提高加热温度，反之则缩短浸涂时间或降低加热温度。部分防锈油则需要一定温度才能达到一定的流动性，这时加热防锈油使其达到浸涂条件。需要注意，防锈油属于易燃物品，禁止采用明火加热方式，最好用水浴保温加热到规定温度，以防火灾的发生。还有一部分防锈油，虽然常温流动性很好，但是在一定温度以下，油膜恢复性较差，例如含蜡的溶剂稀释型防锈油，使用时也需要加热到一定温度再进行涂覆。防锈脂流动性差，同样需要加热。防锈脂加热一般选用油浴或封闭电热板加热。防锈油脂加热需要注意以下几点：一是，对于一些油品的加热，可能造成油品中溶剂的挥发，需要注意溶剂的损耗，及时补加溶剂进行调整。二是，加热温度的控制要多加注意。有些防锈油脂中的油溶性缓蚀剂在一定温度时就会分解变质，降低防锈油脂的防锈性能，甚至使其失去防锈性能、加速腐蚀。防锈脂一般容易受热氧化，加热使用完毕后应停止加热，自然降温后保存。一般防锈油加热温度不超过70℃，防锈脂加热温度不超过100℃，但是也需要根据防锈油脂的自身组成和温度要求而定。

5.4.2　刷涂法

刷涂法比较方便，只需用刷子或干净的棉布蘸取防锈油脂后，涂覆在完成表面预处理及干燥后的金属制品表面即可。该方法易于操作，适用于所有金属制品，特别是带有涂料或忌油部位的产品。防锈油脂的温度要求与浸涂法要求一致。需要指出的是，涂覆的防锈油脂不是越多越好。实践表明，油膜薄而均匀，于金属表面不流失时防锈效果最好。油膜太厚或涂层不匀，会在膜厚不均匀的位置形成氧浓差电池而引起腐蚀。

5.4.3　喷涂法

喷涂法又称喷雾法，主要是通过高压喷气将适宜流动性的防锈油脂喷涂在完成表面预处理及干燥后的金属制品表面。喷涂法具有周期短、用料省、油膜均匀等特点。适用于大面积平面、立柱面、精密制品表面、大型机械设备内外裸露面。实际操作过程中，要根据防锈油脂的黏度选择合适的喷枪，控制好油温和喷涂距离，掌握好压力，均匀地沿同一方向喷涂于金属制品表面。注意不要喷涂过多，以表面不流失为宜。

5.4.4　全浸法

全浸法与浸涂法相似，主要是为了封存精密小件或微型轴承，使用时取出即用。方法是将干净的金属制品放入容器内，然后注入防锈油浸没金属制品即可。实际操作过程中，注意多孔金属制品的摆放位置，避免孔穴内存留空气而造成锈蚀。

5.4.5　注油法

注油法与全浸法相似，又称为充填法，是为了封存近期不再使用的封闭结构的金属制品，如机床的齿轮箱、液压系统、曲轴箱等。与全浸法的不同点是，需要将防锈油脂注满封存空间，然后使机器在低速空载或轻载下运转，完全排除空气。

5.5　包装

为了增强油封后的防锈能力，避免金属制品在储运过程中受到外界机械力的损害，还需要合适的包装材料进行防护。合适的包装材料可以有效防止水分及其他腐蚀介质接触金属，大大提高防锈油脂的防锈性能。

选择包装材料时，需选用耐油、对金属无腐蚀性、透水透气性小，以及具有一定机械强度的材料。实践表明，一些常用的涂料、塑料、橡胶、木材、粘接剂等材料均能释放出不同程度的腐蚀气体，大部分是低级脂肪酸中的甲酸、乙酸、醛类、苯酚、氨、氯化物和硫化氢等。还有试验表明，含有干性或半干性植物油的涂料能连续释放腐蚀气体。如木箱及涂有涂料的包装经过一段时间储存后，有时会发现金属制品产生严重腐蚀，特别是与木质接触的位置，腐蚀更为严重。

目前防锈封存常用到的内包装材料主要有包装纸、塑料薄膜、纸-聚乙烯复合薄膜，外包装材料主要有木箱、纸箱和塑料制品。

对于包装纸的要求，必须对金属无腐蚀作用，水抽出物 pH 值为中性，氯离子含量不超过 0.1%，硫酸根不超过 0.25%。包装纸主要有中性石蜡纸、中性原纸、电容器纸、苯甲酸钠纸、牛皮石蜡纸等。普通制品包装可选用中性石蜡纸、中性原纸；表面光洁度较高的精密制品可选用电容器纸；机械零件、仪表、非金属材料组合件等可选用羊皮纸；防锈要求一般的钢铁件可选用横纹牛皮石蜡纸。

塑料薄膜主要有聚乙烯和聚氯乙烯两种。通常聚乙烯多作为内包装材料，聚氯乙烯作为防潮罩、密封罩等外包装。塑料薄膜具有一定韧性，可塑性好，防水，防潮，耐油脂，耐酸碱性，可热焊、黏结胶带封口，适用于长期防锈包装。使用时，需注意金属制品、防锈油脂、薄膜三者之间的适应性。

纸-聚乙烯复合薄膜使用时，聚乙烯一面接触油封的金属表面。除此之外，还有铝塑薄膜，作为电讯器材或特殊产品使用的塑料薄膜-铝箔-纸（布）复合包装材料。

木箱是常用的外包装材料。选用木材时，一般选用 pH 值大于 5 的木材作为包装材料，如松、云杉、榆木等中等腐蚀木材。栎木、栗木属重腐蚀木材，一般不选用。腐蚀气体的产生与木材本身的水分有很大关系，所以要选择干燥的木材作为包装材料。

包装封存前还应注意金属制品的油封状态，未沥干防锈油的金属制品经过包装封存，不但不会提高防锈性能，反而加速金属制品的腐蚀。

储存环境也是防锈过程中的重要因素，包装好的金属制品需要存放在温度、湿度适宜的环境。贮存过程中应尽量避免金属制品直接受阳光或紫外线照射和雨水直淋，最好选择避光、避水的地方，这样可以延长防锈期，提高防锈效果。

5.6 封存工艺实例

5.6.1 滚动轴承防锈封存工艺

轴承是一种精密机械制品，结构中的保持架大多为有色金属材质，对防锈要求极高，选用防锈材料时必须考虑到防锈油品对轴承金属材质的适应性。市面上轴承具有规格品种繁多、数量巨大、用途广、防锈量大、防锈周期长等特点。滚动轴承防锈包装可以参考 GB/T 8597—2013 标准。

5.6.1.1 防锈材料的选择

轴承按其金属材质、用途的不同，以及用户的具体要求，从除指纹型防锈油、水膜置换型防锈油、溶剂稀释型防锈油、润滑油型防锈油、脂型防锈油中选取适应的防锈材料。所选用的防锈油不应含有大于 $5\mu m$ 的杂质，低噪声轴承用防锈油不应有大于 $2\mu m$ 的杂质。

5.6.1.2 启封

轴承制作过程中，会经过车加工、热处理、磨加工、装配等生产工序，各工序中均会使用水性防锈剂、乳化油、工序间防锈油等。对于使用过的轴承，金属表面往往粘黏许多润滑油、润滑脂等油品。启封过程主要是对轴承进行全面清洗，除去轴承表面及内部的残留油品和其他物质。当然，如果轴承本身附着其他油品或杂质较少，金属表面比较干净，也可省去启封过程。

启封一般采用防护油浸泡法。将轴承放入浸泡容器，然后注入适应金属材质的防护油至没过轴承，浸泡 30min。取出沥干，进行清洗工序。

5.6.1.3　清洗

使用 3 号喷气燃料进行清洗的方法：将启封后的轴承件冷却至室温后，用 3 号喷气燃料进行第一道清洗。清洗主要采用浸泡法，将轴承置于装有 3 号喷气燃料的容器中，上下串动即可。清洗过程中需注意轴承结构内部的油污因空气的压力较难除去，清洗后应仔细检查内部清洗效果。有条件的也可在专门的清洗机上进行清洗。第一道清洗后，如果轴承表面仍有油腻感，可以进行第二道清洗。轴承件清洗完成后，检查轴承表面和内部是否清洗干净，如不干净可继续进行清洗，直至轴承上的油污完全洗净。

5.6.1.4　干燥

清洗液是轴承产生锈蚀的主要原因，因此干燥工序要严格控制。使用 3 号喷气燃料清洗过的轴承可采用晾干、吹干、烘干（大部分溶剂油易挥发，烘干温度不宜过高）等方法。

5.6.1.5　除锈

一般情况下，轴承防锈封存主要是轴承制作完成后的成品封存，轴承几乎没有锈蚀，所以轴承防锈封存过程中，除锈过程较为简单，有时可以省去此工序。如果有除锈过程，则应再次进行清洗、干燥工序。

5.6.1.6　浸油

经清洗、干燥后的轴承件浸入装有防护油的容器中进行常温浸油，浸油时间为 2 ~ 3min。浸油过程需注意轴承内部的孔穴空气压可能阻碍防护油的浸入，可左右晃动数次，以保证轴承内部完全浸入防护油品。浸油完毕后，沥干。

5.6.1.7　包装

内包装材料可选用聚乙烯塑料或其他塑料筒（盒），耐油纸、牛皮纸，平纹和皱纹聚乙烯复合纸，双层或多层铝塑薄膜，尼龙带或塑料编织带，防水高强度塑料带，尼龙塑料薄膜。上述材料应均无腐蚀性。

外包装材料可选用双瓦楞纸箱、普通木箱和钙塑瓦楞箱。

根据轴承级别、型号，普通轴承可按以下方法进行包装：

（1）外径小于 150mm 的轴承，单个用聚乙烯塑料薄膜包，再外用牛皮纸几个一起卷包，或内用苯甲酸钠纸单个包，外用牛皮纸 5 ~ 10 个卷包。

（2）外径 150 ~ 350mm 的轴承，内用塑料薄膜单个包装，外用牛皮纸单个包装。

（3）外径大于 350mm 的轴承，内衬垫塑料薄膜，外用牛皮纸，再缠塑料薄膜。

比较精密或出口轴承可按以下方法进行包装：

（1）外径 250mm 以下的轴承，单个用塑料薄膜包好后，装纸盒。

（2）外径大于 250mm 的轴承，内衬塑料薄膜，外用牛皮纸，再缠塑料薄膜。

5.6.1.8　装箱

轴承的装箱材料一般选用木箱。木箱内应衬一层沥青防潮纸，按顺序紧密装入轴承，放入包装单，搭边盖严，钉盖用钢带扣锁。纸盒包装的轴承，纸盒在木箱中有空隙时，应以油毡纸或防锈纸填满，如果空隙较大，也可填充防锈纸包有湿度不超过18%的木花。

5.6.2 量具及刃具制品防锈封存工艺

量具的材料一般以钢或钢铜组合件为主，大部分需要经过电镀、发蓝或磷化处理，精密度要求很高。刃具的材料则以黑色金属为主。量具和刃具品种规格繁多，年生产量极大，需要的防锈量也随之巨大。由于量具和刃具的结构较为简单，所以它们的封存工艺也较其他金属制品容易操作。

5.6.2.1 清洗

清洗主要是除去量具及刃具表面的油污，可选用3号喷气燃料或120号汽油等溶剂清洗，也可用金属清洗剂进行清洗。

3号喷气燃料清洗方法：使用两个容器清洗。先将量具、刃具浸入第一个盛有3号喷气燃料的容器中。对轻微污染易溶解的油脂，浸入时间为5min，上下串动，洗去油污。对于尺寸较大或油污层较厚不易浸洗时，可用沾有3号喷气燃料的毛刷或干净的棉布进行刷洗和擦洗。然后浸入第二个盛有清洁3号喷气燃料的容器内清洗。这种清洗方法既能节约溶剂，也能提高清洗质量。

金属清洗剂清洗方法：将金属清洗剂注入清洗容器，加热至40℃，然后将量、刃具浸入其中10~15min，然后上下串动，清洗1~2道，然后检查金属表面的清洗状况，发现问题后按上述方法继续清洗，较难除去的油污可辅以刷洗。没有问题后擦拭干净，再用干净的金属清洗剂溶液清洗一次，然后用自来水（有条件的可用蒸馏水或去离子水）将量、刃具表面的清洗液漂洗干净。

5.6.2.2 干燥

量、刃具的干燥方法可选用自然干燥法、压缩空气吹干法、置换脱水法。自然干燥法适用于3号喷气燃料等溶剂清洗后的干燥，干燥一般在室内进行，环境温度在10~30℃，湿度控制在60%左右为宜。自然干燥法处理时间较慢。采用干净的压缩空气吹干可加快处理时间，在压缩空气出口管最低点处应安装分水滤气器，以去除压缩空气中大量的水分。每次使用前打开放水阀1~2次，将积贮于杯中的污水放掉，再对物品进行吹干。过滤杯或存水杯应定期清洗，杯子可在石油溶剂中漂洗吹干，切忌在丙酮、乙基醋酸盐、甲苯等溶液中清洗，因为这些溶液会损坏杯子。置换脱水法主要是将清洗干净的量具、刃具置于装有防锈脱水油的容器中，浸没2~3min后取出沥干。干燥后切忌用手接触量具、刃具表面以免造成二次油污、汗迹的污染。

5.6.2.3 浸油、脂

浸油：将干燥后的量具、刃具置于装有防锈油的容器中，浸涂2~3min后取出，沥干表面多余防锈油。或者采用刷涂法，用毛刷或干净的棉布蘸取适量防锈油，擦涂于量具、刃具表面，使其形成一层均匀油膜，油膜以不流失为宜。

涂脂：有些量具，如千分尺、卡尺，适宜涂覆防锈脂封存。将量具、刃具置于加热至80~90℃的防锈脂中5min，然后取出冷却至室温，完成防锈脂的涂覆。

5.6.2.4 包装

常见量具、刃具包装材料见表5-4。

表 5-4　量具及刃具防锈包装材料

名称	包　装　材　料
刃具	石蜡纸、中性牛皮纸或经过处理干净的玻璃瓶加内封盖（适用小刃具）
量规	内层：气相防锈纸；外衬：聚乙烯薄膜
千分尺	防锈脂、聚乙烯袋
万能测齿仪	防锈脂、苯甲酸钠纸
卡尺	防锈脂、中性石蜡纸
万能角度尺	内层：苯甲酸钠纸；外衬：聚乙烯塑料薄膜
块规	苯甲酸钠纸、木箱

5.6.3　工程机械防锈封存工艺

工程机械的特点是零部件繁多，多是小批甚至单件生产，而且体积较大，储运过程中大多是分件封存包装，现场组装使用。由于工程机械绝大多数是野外作业，工作环境恶劣、强度高，许多工程机械都要在潮湿、多尘等环境下作业，使用一定时间以后通常会出现不同程度的锈蚀。为了延长整机寿命，使其较好地发挥使用功能，一般都要对工程机械实施相应的腐蚀防护措施。工程机械的大部分裸露面通常采用涂装的方式进行防护，这里主要介绍工程机械部件及裸露金属面等部位的防锈油脂涂覆防护。

5.6.3.1　清洗

工程机械零部件加工完成后，金属表面往往沾有切削油、防锈油、乳化液等杂质。工程机械装配后表面也一般留有油污，试车后又沾有大量灰尘，所以涂覆防锈油前必须彻底清洗，才能保证良好的防锈质量。

由于工程机械一般体积较大，零部件较多，所以对它的清洗分为手工清洗和自动清洗。自动清洗主要是在流水线上，也可单独设置，由于其难于满足不同形状和污染程度的工件的清洗要求，在工程机械行业较少使用。在中小批量场合多采用手工清洗，使用高压清洗机进行喷射清洗，清洗比较彻底。

5.6.3.2　干燥

干燥过程一般采用大型烘干室烘干。对于缝隙结构部位可采用压缩空气吹干。

5.6.3.3　包装

对于较小的金属部件，涂油可参照滚动轴承防锈封存工艺进行。然后用苯甲酸钠纸或聚乙烯薄膜包缠，再转入内衬油毛毡的木箱。特大特长的零部件不便装箱时，可用塑料布缠绕，胶带封口包扎，并采取适当措施防止吊装时包装被破坏。大型圆柱形零部件，可采用气相防锈纸带缠绕封存，外衬聚乙烯薄膜，胶带封口。变速箱、立轴箱等密封件的内部防锈，可采用注油法排除空气密闭封存，也可采用气相缓蚀剂粉末。对透气部位封口密封或气相防锈油封存。对于大的裸露金属面则可采用涂覆防锈油或防锈脂进行防护处理。

5.7　防锈油脂使用注意事项

防锈油脂的使用需要注意以下几点：

（1）防锈油脂属于易燃易爆品，特别是溶剂稀释型防锈油，在调制和使用过程中应严禁明火。

（2）有些防锈油脂具有一定毒性，在使用过程中应佩戴必要的劳保用品，涂油时避免油溅入眼、口、鼻中，注意环境通风干燥。

（3）应保持装油容器取油部位清洁，用完即封闭，严防水分及其他杂质的混入，否则会降低防锈油脂的防锈性能。

（4）存放防锈油脂的容器不要与其他含有添加剂的油品混用，不同种类和类型的防锈油脂最好分别使用，避免添加剂之间产生不良影响。

（5）金属制品油封包装后，经过一段时间要定期抽检防锈情况，对于油膜流失、脱落、乳化、变色、失光、变暗的情况，应及时清洗，查明原因，重新进行封存工艺。

（6）经过防锈油脂封存的金属制品在使用前应用溶剂油进行浸泡、清洗启封工序，因为防锈油脂中的极性添加剂会影响其他润滑油的性能，多有起泡、气阻等不良现象发生。

（7）储存防锈油脂应选择阴凉通风、干燥、无火源的环境。

6　防锈油脂性能评定

目前，对于防锈材料的性能评定主要分为基本物化性能的评定和防锈性能评定两个方面。

6.1　防锈油脂基本性能评定

与其他润滑油品物化性能测定相似，防锈油脂的基本物化性能主要包括了运动黏度、闪点、凝点、水分等项目。具体试验方法不再赘述。

6.2　防锈油脂防锈性能评定

防锈材料的防锈性能是否优良，主要是通过一定的评定方法进行检测。正确评定防锈产品的防锈性能，对于防锈材料生产单位来说，是保证产品质量的重要手段；对于使用单位来说，是保证被封存金属制品不锈蚀的关键。所以说，防锈评定也是整个防锈材料应用中的重要环节。

防锈性能的评定主要分为两类，分别是自然条件试验和模拟加速试验。

自然条件试验是指将试片或试件经过防锈材料封存后置于室内外环境进行的试验，用于考察各种防锈材料在实际存放环境中对金属制品的防护能力。这类试验主要包括了大气曝晒试验、百叶箱试验、室内半暴露试验等，模拟了露天存放、避免直晒存放、室内或仓库存放的环境试验。这类试验会因为所在地域的气候环境的不同，而造成试验结果有所不同，如沿海高盐地区与内陆地区，南方高温高湿地区与北方干燥少雨地区，西南高酸雨地区与东部沿海和西部地区，试验结果差别都会很大。但自然条件试验更加接近实际使用情况，更能反映防锈材料的实际使用性能。

模拟加速试验主要指在实验室利用特定仪器设备通过人工模拟环境条件来实现对防锈材料的防锈性能测定。比如，模拟高温高湿条件的湿热试验、模拟沿海地区高温高盐高湿环境的盐雾试验、模拟全天候条件的人工耐候性试验等。与自然条件试验相比，此类试验具有针对性强、试验周期短的特点，而且还能够精确地控制腐蚀条件，能够实现再现性。但试验结果往往有局限性，与实际情况存在差距，所以经常几种环境加速试验配合进行，以表征防锈材料的多项防锈性能。

虽然加速试验存在一些不足之处，但实际防锈评定中，该方法依然是评定防锈材料防锈性能的主要方法，下面就此类评定方法做一些介绍。

6.3　防锈试验准备与评定

6.3.1　试片的准备

试片的制备依据 SH/T 0218—1993（2004）标准。该标准中提供了 A 法和 B 法两种制备方法。

6.3.1.1 A 法

A 金属试片

（1）材质：10 号钢，符合 GB/T 711 的规格要求。

（2）规格：A 试片（3.0~5.0）mm×60mm×80mm，B 试片（3.0~5.0）mm×80mm×60mm。

注：1.0~3.0mm 厚的试片仍可使用，用完为止。

（3）吊孔：在图 6-1 所示的地方钻两个直径为 3mm 的小孔。

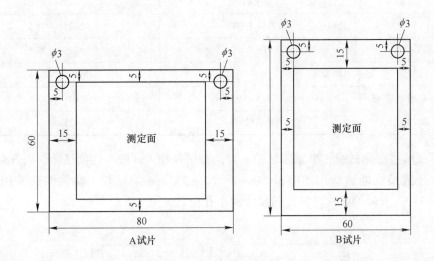

图 6-1 试片（A 法）

B 试片制备

（1）将试片浸入石油醚中，用镊子夹住脱脂棉或医用纱布轻轻擦拭试片，擦洗干净，用热风干燥。

（2）在干燥情况下，将试片的两面用粒度为 240 号的砂纸或砂布打磨至表面粗糙度 R_a 为 0.4~0.2。A 试片沿长边平行方向打磨，B 试片沿短边平行方向打磨。

（3）边及吊孔也同时打磨。试片的边缘须磨圆至无毛刺，吊孔用撕成细条的砂纸穿梭研磨。

（4）取四个清洁的搪瓷杯，分别盛装石油醚、石油醚、无水乙醇、60℃±2℃ 的无水乙醇。将打磨好的试片用吊钩钩好，依次按上顺序浸入搪瓷杯的溶剂中，用镊子夹住脱脂棉擦拭，直至洗净试片上的磨屑或其他污染物。

（5）清洗好的试片用热风干燥，冷至室温。不能马上做试验时，试片应放入干燥器内保存。但是，保存 24h 以上的试片，应重新打磨。

6.3.1.2 B 法

A 金属试片

根据试样的产品规格要求，按表 6-1 选用或增补其他金属材料。

表 6-1　防锈试验常用金属材质及规格

材料名称	符合标准	试片尺寸/mm×mm×mm
10 号钢	GB/T 711 中热轧退火状态	50×50×（3~5）
45 号钢	GB/T 711 中高温回火状态	50×50×（3~5）
Z30 一级铸铁	GB/T 718	50×50×（3~5）
黄铜 H62	GB/T 5231	50×50×（3~5）
黄铜 H62	GB/T 5231	50×25×（3~5）
锌 Zn-3 或 Zn-4	GB/T 470	50×25×（3~5）
铝 LY12	GB/T 3190	50×25×（3~5）
镉 Cd3	YS72	50×25×（3~5）
镁 ZM5	—	50×25×（3~5）
铅 Pb-2 或 Pb-3	GB/T 469	50×25×（3~5）
铜 T3	GB/T 5231	50×25×（3~5）

盐雾试验、湿热试验、半暴露试验、置换型防锈油人汗洗净性能试验、人汗防止性能试验、人汗置换性能试验用 50mm×50mm×（3~5） mm 的试片；腐蚀性试验用 50mm×25mm×（3~5） mm 的试片。试片的尺寸及小孔位置见图 6-2。

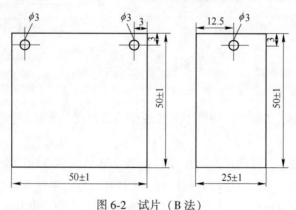

图 6-2　试片（B 法）

B　试片制备

（1）试片的棱角、四个边及小孔用 150 号砂布打磨。试片的试验面用 180 号砂布打磨，试片的纹路与两孔中心连线平行。腐蚀试验试片的纹路平行于长边。试验所用的试片表面不得有凹坑、划伤和锈迹。钢片和铸铁片也可先用磨床磨光，试验前再经 180 号砂布打磨；有色金属试片用 240 号砂布打磨，最后表面粗糙度都要达到 0.4~0.2；铅片用刮刀尖刮亮，取得平整的新鲜表面。

（2）试片打磨后不得与手接触。磨好的试片清除砂粒后，用滤纸包好，立即存放于干燥器中。但存放、清洗和涂试样的总时间不得超过 24h，否则要重新打磨。

（3）取四个清洁的搪瓷杯，分别盛装 150mL 以上的石油醚、石油醚、无水乙醇、50~60℃的无水乙醇，清洗试片时，用镊子夹取脱脂棉，依次按上述顺序进行擦洗，然后用热风吹干，待冷至室温后，再涂试样。

6.3.2 试片锈蚀评定方法

试片锈蚀评定方法主要有《防锈油脂试验试片锈蚀度评定法》（SH/T 0217—1998（2004））和《防锈油脂防锈试验试片锈蚀评定方法》（SH/T 0533—1993（2006）），一般根据试验具体要求选择相应标准进行评定。

6.3.2.1 SH/T 0217—1998（2004）标准评定方法

A 评定板

评定板是由无色透明材质塑料做成 60mm×80mm 的平板。评定板在 50mm×50mm 测定有效面积内刻出边长为 5mm×5mm 正方形格子 100 个，刻线宽度为 0.5mm。

B 评定步骤

将评定板重合于被测试片上。用肉眼观察，并数出评定板有效面积内具有一个锈点以上的格子数。出现在有效面积内的刻线或交叉点上的锈点，若其超出刻线或交叉点时，超出部分所占的格子均作为有锈。若锈点为超出刻线或交叉点，并且邻接的格子内无锈时，则把所有与其邻接的其中一个格子作为有锈。记录试片评定面上的锈点在评定板有效面积内所占格子数，作为试片的锈蚀度（%）。

C 锈蚀度评定

取各试片锈蚀度的算术平均值，修约到整数，按表6-2查到对应的锈蚀级别。试片如有变色变暗情况，则需在评定结果中报告。

表6-2 锈蚀度级别

锈蚀级别	锈蚀度/%
A	0
B	1~10
C	11~25
D	26~50
E	50~100

6.3.2.2 SH/T 0533—1993（2006）标准评定方法

A 评定板

用 50mm×50mm×2mm 的无色透明平板制成。正中有 40mm×40mm 正方框，框内刻有 4mm×4mm 的正方形格子 100 个，格子刻线宽度不大于 0.1mm。

B 评定步骤

把锈蚀评定板与被测的试片重叠起来，使正方框正好在试片的正中。在光线充足的条件下用肉眼观察，以正中 40mm×40mm 的 100 个方格作为有效面积，总计在有效面积内有锈格子数目，称为锈蚀度，以百分数表示。

在锈蚀评定板的分割线上或交叉点上的锈点，其大小等于或大于 1mm 时，如果伸到格子内的都作为有锈格子。小于 1mm 时，则以一个格子有锈计算。

C　锈蚀度评定

大气半暴露试片评定两面，以两面锈蚀度的算术平均值作为锈蚀度；盐雾试验试片评定暴露的一面；湿热试验以锈蚀重的一面作为评定面。在每一评定面上，按表6-3评定锈蚀度与级别。

表6-3　锈蚀分级

评级	0	1	2	3	4	5
锈点数	无	1~3	4点或4点以上			
锈点大小		不大于1mm	不规定			
锈点占格数	无	1~3	4~10	11~25	26~50	51~100
锈蚀度/%	0	1~3	4~10	11~25	26~50	51~100

除非另有规定，每一块试片评定面上，距边5mm的四周以及两孔出现锈蚀，评定时不予考虑。锈蚀度虽为1%~3%，但其中有1点等于或大于1mm，评级定为2级。

有色金属的变色范围按下列级别定级：

0级——无变化（与新打磨试片表面比较，光泽无变化）；

1级——轻微变化（与新打磨试片表面比较，有均匀轻微变色）；

2级——中变化（与新打磨试片表面比较，有明显变色）；

3级——重变化（与新打磨试片表面比较，严重变色有明显腐蚀）。

6.4　主要防锈试验简介

6.4.1　防锈油脂湿热试验法

6.4.1.1　试验标准

GB/T 2361—1992（2004）。

6.4.1.2　适用范围

本标准规定了用湿热试验箱评定防锈油脂金属防锈性能的方法，适用于防锈油脂。

6.4.1.3　方法概要

涂覆试样的试片，置于温度（49±1）℃、相对湿度95%以上的湿热试验箱内，经按产品规格要求的试验时间后，评定试片的锈蚀度。

6.4.1.4　试验仪器

湿热试验箱：由试片旋转架、空气供给装置、加热调节装置、空气过滤器及流量计等构成，须用耐腐蚀材料制作。该箱应符合下列技术要求：

（1）试片架转速：1/3r/min。

（2）试片悬挂处温度：（49±1）℃。

（3）箱内相对湿度：95%以上。

（4）空气通入量：每小时约3倍于箱内容积。

（5）箱体底部水层：200mm深的蒸馏水，其pH值为5.5~7.5。

（6）试片旋转架上挂片槽间距不小于 35mm。

（7）箱内水滴不能落在试片上。试片上淌下的油脂也不能落在箱底水面，应有一个接收盘。

（8）湿热箱应设置在清洁、无二氧化硫、硫化氢、氯气、氨气等腐蚀性气体影响的地方，环境温度保持在 15~35℃。

6.4.1.5 试验步骤

（1）试片的制备：按 SH/T 0218 中 A 法将三块试片打磨、清洗干净。

（2）防锈油：将摇动均匀的 500mL 试样倒入烧杯中，除去试样表面气泡，并调整其温度在（23±3）℃，用吊钩把制备好的试片垂直浸入试样中 1min，接着以约 100mm/min 的速度，提起挂在架子上。

防锈脂：将试样加热使其熔融，取 500mL 试样置入烧杯中，用吊钩把制备好的试片垂直浸入熔融的试样中，待试片与试样温度相同后，调整温度使膜厚为（38±5）μm，接着以约 100mm/min 的速度提起，挂在架子上。试样不同，涂覆温度也不一样，首先应改变试样温度。按 SH/T 0218 测定膜厚，直至求得膜厚为（38±5）μm 的涂覆温度。

（3）涂覆试样的试片在相对湿度 70% 以下、温度（23±3）℃、无阳光直射和通风小的干净场所沥干 24h。

（4）启动湿热试验箱，达到试验条件后，用吊钩将涂覆试样的试片悬挂在试片架上，在没有挂试片的钩槽上都要悬挂不锈钢片。然后按产品规格要求的试验时间连续运转。

（5）每 24h 打开湿热试验箱检查一次，按规定取出试片，并应同时补挂入等量的不锈钢片。

（6）取出的试片，先用水冲洗、用热风吹干，再用橡胶工业用溶剂油洗净涂覆油膜，最后用热风吹干。

6.4.1.6 结果判断

用试片朝试片架旋转方向的一面作为评定面，按 SH/T 0217 判断三块试片的锈蚀度。

6.4.2 防锈油脂盐雾试验法

6.4.2.1 试验标准

SH/T 0081—1991（2006）。

6.4.2.2 适用范围

本标准规定了用盐雾试验箱评定防锈油脂对金属的防锈性能的方法，适用于防锈油脂。

6.4.2.3 方法概要

涂覆试样的试片，置于规定试验条件的盐雾试验箱内，经按产品规格要求的试验时间后，评定试片的锈蚀度。

6.4.2.4 试验仪器

盐雾试验箱：由箱体、盐水贮罐、空气供给装置、喷雾嘴、试片支持架、加热调节装置等组成，须用耐腐蚀材料制作，该箱应满足下列试验条件：

（1）盐雾箱内温度：35℃±1℃。

（2）空气饱和器温度：47℃±1℃。

（3）盐水溶液浓度（质量分数）：5%±0.1%。

（4）喷嘴空气压力：98kPa±10kPa。

（5）盐雾沉降液的液量：1.0~2.0mL/（h·80cm²）。

（6）盐雾沉降液的 pH 值（35℃±1℃）：6.5~7.2。

（7）盐雾沉降液的密度：20℃为 1.026~1.041g/cm³。

注：盐雾不得直接喷射至试片表面上，已经喷过的盐水不得再次用于喷雾。

6.4.2.5 试验步骤

（1）按 SH/T 0218 将三块试片打磨、清洗干净。

（2）防锈油：将摇动均匀的 500mL 试样倒入烧杯中，除去试样表面气泡，并调整其温度在 23℃±3℃，用吊钩把干净的试片垂直地浸入试样 1min，接着以约 100mm/min 的速度提起挂在架子上。

防锈脂：将试样加热使其熔融，取 500mL 置于烧杯中，用吊钩把干净的试片垂直地浸入熔融的试样中，待试片与试样温度相同后，调整温度使膜厚为 38μm±5μm，接着以约 100mm/min 的速度提起挂在架子上。试样不同，涂覆温度也不一样，首先应改变试样温度，按 SH/T 0218 测定膜厚，直至求得膜厚为 38μm±5μm 涂覆温度。涂覆试样的试片挂在相对湿度 70%以上、温度 23℃±3℃、无阳光直射和通风小的干净地方沥干 24h。

（3）启动盐雾试验箱，待达到试验条件后暂停喷雾。将试片放进箱内试片支持架上，评定面朝上，与垂直线成 15°角，并与雾流方向相交，然后按产品规格要求的试验时间进行连续喷雾运转。每 24h 暂停喷雾，打开盐雾试验箱检查一次，取出已到期或已锈蚀的试片。平时注意检查和调整温度、盐水浓度、盐水 pH 值到规定的要求。

（4）取出的试片，先用水冲洗，用热风吹干，再用橡胶工业用溶剂油洗净涂覆油膜，最后用热风吹干。

6.4.2.6 结果判断

按 SH/T 0217 判断三块试片评定面的锈蚀度，或按 SH/T 0533 判断试片的锈蚀度。

7 气相缓蚀技术

气相缓蚀技术也称为气相防锈技术，早期英文名称为 Vapor phase Corrosion Inhibitor，简称 VpCI（有些场合也直接简称为 VPI），20 世纪 80 年代以后，随着新一代气相缓蚀剂的开发成功，在缓蚀原理上略有变化，英文名称也变更为 Volatile Corrosion Inhibitor，简称 VCI。

7.1 概述

气相缓蚀技术的关键是气相缓蚀剂的选择和应用。很久以前，人们就已经用环己胺、乙烯二胺、莫尔弗林和氨的气体来防止蒸气加热系统中的腐蚀，这些工作为气相缓蚀技术的发展提供了前提。气相缓蚀剂作为防锈产品投入使用是在第二次世界大战期间。当时美军由于其武器装备在东南亚战场上遭受了很严重的腐蚀，损失很大，感到必须要有一种防锈效果好、使用简便、适合于不同气候尤其是适合于野战环境的防锈材料。1944 年美国壳牌石油公司发明了一种气相缓蚀剂——亚硝酸二异丙胺（VPI-220），用来解决液压机中接触气体部分金属的腐蚀，同年美国海军实验室接受了壳牌公司提供的这一产品，并立即将这一产品投入到东南亚战场上使用。

然而，"气相缓蚀剂"这个名词的正式提出是在 1945 年英国的一份专利中。当时推荐了含亚硝酸根离子和有机胺（伯、仲、叔、季胺等）的挥发性化合物，其蒸气压需在 0.001~0.0002mmHg❶ 范围内（温度 21℃）。从此以后，气相缓蚀剂开始发展起来，其发展过程大致经历了 3 个阶段，即黑色金属防护阶段、多种金属综合防护阶段和环保型气相缓蚀剂阶段。

（1）黑色金属防护阶段。继 1945 年"气相缓蚀剂"在专利中提出之后，为了防止火箭炮筒的腐蚀，同年研究成功了亚硝酸二环己胺（VPI-260）。该缓蚀剂的出现，引起了防锈工作者的极大兴趣，大量研究随之而起。直到目前为止，亚硝酸二环己胺仍被认为是研究得比较透彻和应用最为普遍的一种气相缓蚀剂。以至于许多新型气相缓蚀剂防锈效果的研究仍以亚硝酸二环己胺作为对照。关于亚硝酸二环己胺对有色金属和对非金属材料的适应性，美国和日本都先后进行过研究。他们指出，亚硝酸二环己胺只对铁、锡（非焊锡）、镍、铬、银、铝等有效，而对镉、锌、铅、镁、黄铜、焊锡、铸锌等无缓蚀效果；对一般非金属材料基本没有影响。

1947 年发现苯甲酸酯类及肉桂酸酯化合物的蒸气具有缓蚀性能，后来确认如苯甲酸异丙酯、苯甲酸丁酯和甲基肉桂酸酯等对钢铁有气相缓蚀作用。1951 年英国专利提出碳酸环己胺（简称 CHC）是钢、铬钢、锌等金属的气相缓蚀剂，但会加速镁、镉、铜及黄铜的腐蚀。此后在进行了一系列有机胺类碳酸盐的腐蚀性能比较后，认为即使在潮湿甚至

---

❶ 1mmHg = 133.3224Pa。

于含有二氧化硫的空气中，碳酸环己胺也能很好地防止金属腐蚀。同年，美国人把不同蒸气压的气相缓蚀剂混合使用取得了很好的效果，例如把亚硝酸二环己胺与二环己胺的反丁烯二酸盐加在一起使用，比它们之中的任何一个单独使用时都更加见效。

1954 年美国有人发表了系统研究 120 多种气相缓蚀剂的报告，其中主要是有机酸、胺和羟基胺，以及胺和有机酸的复盐等，通过他们的工作，确定了几十种对钢铁有效的气相缓蚀剂，例如一些有机胺类的苯甲酸和亚硝酸盐等。法国的研究工作者则确定了气相缓蚀剂的作用效果与其在水中溶解性、熔点、沸点和蒸气压的关系。

对气相缓蚀剂缓蚀理论的研究，在此期间，各国也都进行了不少工作。主要是应用各种电极，研究气相缓蚀剂与金属表面结合时的吸附性。例如通过探讨亚硝酸二环己胺气氛中钢的电极极化曲线，解释了气相缓蚀剂抑制金属腐蚀的过程。

总的来说，从首次应用气相缓蚀剂到 20 世纪 60 年代这段时期，所开发的最具代表性的气相缓蚀剂，如亚硝酸二环己胺、碳酸环己胺等只对钢铁等黑色金属有效，对有色金属反而有害，因此这一时期被称为黑色金属防护阶段。

（2）多种金属综合防护阶段。20 世纪 60 年代中后期，对有色金属气相缓蚀剂的研究取得了重大进展。在这一阶段主要的代表性成果是发现了苯骈三氮唑对铜和铜合金以及一价银具有气相缓蚀能力。到目前为止，苯骈三氮唑及其衍生物仍是各种有色金属气相缓蚀剂的基本组分。除此以外，在解决钢铁与某些有色金属组合制件的防锈问题方面也开发了一些新的气相缓蚀剂品种，主要有一些有机胺的磷酸盐和铬酸盐以及 3，5-二硝基苯甲酸六次甲基亚胺等。在这些气相缓蚀剂新品种基础上，涌现出了一些用于多种金属综合防护的气相缓蚀剂新配方，如美国生产出 "Daubrite 500"，对钢、铜、铝、镍和铬等金属有效；日本的 Kuihara 在专利中指出，由 80%~99%碳酸环己胺和 1%~20%苯三唑或甲苯三唑组成的气相缓蚀剂在 50℃，RH100%条件下，可使 Cu、Fe、Zn、Al 等保持不锈；前东德的 Hans Otto 指出含苯甲酸胺 2.1~250g/L，MeP-OH 三唑 0.5~60g/L，苯三唑 1~120g/L，二甲基胺乙醇 0.4~50g/L 的溶液蒸气可对 Cu、Fe、Zn、Al 及合金提供长期保护；捷克的一份专利指出 40~50 份亚硝酸钠、20~23 份尿素、12.4~12.8 份苯甲酸、3 份苯三唑、3.2~3.6 份 1-羟基苯三唑、12 份二乙醇胺、8 份环己胺的混合物可对铁、铜及合金提供保护。

这一阶段的另一重要成就是初步揭示了部分气相缓蚀剂的作用机理。研究结果认为：亚硝酸二环己胺属于化学吸附型气相缓蚀剂，碳酸环己胺属于物理吸附型气相缓蚀剂；而对于苯骈三氮唑的缓蚀机理则被认为是在金属表面形成了一种透明的络合膜。总的来说，气相缓蚀剂的作用机理可以归结为固体的气相缓蚀剂挥发出具有缓蚀作用的气体，到达金属表面，通过不同的作用方式，在金属表面形成了一层物质能够阻止水分、氧气和其他对金属有腐蚀作用的物质接触金属表面，从而达到防锈目的。

（3）环保型气相缓蚀剂阶段。无论是亚硝酸二环己胺还是碳酸环己胺，尽管它们都具有优异的防锈性能，但是也都存在着一个不容忽视的问题，即毒性大，对人体和环境具有较明显的损害作用。所以降低毒性与成本，是气相缓蚀剂发展的一个重要方向和课题。近年来，一些新型的环保型气相缓蚀剂得到了发展，其中不少已得到了生产应用。比如：德国生产的黑色金属的气相缓蚀剂 "Noxrost"、铜的气相缓蚀剂 "Noxrost-Cu"、铜及其合金的气相缓蚀剂 "Noxeop"，可散发出无味、无毒的蒸气用以保护金属，保护期可达 10

年以上。

值得一提的是，这一阶段最重要的成果出现在 1979 年。美国人 Donald A. Kubik 发明了将气相缓蚀粉与聚乙烯薄膜复合的技术，生产出一种新型的气相缓蚀产品——气相防锈膜，该产品的出现为气相缓蚀剂的应用开创了新的前景。Kubik 所使用的气相缓蚀剂为无毒、无公害配方，主要成分从食品添加剂中得到。其产品都已通过美国食品与卫生监督检验署（F. D. A）的检验，可以用于食品包装。

7.2 气相缓蚀剂防锈原理

气相缓蚀材料的缓蚀机理是气相缓蚀技术领域的一个重要研究课题。随着气相缓蚀应用技术的发展，该领域的基础理论研究也取得了较大进步，先后提出了钝化膜理论、吸附膜理论等基础理论。但总的来说，气相缓蚀技术领域的理论水平还远远滞后于应用水平，大量实用型气相缓蚀剂的开发还主要凭经验筛选，还没有形成一个统一的理论对新型气相缓蚀剂的研制进行指导。

目前公认的可用作气相缓蚀剂的可分为无机酸盐、有机酸盐、有机胺及其盐、酯类、醇类、含氮有机物、含硫有机物等 7 类，对这些化学物质的协同效应进行了系统研究，初步掌握了这些化学物质彼此之间的协同作用及抗拮作用规律，并结合近年来发展起来的一些先进的表面分析技术如拉曼光谱技术、XPS 表面能谱技术等，分别从宏观和微观两个角度对气相缓蚀剂的作用机理进行了系统研究。一是以金属表面发生的电化学过程为基础，从电化学机理角度解释气相缓蚀剂的作用；二是以金属表面发生的物理化学变化为依据，从物理化学机理的角度说明气相缓蚀剂的作用。

研究结果表明，气相缓蚀剂之所以能够对金属材料锈蚀产生抑制作用，其直接原因是气相缓蚀剂的有效成分挥发到金属表面后，对金属的阳极或阴极电化学反应产生了抑制作用，其本质原因是使金属表面发生了某种物理化学变化，在金属表面形成了致密的保护膜。以某气相缓蚀剂专利（以下简称为：JXMP）为例，JXMP 对于钢铁材料为混合型气相缓蚀剂，对金属的阴极和阳极电化学反应均有抑制作用，而 JXMP 对钢铁产生这种电化学抑制作用的本质原因是 JXMP 中两种空间位阻不同的有机酸盐相互交叉在钢铁表面与高价铁形成了致密的疏水保护膜。该保护膜的形成过程为：无机酸盐将铁氧化成高价铁，同时饱和蒸气压较大的组分迅速挥发并吸附在金属表面，形成亚稳定吸附层，随时间的延长，饱和蒸气压相对较小的有机酸盐的浓度逐渐达到化学吸附浓度，开始取代饱和蒸气压较大的组分，在金属表面与高价铁结合成难溶性配合物，最终由其疏水性的碳链结构在金属表面形成致密保护膜。

7.3 常见气相缓蚀剂

从结构分，常见气相缓蚀剂或者说曾经出现并在一定场合应用过的气相缓蚀剂大致可分为 7 类。

（1）胺（铵）及铵盐，如亚硝酸二环己胺、碳酸环己胺、苯甲酸铵、碳酸单乙醇胺、苯甲酸单乙醇胺、苯甲酸三乙醇胺、碳酸苄胺、亚硝酸二异丙胺等。

（2）有机酸盐类，如肉桂酸盐、水杨酸盐、癸二酸盐、辛酸盐等。

（3）无机酸盐类，如亚硝酸盐、铬酸盐、硼酸盐、钼酸盐、钨酸盐等。

（4）酯类，如铬酸叔丁酯、三戊硼酸酯、硝基苯甲酸酯等。

（5）杂环类化合物，如三唑、噻唑、咪唑及其衍生物。

（6）醇类，如烷基硫醇、2-丁炔-1，4-二醇、N，N-二乙氨基乙醇等。

（7）其他，如烃类、酰胺等。

在这些气相缓蚀剂的单体中，黑色金属的气相缓蚀剂应用较多的主要有亚硝酸二环己胺、乌洛托品、苯甲酸铵、碳酸单乙醇胺、苯甲酸三乙醇胺、亚硝酸二异丙胺；有色金属应用较多的气相缓蚀剂主要有苯骈三氮唑、双苯骈三氮唑、铬酸二环己胺、铬酸环己胺、铬酸叔丁酯、磷酸二环己胺、四硼酸单（三）乙醇胺、钼酸三乙醇胺、水杨酸四乙烯五胺、邻硝基酚钠盐、邻硝基酚二环己胺、邻硝基酚四乙烯五胺、邻硝基酚三乙烯四胺、邻硝基酚二乙烯三胺、2，4-二硝基酚铵、烷基苯骈三氮唑、硝基苯骈三氮唑、有机亚胺盐等。

7.3.1　亚硝酸二环己胺

亚硝酸二环己胺的结构式：

英文名称：dicyclohexylamine nitrite。

分子式：$[(C_6H_{11})_2NH]HNO_2$。

CAS：3129-91-7。

RTECS 号：HY4200000。

分子量：228.33。

UN 编号：2687。

危险货物编号：61734。

性状：白色或淡黄色结晶性粉末，有胺臭味，熔点为 175℃（分解）。室温时在水中溶解度为 3.9%，在甲醇中为 27%，在乙醇中为 9%，在 70% 乙醇水溶液中为 16.7%，不溶于乙醚。遇强酸、强碱分解，在光照和潮湿环境中也易分解，加热至 175℃ 时放出氨气。25℃ 时蒸气压为 0.0002mmHg，在 75℃ 时挥发速度加剧。可燃。

稳定性：在碱性介质中稳定，在酸性介质中则变为亚硝酸铵。易燃。有氧化性。有毒。应密封于阴凉干燥处避光保存。

适用性：对钢、锡、镍、铬、铝、生铁的气相缓蚀防锈；但是对锌、镉、镁、黄铜及其合金加速腐蚀。

技术指标：参照标准 JB/T6071。

含量：>98.5%。

氯离子：<0.03%。

硫酸根：<0.04%。

pH 值：7.5~8.0。

溶解性：全溶无浮油。

气相缓蚀性试验：对钢无腐蚀。

接触腐蚀性试验：对钢无腐蚀。

储存：室内库房。

用途：对黑色金属有良好的缓蚀防锈作用。主要用于金属缓蚀保护和阻止金属锈蚀，如汽车、内燃机、机床及工具、零件等的保护。可用于汽车与汽车零件、减速机箱，内燃机活塞、套筒、零部件，机床与机床零件，工具、刀具、量具，轴承，无缝钢管，机械零件，纺织机及其附件，针织机针，缝衣针，工业与民用刀片、手术刀片，航空机件、飞机发动机，钢丝、钢板、钢带，大型贮罐、包装铁桶等。

储运注意事项：

储存：置于充有惰性气体的冷藏室或冰箱内，以便于长期储存运输，须贴"远离食品"标签，航空、铁路限量运输。

侵入途径：吸入，食入，眼睛及皮肤接触。

毒性：高毒 LD_{50}：284mg/kg（大鼠经口）。

健康危害：持续暴露于二环己基胺亚硝酸盐类蒸气会影响中枢神经系统、红血球、高铁血红蛋白，使肝、肾功能和血压降低。

接触后处置方法：

皮肤接触：用肥皂、水清洗。

眼睛接触：立即用大量清水或生理盐水冲洗 20～30min，就医。

吸入：将患者移至新鲜空气处，若出现咳嗽、呼吸困难或其他症状，立即就医。

食入：若患者昏迷或惊厥，勿催吐或进食，应立即就医；若患者清醒且不惊厥，可给饮 1 杯水稀释；是否催吐应遵医嘱。

泄漏处置：用水浸湿泄漏物，避免粉尘扩散，收集到气密塑料袋中待处理。

7.3.2 碳酸环己胺

化学式：$C_{13}H_{26}N_2O_2$。

分子量：242。

CAS 号：20190-03-8。

简　写：CHC。

性状：白色粉末，具有氨气味，无毒，易溶于水、乙醇。呈强碱性，抗二氧化硫腐蚀性好，熔点为 110.5～111.5℃，760mmHg 下的沸点为 395℃。

产品用途：有机合成、缓蚀剂、防锈剂。

另外，CAS 号为 34066-58-5 的化合物，国内也称为碳酸环己胺，分子式为 $C_{13}H_{28}N_2O_3$，有鱼腥味，同样具有很好的气相缓蚀作用。

7.3.3 乌洛托品

乌洛托品的结构式：

英文名称：hexamethylenetetramine。

别称：六亚甲基四胺或六次甲基四胺。

化学式：$C_6H_{12}N_4$。

分子量：140.18。

CAS 登录号：100-97-0。

EINECS 登录号：202-905-8。

熔点：263℃。

沸点：280℃ 升华。

水溶性（25℃）:85.3g/100mL。

密度（20℃）:1.33g/cm³。

LD_{50}（大鼠静脉）：9200 mg/kg。

危险性描述：易燃，具腐蚀性。

质量标准：GB/T 9015—1998。

性状：白色吸湿性结晶粉末或无色有光泽的菱形结晶体，可燃。温度超过熔点即升华并分解，但不熔融。升温至 300℃时放出氰化氢，温度再升高时，则分解为甲烷、氢和氮。相对密度为 1.331（20/4℃），闪点 250℃。几乎无臭，味甜而苦。可溶于水和氯仿，难溶于四氯化碳、丙酮、苯和乙醚，不溶于石油醚。在弱酸溶液中分解为氨及甲醛。与火焰接触时，立即燃烧并产生无烟火焰。有挥发性。

产品用途：六亚甲基四胺主要用作树脂和塑料的固化剂、氨基塑料的催化剂和发泡剂、橡胶硫化的促进剂（促进剂 H）、纺织品的防缩剂等。

六亚甲基四胺是有机合成的原料，在医药工业中用来生产氯霉素。

六亚甲基四胺可用作泌尿系统的消毒剂，其本身无抗菌作用，对革兰氏阴性细菌有效。其20%的溶液可用于治疗腋臭、汗脚、体癣等。它与氢氧化钠和苯酚钠混合，可做防毒面具中的光气吸收剂。

用于制造农药杀虫剂。六亚甲基四胺与发烟硝酸作用，可制得爆炸性极强的旋风炸药，简称 RDX。

六亚甲基四胺还可作为测定铋、铟、锰、钴、钍、铂、镁、锂、铜、铀、铍、碲、溴化物、碘化物等的试剂和色谱分析试剂等。

健康危害：生产条件下，主要引起皮炎和湿疹。皮疹多为多形性，奇痒，初起局限于接触部位，以后可蔓延，甚至遍及全身。

燃爆危险：该品易燃，具腐蚀性，可致人体灼伤，接触可引起皮炎，奇痒。

急救措施：

皮肤接触：脱去污染的衣着，用肥皂水和清水彻底冲洗皮肤。

眼睛接触：提起眼睑，用流动清水或生理盐水冲洗。就医。

吸入：迅速脱离现场至空气新鲜处。保持呼吸道通畅。如呼吸困难，给输氧。如呼吸停止，立即进行人工呼吸。就医。

食入：饮足量温水，催吐。就医。

消防措施：

危险特性：遇明火有引起燃烧的危险。受热分解放出有毒的氧化氮烟气。与氧化剂混合能形成爆炸性混合物。具有腐蚀性。

有害燃烧产物：一氧化碳、二氧化碳和氧化氮。

灭火方法：喷水冷却容器，可能的话将容器从火场移至空旷处。灭火剂：泡沫、二氧化碳、雾状水、砂土。

应急处理：

泄露应急处理：隔离泄漏污染区，限制出入。切断火源。建议应急处理人员戴防尘面具（全面罩），穿防毒服。不要直接接触泄漏物。小量泄漏：用洁净的铲子收集于干燥、洁净、有盖的容器中。大量泄漏：用塑料布、帆布覆盖。使用无火花工具收集回收或运至废物处理场所处置。

操作注意事项：密闭操作，局部排风。操作人员必须经过专门培训，严格遵守操作规程。建议操作人员佩戴自吸过滤式防尘口罩，戴化学安全防护眼镜，穿防毒物渗透工作服。远离火种、热源，工作场所严禁吸烟。使用防爆型的通风系统和设备。避免产生粉尘。避免与氧化剂、酸类接触。搬运时要轻装轻卸，防止包装及容器损坏。配备相应品种和数量的消防器材及泄漏应急处理设备。倒空的容器可能残留有害物。

储存注意事项：储存于阴凉、通风的库房。远离火种、热源。包装密封。应与氧化剂、酸类分开存放，切忌混储。采用防爆型照明、通风设施。禁止使用易产生火花的机械设备和工具。储区应备有合适的材料收容泄漏物。

监测方法：

工程控制：密闭操作，局部排风。

呼吸系统防护：粉尘浓度较高的环境中，佩戴自吸过滤式防尘口罩。必要时，建议佩戴自给式呼吸器。

眼睛防护：戴化学安全防护眼镜。

身体防护：穿防毒物渗透工作服。

手防护：戴一般作业防护手套。

其他防护：工作现场禁止吸烟、进食和饮水。工作完毕，淋浴更衣。注意个人清洁卫生。

7.3.4 苄胺

别名：苯甲胺。

外文名：benzylamine。

分子式：$C_6H_5CH_2NH_2$。

分子量：107.15。

CAS 号：100-46-9。

储存：密封保存。

EINECS 号：202-854-1。

熔点：−30℃。

沸点：185℃。

闪点：60℃。

相对密度：0.98（水=1）。

燃烧热：4052.1kJ/mol。

极化率：13.75C·m^2/V。

饱和蒸气压（90℃）：1.60kPa。

分子结构数据：

（1）摩尔折射率：34.70；

（2）摩尔体积：109.4m^3/mol；

（3）表面张力：38.8dyn/cm。

性状：苄胺为无色至淡琥珀色液体，与水、乙醇及乙醚混溶。溶于丙酮和苯。碱性，能吸收二氧化碳，由氯苄和氨反应制得，或由苯甲醛还原胺化而得。用于微结晶分析中测定钼酸盐、钒酸盐、钨酸盐等盐类，作为钛、钴、铈、镧、镨和钕的沉淀剂。用作染料、医药及聚合物的中间体。

化学性质：

遇明火、高热易燃。受高热分解放出有毒的气体。

在空气中产生烟雾，25℃时 $K = 2.4 \times 10^{-5}$，呈碱性反应。可吸收 CO_2，与卤代烃反应生成 N-取代苄胺，与酰氯、酸酐或酯反应生成 N-苄基酰胺，与醛酮作用生成 N-苄基亚胺。

毒理学数据：

（1）急性毒性：小鼠腹膜腔 LD_{50}：600mg/kg；哺乳动物经口 LD_{50}：700mg/kg；

（2）口服有毒，具有腐蚀性，能引起烧伤。

生态学数据：

该物质对水有稍微的危害。

制备方法：

将乙醇、乌洛托品、氯苄加入反应釜，加热到 30~35℃，反应 4h，加入盐酸，升温至 45~50℃，反应 2h，冷却，过滤，滤液升温脱乙醇，改为减压蒸馏，蒸至将干，加碱液，游离出苄胺，常压蒸馏后减压蒸馏得产品。

也可用氨解法将氯苄与氢氧化铵、碳酸氢胺加入反应锅，在 30~35℃反应 6h，静置分出油层，反应液升温赶氨气，于 100℃减压蒸馏，然后加入游离碱，分去碱溶液，油层蒸馏得产品。

健康危害：

吸入、摄入或经皮肤吸收对身体有害。对眼睛、黏膜、呼吸道及皮肤有强烈刺激作用。吸入后可能因喉、支气管的炎症、痉挛、水肿，化学性肺炎或肺水肿而致死。中毒表现有烧灼感、咳嗽、喘息、喉炎、气短、头痛、恶心和呕吐。

燃爆危险：该品易燃，有毒，具强刺激性。

急救措施：

皮肤接触：脱去污染的衣着，用大量流动清水冲洗。

眼睛接触：提起眼睑，用流动清水或生理盐水冲洗。就医。

吸入：迅速脱离现场至空气新鲜处。保持呼吸道通畅。如呼吸困难，给输氧。如呼吸停止，立即进行人工呼吸。就医。

食入：饮足量温水，催吐。洗胃，导泻。就医。

消防措施:

有害燃烧产物:一氧化碳、二氧化碳和氧化氮。

灭火方法:消防人员必须佩戴过滤式防毒面具(全面罩)或隔离式呼吸器、穿全身防火防毒服,在上风向灭火。尽可能将容器从火场移至空旷处。喷水保持火场容器冷却,直至灭火结束。处在火场中的容器若已变色或从安全泄压装置中产生声音,必须马上撤离。用水喷射逸出液体,使其稀释成不燃性混合物,并用雾状水保护消防人员。

灭火剂:水、雾状水、抗溶性泡沫、干粉、二氧化碳、砂土。

泄漏处理:

应急处理:迅速撤离泄漏污染区人员至安全区,并进行隔离,严格限制出入。切断火源。建议应急处理人员戴自给正压式呼吸器,穿防毒服。尽可能切断泄漏源。防止流入下水道、排洪沟等限制性空间。

小量泄漏:用砂土、蛭石或其他惰性材料吸收。也可以用大量水冲洗,洗水稀释后放入废水系统。

大量泄漏:构筑围堤或挖坑收容。用泵转移至槽车或专用收集器内,回收或运至废物处理场所处置。

操作事项:

密闭操作,提供充分的局部排风。操作人员必须经过专门培训,严格遵守操作规程。建议操作人员佩戴自吸过滤式防毒面具(全面罩),穿胶布防毒衣,戴橡胶耐油手套。远离火种、热源,工作场所严禁吸烟。使用防爆型的通风系统和设备。防止蒸气泄漏到工作场所空气中。避免与氧化剂、酸类接触。搬运时要轻装轻卸,防止包装及容器损坏。配备相应品种和数量的消防器材及泄漏应急处理设备。倒空的容器可能残留有害物。

储存事项:

储存于阴凉、通风的库房。远离火种、热源。应与氧化剂、酸类等分开存放,切忌混储。采用防爆型照明、通风设施。禁止使用易产生火花的机械设备和工具。储区应备有泄漏应急处理设备和合适的收容材料。

7. 3. 5 肉桂酸钠

肉桂酸钠的结构式:

中文别名:桂皮酸钠。

英文名:sodium cinnamate。

分子式:$C_9H_7NaO_2$。

分子量:170. 1404。

CAS 号:538-42-1。

EINECS:208-691-2。

硫酸盐含量:≤0. 01%。

铁含量:≤0. 1%。

重金属含量：≤0.5%。

总氯含量：≤0.01%。

性状：肉桂酸钠为白色至淡黄色固体。

制备方法：由肉桂酸与碳酸钠水溶液反应，经浓缩烘干而得。

用途：

（1）可用于制造氯化苄、肉桂基氯、肉桂酰胺等产品中间体。

（2）同时还适用于改善各种发动机械设备的冷却系统、汽车阻垫，有利于汽车长途使用。

（3）还可用于医药中间体及化妆品。

（4）肉桂酸钠盐可溶于水，是很好的食品防腐剂。

（5）肉桂酸钠是抗凝血药奥扎格雷的医药中间体。

（6）可以用做感光材料。

肉桂酸钠：最好的汽车发动机冷却剂。目前在世界范围内，汽车发动机故障40%来源于冷却系统故障。而冷却系统故障，80%以上与冷却介质有干系。汽车发动机处于长时间运转状态，特别是长途行驶时，会造成冷却介质温度升高，甚至沸腾，影响汽车正常行驶和安全性能，造成交通事故。因此，对汽车发动机冷却液的研究，其地位一直处于仅亚于发动机研究的地位。发动机冷却液具有冷却、防腐蚀、防垢和防冻四大功能，是发动机正常运转不可缺少的散热介质。如发动机过热，就会导致充气效率降低，发动机功率下降，使早燃、爆燃倾向加大，过早损坏零部件，恶化运行件之间的润滑，加剧其磨损等，缩短汽车的使用寿命。目前，使用较普遍的是乙二醇水型冷却液及其他少数种类冷却介质。但是普通的冷却介质有热稳定性差，耐腐蚀性差，易燃烧，对橡胶有溶胀作用，没有防腐作用，沸点低，易挥发，有毒性等缺点，一直都不能作为十分理想的冷却剂。近年来有研究发现，在冷却液中加入肉桂酸钠，可以很好地解决这些问题，价格实惠，而且使冷却剂热溶性高，传导性好；对金属部件不产生腐蚀和锈蚀，pH值偏中性，无毒。据调查70%以上的汽车冷却系统生有水垢和铁锈，它们附着在散热器内部的金属表面，如果不能对其定期进行清理，厚厚的水垢就会严重影响散热系统的功能，导致开锅、缺水，甚至粘锅、烧瓦等现象。肉桂酸钠冷却液具有优良的防结垢性能，能较好地避免上述问题。同时，肉桂酸钠冷却液可再回收利用，也更便于冷却系统的清洗和维护。

7.3.6　水杨酸钠

水杨酸钠的结构式：

别名：邻羟基苯甲酸钠、2-羟基苯甲酸单钠盐、柳酸钠、杨酸钠、2-羟基苯甲酸钠、水杨酸钠。

化学式：$C_7H_5NaO_3$。

分子量：160.11。

CAS 号：54-21-7。

EINECS 号：200-198-0。

英文名称：sodium salicylate。

熔点：200℃。

溶解性：溶于水、甘油，不溶于醚、氯仿、苯。

性状：白色鳞片或粉末，无气味，久露光线中变粉红色。溶于水、甘油，不溶于醚、氯仿、苯等有机溶剂。遇火、高热可燃，其粉体与空气可形成爆炸性混合物，当达到一定浓度时，遇火星会发生爆炸。受高热分解放出有毒的气体。主要用于止痛药和风湿药，也用作有机合成。由水杨酸用碱中和结晶而得。

储存：密封保存。

作用与用途：用作有机合成原料、防腐剂、测胃液中游离酸的试剂，解热镇痛药和抗风湿药。

制备：

（1）水杨酸与碳酸氢钠反应。将水杨酸和碳酸氢钠交叉加入蒸馏水中，温度保持在60℃，并保持呈酸性状态，同时加入适量乙二胺四乙酸（EDTA）及保险粉。升温至85℃，反应半小时。将合格的反应液经过滤送入沸腾床，于85℃干燥得水杨酸钠。

（2）苯酚法（工业制备）。目前公认的工业上制备水杨酸的方法主要是以苯酚为起始原料，与氢氧化钠反应，制得苯酚钠溶液，在反应液中加入甲苯，使之与水形成最低恒沸物，加热回流反应，得到无水苯酚钠。后者与二氧化碳加压羧基化，得到水杨酸钠。

使用注意事项：

健康危害：对眼睛、皮肤、黏膜、呼吸道有刺激作用。吸入后引起咳嗽、呼吸困难和胸痛、恶心、呕吐、头痛、眩晕、耳鸣、视力减退、过敏反应等。大量口服可致死。

燃爆危险：该品可燃，具刺激性。

急救措施：

皮肤接触：脱去污染的衣着，用大量流动清水冲洗。

眼睛接触：提起眼睑，用流动清水或生理盐水冲洗。就医。

吸入：迅速脱离现场至空气新鲜处。保持呼吸道通畅。如呼吸困难，给输氧。如呼吸停止，立即进行人工呼吸。就医。

食入：饮足量温水，催吐。就医。

消防措施：

有害燃烧产物：一氧化碳、二氧化碳和氧化钠。

灭火方法：消防人员须佩戴防毒面具、穿全身消防服，在上风向灭火。切勿将水流直接射至熔融物，以免引起严重的流淌火灾或引起剧烈的沸溅。

灭火剂：雾状水、泡沫、干粉、二氧化碳和砂土。

泄漏应急处理：

应急处理：隔离泄漏污染区，限制出入。切断火源。建议应急处理人员戴防尘口罩，穿一般作业工作服。不要直接接触泄漏物。

小量泄漏：避免扬尘，小心扫起，收集运至废物处理场所处置。

大量泄漏：收集回收或运至废物处理场所处置。

操作处置与储存：

操作注意事项：密闭操作，局部排风。防止粉尘释放到车间空气中。操作人员必须经过专门培训，严格遵守操作规程。建议操作人员佩戴自吸过滤式防尘口罩，戴化学安全防护眼镜，穿防毒物渗透工作服，戴橡胶手套。远离火种、热源，工作场所严禁吸烟。使用防爆型的通风系统和设备。避免产生粉尘。避免与氧化剂、碱类接触。配备相应品种和数量的消防器材及泄漏应急处理设备。倒空的容器可能残留有害物。

储存注意事项：储存于阴凉、通风的库房。远离火种、热源。防止阳光直射。包装密封。应与氧化剂、碱类分开存放，切忌混储。配备相应品种和数量的消防器材。储区应备有合适的材料收容泄漏物。

7.3.7　亚硝酸盐

亚硝酸盐在金属防护领域用量比较大，使用范围也比较大，不仅经常用于接触性防锈用的防锈水、防锈液等，而且在气相缓蚀材料中也有广泛的应用，其中最常用的是亚硝酸钠，比如我国传统的 2 号气相缓蚀剂等配方。

关于亚硝酸钠的详细介绍见 3.4.7 节。

7.3.8　钼酸盐

钼酸盐中最常用的是钼酸钠和钼酸铵。

7.3.8.1　钼酸钠（sodium molybdate）

性状：钼酸钠（$Na_2MoO_4 \cdot 2H_2O$），白色菱形结晶，相对密度为 3.28，微溶于水，不溶于丙酮。加热到 100℃失去结晶水而成无水物。

质量标准见表 7-1。

表 7-1　钼酸钠质量标准

指　标　名　称		指标/%		
		精制品	出口级	工业级
钼酸钠含量	≥	98.50	98.00	96.00
水不溶物含量	≤	0.010	0.010	0.500
氯化物含量	≤	0.020	0.100	—
硫酸盐含量	≤	0.050	0.100	—
砷含量	≤	0.001	0.002	—
铁含量	≤	0.002	0.005	0.100
铜含量	≤	0.001	0.010	0.500
重金属（Pb）含量	≤	0.002	0.005	—
pH 值		8.5~9	8.5~9	—
澄清度		合格	合格	—

注：杂质含量可按用户的要求调节。

用途：用于制造生物碱及其他物质的试剂，也用于染料、颜料、催化剂、缓蚀剂、钼盐和耐晒颜料沉淀剂，是制造阻燃剂的原料和无公害型冷却水系统的金属腐蚀抑制剂，以及作为动植物必需的微量成分。

7.3.8.2 钼酸铵 (ammonium molybdate)

性状：钼酸铵呈无色或浅黄绿色单斜结晶，工业上一般用辉钼矿（MoS_2）焙烧脱硫，用氨水浸出而制得。有正钼酸铵[$(NH_4)_2MoO_4$]、仲钼酸铵[$(NH_4)_6Mo_7O_{24}$]、二钼酸铵[$(NH_4)_2Mo_2O_7$]和四钼酸铵[$(NH_4)_2Mo_4O_{13}$]等几种形式。正钼酸铵只存在于含过量氨的溶液中。一般试剂级的钼酸铵多数是指仲钼酸铵。溶于水、酸和碱中，溶于乙二醇。

钼酸铵主要用于冶炼钼铁和制取三氧化钼、金属钼粉作为钨钼合金、钼丝的原料，其次是用于化工的催化剂，少量用作农用钼肥，也用于高档次水基金属防锈液中。钼酸铵加硝酸可与磷酸盐反应，产生特征的黄色或黄绿色，用于检测磷的含量。常用于磷矿地质勘查。

7.3.9 铬酸叔丁酯

铬酸叔丁酯，外文名：tert-BUTYL CHROMATE，分子式：$[(CH_3)_3CO]_2CrO_2$。

铬酸叔丁酯是比较我国早期气相缓蚀剂研究中用得比较多的原材料之一，如今仍有单位在研究其作为气相缓蚀剂的相关参数指标。

侵入途径：吸入，眼睛及皮肤接触，皮肤吸收。

健康危害：灼烧皮肤，引起坏死、溃疡；吸入可导致困倦、麻木、恶心、腹泻，并腐蚀黏膜，产生过敏反应，对肺、肝、肾有害。

急救措施：

皮肤接触：用肥皂、水冲洗。

眼睛接触：用水冲洗。

吸入：患者移至新鲜空气处，施行人工呼吸。

食入：给饮大量水催吐（昏迷者除外）。

7.3.10 苯骈三氮唑

苯骈三氮唑的基本性质及应用见 3.4.6 节。

由于苯骈三氮唑的水溶性较差，所以在水中应用时，经常采用其钠盐。

苯骈三氮唑也是优良的紫外线吸收剂，吸收波长 290~390nm。可用于户外涂料添加剂，明显降低颜（涂）料因紫外线破坏引起的褪色。

7.3.11 甲基苯骈三氮唑

甲基苯骈三氮唑简称 TTA，分子式为 $C_7H_7N_3$，CAS 号为 29385-43-1，纯品系白色颗粒或粉末，是 4-甲基苯骈三氮唑与 5-甲基苯骈三氮唑的混合物，熔点为 80~86℃，难溶于水，溶于醇、苯、甲苯、氯仿等有机溶剂，可溶于稀碱液。易吸湿，主要是金属（如银、铜、铅、镍、锌等）的防锈剂和缓蚀剂。

7.3.11.1 外观性状

白色颗粒或粉末，可加工成大片状、小片颗粒状、柱状、精细颗粒状、粉状。

7.3.11.2　基本用途

本品主要用作金属（如银、铜、铅、镍、锌等）的防锈剂和缓蚀剂，广泛用于防锈油（脂）类产品中，多用于铜及铜合金的气相缓蚀剂、润滑油添加剂、循环水处理剂、汽车防冻液。本品也可与多种阻垢剂、杀菌灭藻剂配合使用，尤其对封闭循环冷却水系统缓蚀效果甚佳。

7.3.11.3　生产工艺

（1）在反应釜中，将 3，4-二氨基甲苯置于纯水中，加热溶解；

（2）向步骤（1）所成的溶液中加入 3，4-二氨基甲苯的亚硝酸钠，进行反应；

（3）将步骤（2）所成溶液冷却；

（4）在步骤（3）所成溶液中滴入硫酸，出现大量结晶体生成；

（5）将步骤（4）所得混合物进行脱液处理；

（6）将步骤（5）所得结晶体加热，脱水；

（7）将步骤（6）所得结晶体进行蒸馏，制成所述的 5-甲基苯骈三氮唑；本发明的生产方法以 3，4-二氨基甲苯为原料，通过中压合成、酸化、脱水、蒸馏处理，制备 5-甲基苯骈三氮唑的工艺简单、制备过程容易控制，收率高、纯度高、生产成本低、易于组织工业化生产。

7.3.12　咪唑及其衍生物

咪唑是分子结构中含有两个间位氮原子的五元芳杂环化合物，咪唑环中的 1-位氮原子的未共用电子对参与环状共轭，氮原子的电子密度降低，使这个氮原子上的氢易以氢离子形式离去。具有酸性，也具有碱性，可与强碱形成盐。

别称：甘恶啉。

英文名：imidazole。

化学式：$C_3H_4N_2$。

分子量：68.0773。

CAS 登录号：288-32-4。

EINECS 登录号：206-019-2。

熔点：88~91℃。

沸点：256℃。

水溶性：易溶于水。

密度：1.0303g/cm³。

外观：无色菱形结晶或微黄色结晶。

闪点：145℃。

毒理学数据：有毒，对小鼠经口 LD_{50}：18.80mg/kg，其毒性及防护方法与乙二胺相似。

咪唑分子结构数据：摩尔折射率为 18.77cm³/mol，摩尔体积为 60.9m³/mol，表面张力为 48.6dyn/cm，极化率为 7.44C·m²/V。

性质与稳定性：呈弱碱性。有毒，生产设备要密封，防止跑、冒、滴、漏。操作人员应穿戴防护用具，避免直接接触本品。

化学反应：咪唑比其他1，3-二唑更容易发生亲电芳香取代反应，并且反应主要在C-4和C-5上进行。这是因为亲电试剂进攻 C-2 时，有特别不稳定的极限式，生成的中间体将正电荷分布在氮原子上。例如，咪唑与发烟硝酸/浓硫酸作用，可以很快生成产率很高的4（5）-硝基咪唑；而4，5-二甲基咪唑在剧烈条件下硝化，仍然不能发生反应。

咪唑 N-3 上的电子云密度较大，所以烷基化反应一般都先在这个氮原子上发生。一烷基化的产物通过互变异构，又可以产生一个类似于吡啶中的氮原子，因此可以进一步反应，生成二烷基化的产物咪唑鎓盐。

咪唑的酰基化反应一般也在 N-3 上发生，但由于酰基是吸电子基，故反应能控制在一元酰基化阶段，产物是 N-酰基咪唑。

咪唑的活泼氢可以分解格氏试剂，生成咪唑的 N-镁盐，经异构化后得到 C-2 取代的咪唑。后者用碘甲烷处理，可以生成1，2-二甲基咪唑。

咪唑可与亲双烯体发生加成，先生成 3-鎓盐两性离子，然后与另一分子亲双烯体亲核加成，生成 C-2 环化的产物。例如 1-甲基-2-乙基咪唑与两分子丁炔二酸二甲酯反应后，得到 8a-乙基-1-甲基-1，8a-二氢咪唑并［1，2-a］吡啶-5，6，7，8-四羧酸四甲酯。

合成方法：

（1）乙二醛合成法。由乙二醛经环合中和而得。将乙二醛、甲醛、硫酸铵投入反应锅，搅拌加热至85~88℃，保温 4h。冷却至50~60℃，用石灰水中和至 pH 值为 10 以上。加热至85~90℃，排氨1h以上，稍冷，过滤，滤饼用热水洗涤，合并洗；滤液，减压浓缩至无水蒸出时，继续减压蒸馏至低沸物全部蒸完，收集 105~160℃（0.133~0.267kPa）馏分，得咪唑。收率约为 45%。

该法由于收率和产品质量不尽如人意，文献报道了一些改进方法，如采用异丙醚萃取的方法、用乌洛托品代替甲醛的合成方法、用氨水代替硫酸铵的合成方法、用草酸铵代替硫酸铵的合成方法等。如用草酸铵代替硫酸铵可使收率提高到 65%。

（2）邻苯二胺与甲酸环合法。将邻苯二胺与甲酸环合生成苯并咪唑，再经双氧水反应开环为4，5-二羧基咪唑，最后脱羧制得咪唑。

以邻苯二胺和甲酸为原料，环合，生成苯并咪唑，再在硫酸溶液中氧化，生成二羧基咪唑，最后在氧化铜作用下，于 100~150℃ 下脱羧，可制得粗品，再在苯溶液中重结晶，可得咪唑成品。

也可用邻苯二胺为原料，加入到甲酸中搅拌加热，在 95~98℃ 保温 2h，降温到 50~60℃，用 10%NaOH 调节至 pH=10，降至室温，过滤水洗，干燥得苯并咪唑。在搅拌下将苯并咪唑投入浓硫酸，升温至 100℃，慢慢滴入 H_2O_2。加毕，在 140~150℃ 搅拌反应 1h，降温至 40℃，加水稀释，析出结晶，过滤，水洗，干燥，得 4, 5-二羧基咪唑。将 4, 5-二羧基咪唑与氧化铜混合，加热至 100~280℃，放出大量二氧化碳气体，收集馏出液，即得白色块状物粗品，用苯重结晶得精品咪唑。

（3）溴乙醛法。用醋酸乙烯酯与溴加成，再用乙醇处理，生成溴代乙醛，再与溴化氢、乙醇作用生成缩醛。缩醛在乙二醇及浓盐酸作用下生成环状缩醛，用过量甲酰胺与缩醛在不断通入氨气情况下反应，生成咪唑，产率为 50%。

以乙二醛为原料，在甲醛中与硫酸铵（或氨）在 85~90℃ 下反应，先制得咪唑的硫酸盐，然后用氢氧化钙中和，可得咪唑粗制品，过滤，用水洗涤，合并滤液和洗涤液，减压蒸发浓缩，结晶，可制得。如果直接用氨，则无硫酸盐的处理步骤，可一步制得。无论是用硫酸铵或氨，此法的收率较低，约为 45%。

制备方法是将乙二醛、甲醛、硫酸铵投入反应锅，搅拌加热至 85~88℃，保温 4h，冷却至 50~60℃，用石灰水中和至 pH=10 以上，加热至 85~90℃，排氨 1h 以上，稍冷，过滤，滤饼用热水洗涤，合并洗滤液，减压浓缩至无水蒸出时，继续蒸馏至低沸物全部蒸完，收集 105~160℃、133~266Pa 馏分得咪唑。

咪唑系列衍生产品：

1-乙烯基咪唑、N-乙基咪唑、2-溴-4-硝基咪唑、1, 2-二甲基咪唑、4-硝基咪唑、苯并咪唑、1-正丁基咪唑、4-碘 1H-咪唑、1-（4-硝基苄基）咪唑、1-（4-氨基苄基）咪唑、2, 5, 6-三甲基苯并咪唑、2-（三氟甲基）苯并咪唑、2-羟基苯并咪唑、1-三苯甲基咪唑、2, 4, 5-三碘咪唑、4, 5-二碘-1H-咪唑、碘化 1-乙基-3-甲基咪唑、氯化 1-辛基-3-甲基咪唑、氯化 1-烯丙基-3-甲基咪唑、1-（2, 4, 6-三异丙基苯基磺酰）咪唑、2-硫醇基甲基苯并咪唑、1-（4-甲醛基苯基）咪唑、1-（4-硝基苯）-1H-咪唑、1-（4-氨基苯基）咪唑、N-丙基咪唑、N-乙酰基咪唑、2-氯-4-硝基咪唑、2-巯基-1-甲基咪唑、2-十一烷基咪唑、2, 4-二甲基咪唑、4, 5-二苯基咪唑、4-氮杂苯并咪唑、2-甲基咪唑、4-甲基咪唑、4-碘咪唑。

7.3.13 噻唑

噻唑，外观与性状为无色或淡黄色，有特殊臭味，液体。

中文名称：噻唑，别名：硫氮（杂）茂。

英文别名：Thiazole；1, 3-thiazole。

EINECS 号：206-021-3。

分子量：85.13。

沸点：116.8~118℃。

相对密度（水=1）：1.20。

闪点：26℃。

折射率：1.5969。

溶解性：微溶于水，溶于乙醇、乙醚等。

健康危害：吸入、摄入或经皮肤吸收后对身体有害，对眼睛和皮肤有刺激作用。

燃爆危险：本品易燃，有毒，具刺激性。

危险特性：易燃，遇明火、高热或与氧化剂接触，有引起燃烧爆炸的危险。

噻唑含有一个硫和一个氮杂原子的五元杂环化合物，分子式为 C_3H_3NS。唑字由外文字尾 azole 译音而来，意为含氮的五元杂环，除吡咯外都称为某唑。硫和氮占 1，3 两位的称为噻唑；硫和氮占 1，2 两位的称为异噻唑。噻唑和异噻唑在自然界不存在。

噻唑为淡黄色具有腐败臭味的液体，沸点为 116.8℃，相对密度为 1.998。噻唑与吡啶类似，具有弱碱性；可与苦味酸和盐酸等形成盐，与许多金属氯化物（如氯化金等）形成配合物，并具有一定的熔点。噻唑的环系具有一定的稳定性，也表现出一定的芳香性。它与吡啶在化学性质上相似，例如，2 位上的氢具有活性；也可以与氨基钠作用，生成 2-氨基噻唑；其氨基也可重氮化（见重氮化反应）。噻唑一般不能还原为二氢和四氢化合物。

8 气相防锈产品

8.1 气相防锈母粒

8.1.1 产品简介

本品是将多金属通用气相缓蚀剂与高分子载体材料经特殊的粉碎、偶联、混链、造粒等工艺，加工而制成的一种高浓度气相防锈母粒。将其按照一定比例加入到高分子树脂中，即可制成相应的树脂基气相防锈产品，如气相防锈膜、气相防锈管等。

8.1.2 适用范围

适用于钢铁、合金、铜、铝、镉、锌、镀锌、镀铬等多种金属产品和零部件的防锈包装。

8.1.3 技术指标

气相防锈母粒技术指标见表8-1。

表8-1 气相防锈母粒技术指标

指标名称		指标	测试方法标准
物理性能	外观	平滑	JB/T 6067—92
	颜色	淡黄色	
	密度/g·cm⁻³	粒子密度：0.90~1.00	
		堆积密度：0.50~0.60	
化学性能	新型气相甄别试验7周期 (50±1)℃，RH>95%	钢铁、铜、铝、镉、锌、镀锌、镀铬等多种金属及合金，合格	JB/T 4051.2—99 企业标准
	盐雾试验14周期	钢、黄铜、发蓝件，合格	GJB 150.11—86
	防护寿命	1~5年	—
	相容性	对橡胶元件、电路板、光学器材无不良影响	—
	贮存安定性 (一年后) 气相缓蚀能力	无锈	—
	透明度	字迹清楚易读	
环保性能 (核心成分)	急性经口毒性	LD₅₀>1500mg/kg (无毒或低毒)	GB 5044—85 化妆品卫生规范
	急性吸入毒性	LC₅₀>10000mg/m³ (实际无毒物)	
	皮肤刺激性	无刺激性	

注：表中密度单位为 $g \cdot cm^{-3}$，急性经口毒性 $LD_{50}>1500mg/kg$，急性吸入毒性 $LC_{50}>10000mg/m^3$

8.1.4　使用方法

　　根据被包装物品的防锈需求，按规定比例将气相防锈母粒与聚乙烯树脂均匀混合，然后按照正常吹膜工艺加工即可。

8.2　通用型气相防锈膜

8.2.1　产品简介

　　本品是将多金属通用气相缓蚀剂与高分子材料经特殊工艺，混合加工而制成的一种复合高分子功能材料，它既具备高分子材料的防潮、耐腐蚀等各种优异的理化性能，也对多种金属材料具有优异的防锈性能，可用于多种金属材料的长短期封存防锈包装。

8.2.2　适用范围

　　适用于钢铁、合金、铜、铝、镉、锌、镀锌、镀铬等多种金属产品和零部件的防锈包装。

8.2.3　技术指标

　　通用型气相防锈膜技术指标见表8-2。

表8-2　通用型气相防锈膜技术指标

指 标 名 称		指 标 要 求	测试标准
物理性能	透明度（5号字母）	字迹清楚易读	JB/T 6067—92
	低温柔韧性	不分层、不龟裂、不撕裂	
	耐油性	不漏、不膨胀、不分层、不脆化	
	抗黏性	不粘连、不分层、不破裂	
	耐水性	薄膜及焊缝有抗水性	
	焊封强度（25mm）	0.5kg，不大于50%	GJB 2748—96，GJB 145A—93
	抗张强度/MPa	≥12	GB 13022—91
	伸长率/%	≥250	
	穿刺强度/N	≥30	GJB 756—89
	透湿度/g·(m²·24h)⁻¹	50℃，RH>95%　　不大于8.5	ASTM F372—84
化学性能	新型气相甄别试验7周期（50±1）℃，RH>95%	钢铁、铜、铝、镉、锌、镀锌、镀铬等多种金属及合金，合格	JB/T 4051.2—99 企业标准
	盐雾试验14周期	钢、黄铜、发蓝件，合格	GJB 150.11—2009
	相容性	对橡胶元件、电路板、光学器材无不良影响	—
	贮存安定性（一年后）　焊封强度 气相缓蚀能力 透明度	400g 无锈 字迹清楚易读	—

8.2.4　使用方法

（1）根据被包装物品的大小，将气相防锈膜做成相应大小的袋（或自封口袋），将被包装物品放入其中，封口即可。

（2）以气相防锈膜作包装箱的内衬，放入需要防锈的金属制品，按照正常包装方法进行包装即可。

（3）根据被包装金属制品的外形、尺寸，将气相防锈膜制成专用包装套，密封包装即可。

8.2.5　防锈期

防锈期为 2~10 年（根据用户的材质和防锈实际需求设计和调整方案）。

8.3　气相防锈防静电膜

8.3.1　产品简介

本品是一种同时具备优异气相防锈性能和抗静电性能的新型防锈材料，主要用于对静电防护要求较高的金属产品、电子产品等的防锈包装。

8.3.2　适用范围

适用于通讯器材、电子产品、电路板等各种对静电敏感产品的防锈包装，表面电阻率可以达到 $10^8 \Omega \cdot m$。

8.3.3　技术指标

气相防锈防静电膜见表 8-3。

表 8-3　气相防锈防静电膜技术指标

指　标　名　称		指　标　要　求	测试标准
物理性能	透明度（5 号字母）	字迹清楚易读	JB/T 6067—92
	低温柔韧性	不分层、不龟裂、不撕裂	
	耐油性	不漏、不膨胀、不分层、不脆化	
	抗黏性	不粘连、不分层、不破裂	
	焊封强度（25mm）	0.5kg，不大于 50%	GJB 2748—96，GJB 145A—93
	抗张强度/MPa	≥12	GB 13022—91
	伸长率/%	≥250	
	穿刺强度/N	≥30	GJB 756—89
	透湿度 /g·(m²·24h)⁻¹　50℃，RH>95%	不大于 8.5	ASTM F372—84

指 标 名 称			指 标 要 求	测试标准
化学性能	新型气相甄别试验 7 周期 （50±1）℃，RH>95%		钢铁、铜、铝、镉、锌、镀锌、镀铬等多种金属及合金，合格	JB/T 4051.2—99 企业标准
	盐雾试验 14 周期		钢、黄铜、发蓝件，合格	GJB 150.11—2009
	贮存安定性 （一年后）	焊封强度	400g	—
		气相缓蚀能力	无锈	
		透明度	字迹清楚易读	
抗静电性（温度 30℃，RH70%）			表面体积电阻<$10^{9~10}\Omega \cdot m$	GB 2527—95， GB 1410—78

8.3.4 使用方法

（1）根据被包装物品的大小，将气相防锈膜做成相应大小的袋（或自封口袋），将被包装物品放入其中，封口即可。

（2）以气相防锈膜作包装箱的内衬，放入需要防锈的金属制品，按照正常包装方法进行包装即可。

（3）根据被包装金属制品的外形、尺寸，将气相防锈膜制成专用包装套，密封包装即可。

8.3.5 防锈期

防锈期为 2 年。

8.4 通用型气相防锈粉

8.4.1 产品简介

通用型气相防锈粉以多金属通用气相缓蚀剂为基础，经过特殊工艺对其进行扩孔加工而成，增加了气相缓蚀剂挥发孔道，使其挥发量更大，防锈效果更好，不会因为吸潮而影响挥发效果。

8.4.2 适用范围

适用于密闭包装环境下碳钢、不锈钢、铜等黑色和有色金属及其合金材料的防锈，在 −30~65℃ 的环境下均适用。

8.4.3 技术指标

通用型气相防锈粉见表 8-4。

表 8-4 通用型气相防锈粉技术指标

指标名称		指标要求	执行或参考标准
外观		白色，粉状	
溶水性		水中可溶解60%	
防锈期		2年（密封体系）	—
防锈性能	气相防锈甄别试验	适用于钢铁、铜、铝、镉、锌、镀锌、镀铬等多种金属及合金	参考 JB/T 6071—92
	动态接触湿热试验	可与钢铁、铜、铝、镉、锌、镀锌、镀铬等金属及合金接触使用	
	气相缓蚀能力试验	对钢铁、铜、铝、镉、锌、镀锌、镀铬等多种金属及合金有缓蚀效果	
环保性能	急性经口毒性	$LD_{50}>1500mg/kg$（无毒或低毒）	GB 5044—85 国家《化妆品卫生规范》
	急性吸入毒性	$LC_{50}>10000mg/m^3$（实际无毒物）	
	皮肤刺激性	无刺激性	
非金属材料适应性		对非金属材料无不良影响	—
有效作用体积		一般密封体系30L/g	

8.4.4 使用方法

用滤纸、复合纸、无纺布、杜邦纸等包装材料将本品包装为一定克重的粉包，按要求放入需要防锈的密闭体系。

8.5 气相防锈干燥剂

8.5.1 产品简介

气相防锈干燥剂同时具有气相防锈功能和干燥功能。该产品以多金属通用气相缓蚀剂为基础，添加新型矿物干燥剂和偶联剂加工而成。该产品通过偶联剂的作用，巧妙地将多金属通用气相缓蚀剂优异的气相防锈性能和新型矿物干燥剂优异的干燥效果结合在一起，使得防锈与干燥两种功能能够相辅相成，产生协同作用。

8.5.2 适用范围

适用于密闭包装环境下碳钢、不锈钢、铜等黑色和有色金属及其合金材料的防锈，在 −30~65℃ 的环境下均适用。

8.5.3 技术指标

气相防锈干燥剂见表8-5。

表 8-5 气相防锈干燥剂技术指标

<table>
<tr><td colspan="2">指标名称</td><td>指标要求</td><td>执行或参考标准</td></tr>
<tr><td colspan="2">外观</td><td>灰白色，粉状</td><td></td></tr>
<tr><td colspan="2">溶水性</td><td>水中可溶解 50%</td><td></td></tr>
<tr><td colspan="2">防锈期</td><td>2 年（密封体系）</td><td>—</td></tr>
<tr><td rowspan="3">防锈性能</td><td>气相防锈甄别试验</td><td>适用于钢铁、铜、铝、镉、锌、镀锌、镀铬等多种金属及合金</td><td rowspan="3">参考 JB/T 6071—92</td></tr>
<tr><td>动态接触湿热试验</td><td>可与钢铁、铜、铝、镉、锌、镀锌、镀铬等金属及合金接触使用</td></tr>
<tr><td>气相缓蚀能力试验</td><td>对钢铁、铜、铝、镉、锌、镀锌、镀铬等多种金属及合金有缓蚀效果</td></tr>
<tr><td rowspan="3">环保性能</td><td>急性经口毒性</td><td>$LD_{50} > 1500mg/kg$
（无毒或低毒）</td><td rowspan="3">GB 5044—85
国家《化妆品卫生规范》</td></tr>
<tr><td>急性吸入毒性</td><td>$LC_{50} > 10000mg/m^3$
（实际无毒物）</td></tr>
<tr><td>皮肤刺激性</td><td>无刺激性</td></tr>
<tr><td colspan="2">非金属材料适应性</td><td>对非金属材料无不良影响</td><td>—</td></tr>
<tr><td colspan="2">有效作用体积</td><td>一般密封体系 30L/g</td><td></td></tr>
</table>

8.5.4 使用方法

用滤纸、复合纸、无纺布、杜邦纸等包装材料将本品包装为一定克重的粉包，按要求放入需要防锈的密闭体系。

8.6 气相防锈液

8.6.1 产品简介

本品是一种水基多金属通用气相防锈液，由多种化学成分复配而成，将其喷洒在金属表面或内腔，可以有效防止金属发生锈蚀。它克服了传统防锈液有毒、防锈效果差等缺陷，在防锈效果上达到了国外同类产品的水平。经毒性、毒理测试，本品无毒，对皮肤无刺激。

8.6.2 适用范围

适用于钢铁、铜及其合金等多种金属产品和零部件的短期防锈，一般用于工序中间步骤的暂时防锈处理，或作为气相防锈膜包装之前对金属表面的处理工序。

8.6.3 技术指标

气相防锈液技术指标见表 8-6。

表 8-6　气相防锈液技术指标

指 标 名 称		指 标 要 求
物理性能	外观及透明度	淡黄色透明液体
	密度	1. 20g/cm^3
	pH 值	8~9
	有效成分含量	≥20%
防锈性能（1∶5稀释液）	新型气相防锈甄别试验 1 周期（40±1）℃，RH>95%	钢铁、铜、铝等多种金属及合金，合格
	有效防护期	3~12 个月
	盐雾试验	Q235 钢 24h
	湿热试验	Q235 钢 96h
	储存稳定性	2a 以上
环保性能	急性经口毒性	LD$_{50}$>1500mg/kg（无毒或低毒）
	急性吸入毒性	LC$_{50}$>10000mg/m^3（实际无毒物）
	皮肤刺激性	无刺激性

8.6.4　使用方法

（1）清洗将需要进行防锈处理的金属制品表面的油污、汗渍、手印等清除干净。

（2）浸泡或喷淋将表面洁净的金属制品在防锈液中浸泡 3~5min，取出沥干即可；可以根据实际使用条件，用纯净水或去离子水按（1∶4）~（1∶15）的比例进行稀释。

8.6.5　用量

每升防锈液可浸泡的金属制品的总表面积不超过 4m^2，否则将影响防锈效果。

8.7　可剥离气相防锈涂料

8.7.1　产品简介

本产品主要喷涂在不适于用常规防锈方法进行包装或进行其他处理的各种裸露金属、合金、发蓝件和硝基漆表面，常温下 10min 内可形成一层黏结性、韧性良好的气相防锈涂层，当需要在裸露金属表面进行操作时，可以方便地将该涂层撕掉。

8.7.2　应用范围

本品适用于各种金属材质的设备和零件的短期防锈，一般防锈期为 15~30 天。如果外加其他防锈措施，将会相应延长防锈期。

8.7.3　技术指标

可剥离气相防锈涂料技术指标见表 8-7。

表 8-7　可剥离气相防锈涂料技术指标

指标名称	指标要求	检验标准
干燥时间	表干 10min，实干 1h	GB/T 1728—1989
附着力（剥离强度）	1.4 N/50mm	GB/T 1742—1989
柔韧性/mm	>1	GB/T 1731—1993
冲击强度/kg·cm^{-1}	>30	GB/T 1732—1993
固体含量/%	>20	GB/T 1725—1989
涂料黏度/s	33	GB/T 1723—1989
耐高温（60℃）	10d，无起层、皱皮、起泡	GB/T 1735—1989
耐低温（−20℃）	10d，无起层、皱皮、开裂、鼓泡	GB/T 1735—1989
耐海水	7d，无起层、起皱、脱落、生锈	GB/T 1763—1989

8.7.4　使用方法

（1）喷涂物表面必须充分清洁、干燥。

（2）喷前先摇混均匀。

（3）持罐与喷涂表面相距约 30cm，按下喷阀喷涂，平行移动，以形成均匀薄膜。

（4）用后将罐倒立，按下喷阀直至喷出纯净气体，防止喷嘴堵塞，以便再用。

8.8　通用型气相防锈油

8.8.1　产品简介

气相防锈油是以矿物油为基础油，添加了油溶性气相缓蚀剂加工制成的油基防锈液，用于黑色、有色金属及合金的防锈，可用于工序间和成品零件设备的长短期防锈。

该产品具有两种保护功能：第一，与金属表面接触形成防锈油膜，阻止水和氧气的侵蚀；第二，释放气相防锈气体，在没有油膜的金属表面，形成气相防锈层。

8.8.2　适用范围

金属零部件的防锈。

密闭金属容器或箱体内部防锈。

8.8.3　技术指标

通用型气相防锈油技术指标见表 8-8。

表 8-8　通用型气相防锈油技术指标

指　标　名　称	指　标　要　求
外观	橙黄色油性透明液体
薄膜厚度	0.03mm±10%

指 标 名 称	指 标 要 求
清除方法	石油溶剂
运动黏度（40℃)/mm²·s⁻¹	12±2
酸值/mgKOH·g⁻¹	2~6
闪点（开口）	≥145℃
凝点/℃	<-30
盐雾实验（10号、45号钢片）	≥96h
湿热实验（10号、45号钢片）	≥400h
盐水浸渍（10号、45号钢片）	≥24h

8.8.4　使用方法

金属零部件防锈：采用喷涂、刷涂、浸泡等方法均可。

密闭金属容器或箱体内部防锈：采用喷雾方法。每立方米密闭空间用 0.18L 喷雾。

8.8.5　防锈期

封存状态：2~3 年。

8.9　快干型气相防锈油

8.9.1　产品简介

气相防锈油是以优质快速挥发溶剂油为基础油，添加了高浓度的油溶性气相缓蚀剂加工制成的，用于各种机械零部件的防锈等。

本品是快干型产品，浸渍或刷涂于金属零件表面后可以快速干燥，形成一层极薄的防锈保护层。

8.9.2　适用范围

金属零部件的防锈，尤其适用于产品清洁度要求较高的金属零件的防锈。

8.9.3　技术指标

快干型气相防锈油技术指标见表8-9。

表 8-9　快干型气相防锈油技术指标

指 标 名 称	指 标 要 求
外观	黄色油性液体
运动黏度（40℃)/mm²·s⁻¹	3±1
薄膜形式	快干

指 标 名 称	指 标 要 求
薄膜厚度	0.02mm±10%
清除方法	石油溶剂
闪点/℃	115±2
凝点/℃	−25±2
杂质、灰分	无
湿热实验（10号、45号钢片）	200h，0级合格
防锈期（封存状态）	1~2a

8.9.4 使用方法

金属零部件防锈：采用喷涂、刷涂、浸泡等方法均可。

8.10 气相防锈润滑油

8.10.1 产品简介

气相防锈润滑油是以优质通用润滑油为基础油，添加了高浓度的油溶性气相缓蚀剂加工制成的，用于各种机械零部件的润滑、防锈等。

本品是浓缩型产品，与各种工业润滑油兼容性好，按一定比例与工业润滑油混合后，用于各种工业机械设备的摩擦部件，如齿轮箱、变速箱等的防锈和润滑。

8.10.2 优越性

（1）防锈效果优异。本品同时具有气相防锈和接触防锈的作用。在发挥接触防锈作用的同时，其挥发出的气相缓蚀剂气体可以对密闭空间内防锈油未接触到的部位进行防锈。

（2）兼容性好。本品与各种工业润滑油具有很好的兼容性，只需按一定比例与工业润滑油直接灌入油箱内，通过设备转动即可充分混合。也可以在容器内，通过简单搅拌混合均匀后使用。

8.10.3 技术指标

气相防锈润滑油技术指标见表 8-10。

表 8-10 气相防锈润滑油技术指标

指 标 名 称	指 标 要 求
外观	棕褐色，油状
运动黏度（40℃）/mm² · s⁻¹	150
黏度指数	80
闪点/℃	190

指 标 名 称	指 标 要 求
凝点/℃	-15
杂质、灰分	无
盐雾实验（10 号、45 号钢片）	168h，合格
湿热实验（10 号、45 号钢片）	96h，B 级合格
盐水浸渍（10 号、45 号钢片）	24h，B 级合格
防锈期（封存状态）	2~3a

8.10.4　使用方法

在使用本产品时，应按比例与润滑油混合，一般混合比例为 1 份本产品加入 3~5 份润滑油。

8.11　防锈复合剂

8.11.1　产品简介

防锈复合剂用多种具有优异防锈性能的化学物质复合而成，各组分间通过良好的协同作用共同在金属表面形成保护层，可添加于多种水基物料中，增强金属表面的防腐蚀能力。

8.11.2　适用范围

碳钢、不锈钢等黑色金属材料的防锈。

8.11.3　技术指标

防锈复合剂技术指标见表 8-11。

表 8-11　防锈复合剂技术指标

指标名称	指标要求	执行或参考标准
外观	白色或浅黄色，粉状	目测
溶水性	水中可溶解 100%	实测
防锈期	2a（密闭体系，Q235 钢）	—
非金属材料适应性	对非金属材料无不良影响	—

8.11.4　使用方法

（1）将本品按照 20% 的比例溶于水中，制成水溶液。

（2）取一定量水溶液加入到所需物料中，使本品（注意：是本品的固体，而不是上一步的溶液）在物料中的比例达到 0.5%~5%（具体添加比例与包装容器材质和其他物料的性质有关，需用户试验确定）。

9 气相防锈技术使用工艺

气相防锈产品的出现和使用是金属防锈技术的重大突破，尤其是气相防锈膜的问世，给工业企业应用气相防锈技术提供了极大的便利，不仅操作方便，而且可以简化防锈程序，降低综合成本，提升产品形象。所以深受金属加工行业欢迎，目前已经在汽车制造厂、零部件制造厂、军工企业得到广泛应用。对于其使用工艺规范，大部分企业能够认真执行，而有些企业，则由于思想意识不到位，导致防锈效果不理想，反过来又迁怒于气相防锈技术。

其实，将传统的防锈油防锈方法改为气相防锈材料防锈在简化操作的同时，提高了对前期处理工艺的要求，金属表面达到"干净、干燥、无污染"才能保证防锈效果，这一点是部分企业认识不到位的关键。

9.1 气相防锈材料使用操作工艺

气相防锈材料使用操作工艺具体如下：

(1) 按照用量要求，确定气相防锈材料用量，设计包装方式，并进行试验确认。

(2) 将需防锈的金属制品按照正常清洗工艺清洗干净，并烘干（使用清洗剂清洗金属表面后，最好用清水清洗一遍，并烘干。如不能烘干，则应确认清洗剂是否对防锈效果产生不良影响）。

(3) 将气相防锈膜放入适当的外包装箱内。

(4) 将金属制品按照一定次序在气相防锈膜内码放整齐。

(5) 按照设计要求，在包装内部适当位置放置足量的气相防锈材料，如在零件中间增加防锈膜隔断，放置气相防锈盒等。

(6) 摆放金属制品完毕，及时将气相防锈膜（罩）封口。

(7) 在存放过程中尽可能不要打开包装，如确实需要打开，应及时封口，并适当补充气相防锈材料。

9.2 气相防锈材料使用注意事项

气相防锈材料使用注意事项具体如下：

(1) 不同种类的气相防锈产品可能适用于不同的金属，请确认后使用。

(2) 包装时，应注意保持金属表面清洁，避免留下手印，汗渍，水迹等。

(3) 避免阳光直射气相防锈产品。

(4) 没有用完的气相防锈产品应注意密封保存。

(5) 使用气相防锈膜产品时，操作人员应戴上干净的手套。包装时，请保持工作场所通风良好。

(6) 尽可能保持包装体系密闭，以确保防锈效果，应尽量避免反复打开包装。

（7）应保证包装体系内部有足够浓度的气相防锈材料，对于密闭性较差、零件码放比较密集的体系，或体积比较大的金属构件，应酌情增加气相防锈材料用量。

9.3　气相防锈材料用量要求

气相防锈膜是以挥发出的气相缓蚀剂在金属表面形成保护膜发挥防锈作用的。所以在应用时必须保证包装内部有足够的缓蚀剂浓度存在，或者说必须保证气相缓蚀剂在金属表面能够形成致密的保护膜。所以对于一个特定的包装体系来说，体系内部的金属制品的表面积与气相防锈材料所挥发出的气相缓蚀剂的浓度的比值必须在一个合适的范围之内。

如果仅用气相防锈膜包装，则应满足下列条件：

（1）气相防锈膜表面积：金属材料表面积=1：（5~15）；

（2）气相防锈材料表面与金属材料表面的距离应小于50cm，否则应增加气相防锈膜用量或其他气相防锈产品作为辅助；

（3）气相缓蚀剂（透气纸袋包装或挥发盒），在密闭容器或包装体系内部的用量一般为30L/g，即每立方米空间使用33g气相缓蚀剂。

说明：

（1）在具体使用时，应将上述三个条件一并考虑；

（2）以上数据对于密闭性很好的体系，可以取上限，对于一般包装体系应以下限为宜；

（3）超过此范围，则应增加气相防锈材料的用量，即在包装内部放置气相缓蚀剂等材料；

（4）对于密集堆放的小零件，可以在中间的适当位置增加气相防锈膜作为隔断，以保证效果；

（5）对于气相缓蚀剂应分别放置在包装内部的各个角落，切勿集中堆放在某个角落。

10 防锈试验方法

10.1 GB/T 2361—1992 (2004) 防锈油脂湿热试验法

1 主题内容与适用范围

本标准规定了用湿热试验箱评定防锈油脂金属防锈性能的方法。

本标准适用于防锈油脂。

2 引用标准

SH 0004 橡胶工业用溶剂油。

SH/T 0217 防锈油脂试验试片锈蚀度试验法。

SH/T 0218 防锈油脂试验用试片制备法。

3 方法概要

涂覆试样的试片，置于温度 (49±1)℃、相对湿度 95% 以上的湿热试验箱内，经按产品规格要求的试验时间后，评定试片的锈蚀度。

4 仪器与材料

4.1 仪器

4.1.1 湿热试验箱：由试片旋转架、空气供给装置、加热调节装置、空气过滤器及流量计等构成，须用耐腐蚀材料制作。该箱应符合下列技术要求：

(1) 试片架转速：$\frac{1}{3}$r/min。

(2) 试片悬挂处温度：(49±1)℃。

(3) 箱内相对湿度：95% 以上。

(4) 空气通入量：每小时约 3 倍于箱内容积。

(5) 箱体底部水层：200mm 深的蒸馏水，其 pH 值为 5.5~7.5。

(6) 试片旋转架上挂片槽间距不小于 35mm。

(7) 箱内水滴不能落在试片上。试片上淌下的油脂也不能落在箱底水面，应有一个接收盘。

(8) 湿热箱应设置在清洁、无二氧化硫、硫化氢、氯气、氨气等腐蚀性气体影响的地方，环境温度保持在 15~35℃。

4.1.2 冷热两用吹风机。

4.2 材料

4.2.1　试片：符合 SH/T 0218 中 A 法规定的材质为 10 号钢的 A 试片（也可按产品标准要求，选用其他规格和材质的试片）。

4.2.2　吊钩：如图 1 所示，用直径 1mm 的不锈钢丝或镍铜合金丝制作，全长约 90～100mm。

图 1　吊钩示意图
1—吊钩；2—试片

4.2.3　不锈钢片：用 1Cr18Ni9Ti 材料，按与钢片同样规格制作。

4.2.4　橡胶工业用溶剂油：符合 SH 0004 要求。

5　准备工作

5.1　试片的制备：按 SH/T 0218 中 A 法将三块试片打磨、清洗干净。

5.2　试片涂覆试样

5.2.1　防锈油：将摇动均匀的 500mL 试样倒入烧杯中，除去试样表面气泡，并调整其温度在（23±3）℃，用吊钩把制备好的试片垂直浸入试样中 1min，接着以约 100mm/min 的速度，提起挂在架子上。

5.2.2　防锈脂：将试样加热使其熔融，取 500mL 试样置入烧杯中，用吊钩把制备好的试片垂直浸入熔融的试样中，待试片与试样温度相同后，调整温度使膜厚为（38±5）μm，接着以约 100mm/min 的速度提起，挂在架子上。

　　注：试样不同，涂覆温度也不一样，首先应改变试样温度。按 SH/T 0218 测定膜厚，直至求得膜厚为（38±5）μm 的涂覆温度。

5.2.3　涂覆试样的试片在相对湿度 70% 以下、温度（23±3）℃、无阳光直射和通风小的干净场所沥干 24h。

6　试验步骤

6.1　启动湿热试验箱，达到试验条件后，用吊钩将涂覆试样的试片悬挂在试片架上，在没有挂试片的钩槽上都要悬挂不锈钢片。然后按产品规格要求的试验时间连续运转。

6.2　每 24h 打开湿热试验箱检查一次，按规定取出试片，并应同时补挂入等量的不锈钢片。

6.3　取出的试片，先用水冲洗、用热风吹干，再用橡胶工业用溶剂油洗净涂覆油膜，最后用热风吹干。

7　结果判断

　　用试片朝试片架旋转方向的一面作为评定面，按 SH/T 0217 判断三块试片的锈蚀度。

8　报告

　　取三块试片锈蚀度的算术平均值，修约到整数按 SH/T 0217 以锈蚀等级表示。

10.2　GB/T 5096—1985（2004）石油产品铜片腐蚀试验法

　　本标准适用于测定航空汽油、喷气燃料、车用汽油、天然汽油或具有雷德蒸气压不大于 124kPa（930mmHg）的其他烃类、溶剂油、煤油、柴油、馏分燃料油、润滑油和其他石油产品对铜的腐蚀性程度。

　　注意：某些石油产品，特别是天然汽油，其蒸气压比车用汽油或航空汽油的蒸气压更高。因此，必须特别注意，一是不要把装有高蒸气压的天然汽油或其他产品的试验弹放在 100℃浴中。雷德蒸气压超过 124kPa（930mmHg）的试样要采用 SH/T 0232《液化石油气铜片腐蚀试验法》来测定其腐蚀性。

　　本方法涉及易燃的材料，在操作时要注意安全。

1　方法概要

　　把一块已磨光好的铜片浸没在一定量的试样中，并按产品标准要求加热到指定的温度，保持一定的时间。待试验周期结束时，取出铜片，经洗涤后与腐蚀标准色板进行比较，确定腐蚀级别。

2　仪器与材料

2.1　仪器

2.1.1　试验弹：用不锈钢按图 1 所示尺寸制作，并能承受 689kPa（5168mmHg）试验表

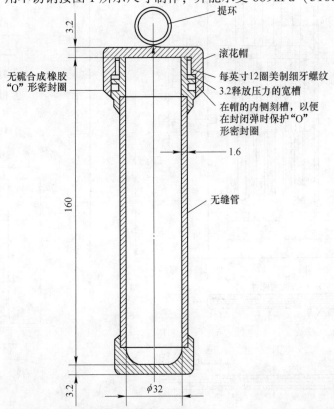

材料：不锈钢，焊接最大试验压力700kPa

图 1　铜片腐蚀试验弹（单位：mm）

压。只要试验弹的内部尺寸与图1所示相同，则试验弹盖和合成橡胶垫圈也可以用其他的设计图样。

2.1.2　试管：长150mm，外径25mm，壁厚1~2mm，在试管30mm处刻一环线。

2.1.3　水浴或其他液体浴（或铝块浴）：能维持在试验所需温度40℃、50℃或（100±1）℃（或其他所需的温度）范围内，有合适的支架能支持试验弹保持在垂直的位置，并使整个试验弹能浸没在浴液中，有合适的支架能支持住试管在垂直位置，并浸没至浴液中约100mm深度。

　　注：光线对试验结果有干扰，因此，试样在试管中进行试验时，浴应该用不透明材料制成。

2.1.4　磨片夹钳或夹具：供磨片时牢固地夹住铜片而不损坏边缘用。只要能夹紧铜片，并使要磨光的铜片表面能高出夹具表面的任何形式的夹具都可以使用。夹具的详细尺寸见图2。

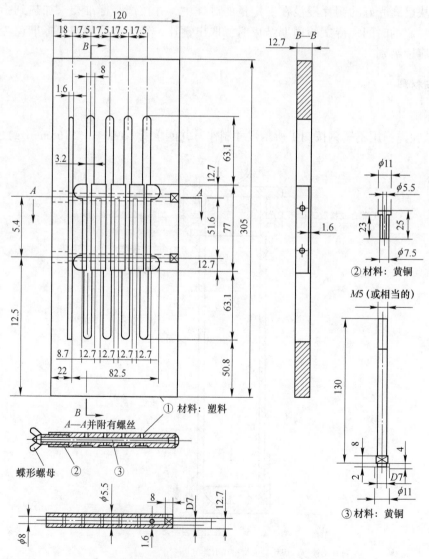

图2　多用夹钳（单位：mm）

2.1.5　观察试管：扁平形，如图 3 所示。在试验结束时，供检验用或在贮存期间供盛放腐蚀的铜片用。

2.1.6　温度计：全浸，最小分度 1℃ 或小于 1℃。供指示所需的试验温度用。所测温度点的水银线伸出浴介质表面应不大于 25mm。

2.2　材料

2.2.1　洗涤溶剂：只要在 50℃，试验 3h 不使铜片变色的任何易挥发、无硫烃类溶剂均可以使用。合适的溶剂有抗爆性试验用异辛烷，也可以选用分析纯的石油醚（90~120℃）或符合 SH 0004《橡胶工业用溶剂油》要求的溶剂。

注：在有争议时，应该用分析纯异辛烷或标准异辛烷。

2.2.2　铜片：纯度大于 99.9% 的电解铜。宽度为12.5mm，厚度为 1.5~3.0mm，长度为 75mm。可用符合 GB 466《铜分类》中 Cu2（2 号铜）。

铜片可以重复使用，但当铜表面出现有不能磨去的坑点或深道痕迹，火灾处理过程中，表面发生变形时，就不能再用。

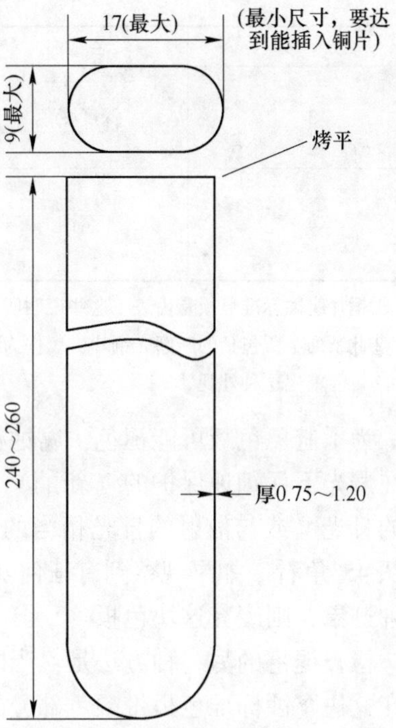

2.2.3　磨光材料：65μm（粒度 240 目）的碳化硅或氧化铝（刚玉）砂纸（或砂布），105μm（150 目）的碳化硅或氧化铝（刚玉）砂粒，以及药用脱脂棉。

注：在有争议时，用碳化硅材质的磨光材料。

图 3　观察试管（单位：mm）

3　腐蚀标准色板

本方法用的腐蚀标准色板是由全色加工复制而成的。它是在一块铝薄板上印刷四色加工而成的，腐蚀标准色板是由代表失去光泽表面和腐蚀增加程度的典型试验铜片组成（见表 1）。为了保护起见，这些腐蚀标准色板嵌在塑料板中。在每块标准色板的反面给出了腐蚀标准色板的使用说明。

表 1　腐蚀标准色板的分级

分　级	名　称	说　明①
新磨光的铜片	—	注②
1	轻度变色	（1）淡橙色，几乎与新磨光的铜片一样； （2）深橙色
2	中度变色	（1）紫红色； （2）淡紫色； （3）带有淡紫蓝色或银色，或两种都有，并分别覆盖在紫红色上的多彩色； （4）银色； （5）黄铜色或金黄色

续表1

分　级	名　称	说　明①
3	深度变色	（1）洋红色覆盖在黄铜色上的多彩色； （2）有红和绿显示的多彩色（孔雀绿），但不带灰色
4	腐蚀	（1）透明的黑色、深灰色或仅带有孔雀绿的棕色； （2）石墨黑色或无光泽的黑色； （3）有光泽的黑色或乌黑发亮的黑色

①铜片腐蚀标准色板是由表中这些说明所表示的色板组成的。

②此系列中所包括的新磨光铜片，仅作为试验前磨光铜片的外观标志。即使一个完全不腐蚀的试样经试验后也不可能重现这种外观。

为了避免色板可能褪色，腐蚀标准色板应避光存放。试验用的腐蚀标准色板要用另一块在避光下仔细地保护的（新的）腐蚀标准色板与它进行比较来检查其褪色情况。在散射的日光（或与散射的日光相当的光线）下，对色板进行观察：先从上方直接看，然后再从45°角看。如果观察到有任何褪色的迹象，特别是在腐蚀标准色板的最左边的色板有这种迹象，则废弃这块色板。

检查褪色的另一种方法是：当购进新色板时，把一条20mm宽的不透明片（遮光片）放在这块腐蚀标准色板带颜色部分的顶部。把不透明片经常拿开，以检查暴露部分是否有褪色的迹象。如果发现有任何褪色，则应该更换这块腐蚀标准色板。

如果塑料板表面显示出有过多的划痕，则也应该更换这块腐蚀标准色板。

4　试片的制备

4.1　表面准备

为了有效地达到预期的结果，需先用碳化硅或氧化铝（刚玉）砂纸（或砂布）把铜片六个面上的瑕疵去掉。再用65μm（粒度240目）的碳化硅或氧化铝（刚玉）砂纸（或砂布）处理，以除去在此以前用其他等级砂纸留下的打磨痕迹。用定量滤纸擦去铜片上的金属屑后，把铜片浸没在洗涤溶剂中。铜片从洗涤溶剂中取出后，可直接进行最后磨光，或贮存在洗涤溶剂中备用。

表面准备的操作步骤：把一张砂纸放在平坦的表面上，用煤油或洗涤溶剂湿润砂纸，以旋转动作将铜片对着砂纸摩擦，用无灰滤纸或夹钳夹持，以防止铜片与手指接触。另一种方法是用粒度合适的干砂纸（或砂布）装在马达上，通过驱动马达来加工铜片表面。

4.2　最后磨光

从洗涤溶剂中取出铜片，用无灰滤纸保护手指来夹拿铜片。取一些105μm（150目）的碳化硅或氧化铝（刚玉）砂粒放在玻璃板上，用1滴洗涤溶剂湿润，并用一块脱脂棉，蘸取砂粒。用不锈钢镊子夹持铜片，千万不能接触手指。先摩擦铜片各端边，然后将铜片夹在夹钳上，用粘在脱脂棉上的碳化硅或氧化铝（刚玉）砂粒磨光主要表面。磨时要沿铜片的长轴方向，在返回来磨以前，使动程越出铜片的末端。用一块干净的脱脂棉使劲地摩擦铜片，以除去所有的金属屑，直到用一块新的脱脂棉擦拭时不再留下污斑为止。当铜片擦净后，马上浸入已准备好的试样中。

注：为了得到一个均匀的腐蚀色彩铜片，均匀地腐光铜片的各个表面是很重要的。如

果边缘已出现磨损（表面呈椭圆形），则这些部位的腐蚀大多显得比中心厉害得多。使用夹钳会有助于铜片表面磨光。

5 取样

5.1 对会使铜片造成轻度变暗的各种试样，应该贮放在干净的、深色玻璃瓶，塑料瓶或其他不至影响到试样腐蚀性的合适的容器中。镀锡容器会影响试样的腐蚀程度，因此，不能使用镀锡铁皮容器来贮存试样。

5.2 容器要尽可能装满试样，取样时要小心，防止试样暴露于直接的阳光下，甚至散射的日光下。实验室收到试样后，在打开容器后尽快进行实验。

5.3 如果在试样中看到有悬浮水（浑浊），则用一张中速定性滤纸把足够体积的试样过滤到一个清洁、干燥的试管中。此操作尽可能在暗室或避光的屏风下进行。

　　注：在整个试验进行前、试验中或试验结束后，铜片与水接触会引起变色，使铜片评定造成困难。

6 试验步骤

6.1 试验条件

　　不同的产品采用不同的试验步骤，分述如下。某些产品类别很宽，可以用于一组的条件进行试验。在这种情况下，对规定的某一个产品的铜片质量要求，将被限制在单一的一组条件下进行试验。下面叙述的时间和温度大多数是通常使用的条件。

6.1.1 航空汽油、喷气燃料

　　把完全清澈和无任何悬浮水或无含水的试样倒入清洁、干燥的试管中 30mL 刻线处，并将经过最后磨光的干净的铜片在 1min 内浸入该试管的试样中。把该试管小心地滑入试验弹中，并把弹盖旋紧。把试验弹完全浸入已维持在（100±1）℃的水浴中。在浴中放置 2h±5min 后，取出试验弹，并在自来水中冲几分钟。打开试验弹盖，取出试管，按 6.2 所述检查铜片。

6.1.2 天然汽油

　　完全按 6.1.1 所述进行，但温度为（40±1）℃，试验时间为 3h±5min。

6.1.3 柴油、燃料油、车用汽油

　　把完全清澈、无悬浮水或内含水的试样，倒入清洁、干燥的试管中 30mL 刻线处，并将经过最后磨光、干净的铜片在 1min 内浸入该试管的试样中。用一个有排气孔（打一个直径为 2~3mm 小孔）的软木塞塞住试管。把该试管放在已维持在（50±1）℃的浴中。在试验过程中，试管的内容物要防止强烈的光线。在浴中放置 3h±5min 后，按 6.2 所述检查铜片。

6.1.4 溶剂油、煤油

　　按 6.1.3 进行试验，但温度为（100±1）℃。

6.1.5 润滑油

　　按 6.1.3 进行试验，但温度为（100±1）℃。此外，还可以在改变了的试验时间和温度下进行试验。为统一起见，建议从 120℃起，以 30℃为一个平均增量向上提高温度。

6.2 铜片的检查

把试管的内容物倒入 150mL 高型烧杯中，倒时要让铜片轻轻地滑入，以避免碰破烧杯。用不锈钢镊子立即将铜片取出，浸入洗涤溶剂中，洗去试样。立即取出铜片，用定量滤纸吸干铜片上的洗涤溶剂。把铜片与腐蚀标准色板比较来检查变色或腐蚀迹象。比较时，把铜片和腐蚀标准色板对光线成 45°角折射的方式拿持，进行观察。

如果把铜片放在扁平试管中，能避免夹持的铜片在检查和比较过程中留下斑迹和弄脏。扁平试管要用脱脂棉塞住。

7　结果的表示

7.1　按表 1 中所列的腐蚀标准色板的分级中，某一个腐蚀级表示试样的腐蚀性。

7.2　当铜片是介于两种相邻的标准色板之间的腐蚀级时，则按其变色严重的腐蚀级判断试样。当铜片出现有比标准色板中 1b 还深的橙色时，则认为铜片属于 1 级；但是，如果观察到有红颜色时，则所观察的铜片判断为 2 级。

7.3　2 级中紫红色铜片可能被误认为黄铜色完全被洋红色所覆盖的 3 级。为了区别这两个级别，可以把铜片浸没在洗涤溶剂中。2 级会出现一个橙色，而 3 级不变色。

7.4　为了区别 2 级和 3 级中多种颜色的铜片，把铜片放入试管中，并把这支试管平躺在 315~370℃ 的电热板上 4~6min。另外用一支试管，放入一支高温蒸馏用温度计，观察这支温度计的温度来调节电炉的温度。如果铜片呈现银色，然后再呈现为金黄色，则认为铜片属 2 级。如果铜片出现如 4 级所述透明的黑色及其他各色，则认为铜片属 3 级。

7.5　在加热浸提过程中，如果发现手指印或任何颗粒或水滴而弄脏了铜片，则需重新进行试验。

7.6　如果沿铜片的平面的边缘棱角出现一个比铜片大部分表面腐蚀级还要高的腐蚀级别的话，则需要重新进行试验。这种情况大多是在磨片时磨损了边缘而引起的。

8　结果判断

如果重复测定的两个结果相同，则重新进行试验。当重新试验的两个结果仍不相同时，则按变色严重的腐蚀级来判断试样。

9　报告

按表 1 中级别中的一个腐蚀级报告试样的腐蚀性，并报告试验时间和试验温度。

10.3　GB/T 10125—2012/ISO 9227：2006 人造气氛腐蚀试验盐雾试验

1　范围

本标准规定了中性盐雾（NSS）、乙酸盐雾（AASS）和铜加速乙酸盐雾（CASS）试验使用的设备、试剂和方法。

本标准适用于评价金属材料及覆盖层的耐蚀性，被测试对象可以是具有永久性或暂时性防蚀性能的，也可以是不具有永久性或暂时性防蚀性能的。

本标准也规定了评估试验箱环境腐蚀性的方法。

本标准未规定试样尺寸，特殊产品的试验周期和结果解释，这些内容参见相应的产品规范。

本试验适用于检测金属及其合金、金属覆盖层、有机覆盖层、阳极氧化膜和转化膜的不连续性，如孔隙及其他缺陷。

中性盐雾试验适用于：

——金属及其合金；

——金属覆盖层（阳极性或阴极性）；

——转化膜；

——阳极氧化膜；

——金属基体上的有机涂层。

乙酸盐雾试验适用于铜+镍+铬装饰性镀层，也适用于铝的阳极氧化膜。

铜加速乙酸盐雾试验适用于铜+镍+铬或镍+铬装饰性镀层，也适用于铝的阳极氧化膜。

本试验适用于对金属材料具有或不具有腐蚀保护时的性能对比，不适用于对不同材料进行有耐蚀性的排序。

2 规范性引用文件

下列文件对于本文件的应用是必不可少的。凡是注日期的引用文件，仅注日期的版本适用于本文件。凡是不注日期的引用文件，其最新版本（包括所有的修改单）适用于本文件。

ISO 1514：2004 色漆和清漆标准试板（Paints and varnishes standard panels for testing）。

ISO 2808：2007 色漆和清漆漆膜厚度的测定（Paints and varnishes determination of film thickness）。

ISO 3574：1999 商业级和冲压级的冷轧碳素钢薄板（Cold-reduced carbon steel sheet of commercial and drawing qualities）。

ISO 8407：2009 金属和合金的腐蚀 从腐蚀试验样本中清除腐蚀产物（Corrosion of metals and alloys removal of corrosion products from corrosion test specimens）。

ISO 17872：2007 色漆和清漆腐蚀试验用金属板涂层划痕标记导则（Paints and varnishes guidelines for the introduction of scribe marks through coatings on metalic panels for corrosion testing）。

3 试验溶液

3.1 氯化钠溶液配制

本试验所用试剂采用化学纯或化学纯以上的试剂。在温度为25℃±2℃时电导率不高于20μS/cm的蒸馏水或去离子水中溶解的氯化钠，配制成浓度为50g/L±5g/L。所收集的喷雾液浓度应为50g/L±5g/L。在25℃时，配制成的溶液密度在1.029～1.036g/cm³范围内。

氯化钠溶液中的铜含量（质量分数）应低于0.001%，镍含量（质量分数）应低于0.001%。铜和镍的含量由原子吸收分光光度法或其他具有相同精度的分析方法测定。氯化钠中碘化钠的含量（质量分数）不应超过0.1%或以干盐计算的总杂质（质量分数）不应超过 0.5%。

注：如果在 25℃±2℃ 时配制的溶液的 pH 值超出 6.0~7.0 的范围，则应检测盐或水中含有不需要的杂质。

3.2 调整 pH 值

3.2.1 盐溶液的 pH 值

根据收集的喷雾溶液的 pH 值调整盐溶液到规定的 pH 值。

3.2.2 中性盐雾试验（NSS 试验）

试验溶液（3.1）的 pH 值应调整至使盐雾箱（4.2）收集的喷雾溶液的 pH 值在6.5~7.2 之间。pH 值的测量应在 25℃±2℃ 用酸度计测量，也可用测量精密度不大于 0.3 的精密 pH 试纸进行日常检测。超出范围时，可加入分析纯盐酸、氢氧化钠或碳酸氢钠来进行调整。

喷雾时溶液中二氧化碳损失可能导致 pH 值变化。应采取相应措施，例如，将溶液加热到超过 35℃，才送入仪器或由新的沸腾水配置溶液，以降低溶液中的二氧化碳含量，可避免 pH 值的变化。

3.2.3 乙酸盐雾试验（AASS 试验）

在按 3.1 制备的盐溶液中加入适量的冰乙酸，以保证盐雾箱（见 4.2）内收集液的 pH 值为 3.1~3.3。如初配制的溶液 pH 值为 3.0~3.1，则收集液的 pH 值一般在 3.1~3.3 范围内。pH 值的测量应在 25℃±2℃ 用酸度计测量，也可用测量精度不大于 0.1 的精密 pH 试纸进行日常检测。溶液的 pH 值可用冰乙酸或氢氧化钠调整。

3.2.4 铜加速乙酸盐雾试验（CASS 试验）

在按 3.1 制备的盐溶液中，加入氯化铜($CuCl_2 \cdot 2H_2O$)，其浓度为 0.26g/L±0.02g/L（即 0.205g/L±0.015g/L 无水氯化铜）。溶液的 pH 值调整方法与 3.2.3 相同。

3.3 过滤

溶液在使用前进行过滤，以避免溶液中的固体物质堵塞喷嘴。

4 试验设备

4.1 设备材料

用于制作试验设备的材料必须抗盐雾腐蚀和不影响试验结果。

4.2 盐雾箱

盐雾箱的容积应不小于 $0.4m^3$，因为较小的容积难以保证喷雾的均匀性。对于大容积的箱体，需要确保在盐雾试验期间，满足盐雾的均匀分布。箱顶部要避免试验时聚积的溶液滴落到试样上。

盐雾箱的形状和尺寸应能使箱内溶液的收集速度符合 8.3 规定。

基于环保考虑，建议设备采用适当方式处置废液。

注：盐雾箱设计简图参见附录 A。

4.3 温度控制装置

加热系统应保持箱内温度达到 8.1 规定。温度测量区应距箱内壁不小于 100mm。

4.4 喷雾装置

喷雾装置由一个压缩空气供给器、一个盐水槽和一个或多个喷雾器组成。

供应到喷雾器的压缩空气应通过过滤器，去除油质和固体颗粒。喷雾压力应控制在70kPa～170kPa 范围内。

注：雾化喷嘴可能存在一个"临界压力"，在此压力下盐雾的腐蚀性可能发生异常。若不能确定喷嘴的临界压力，则通过安装压力调节阀，将空气压力波动控制在±0.7kPa 范围，以减少喷嘴在"临界压力"下工作的可能性。

为防止雾滴中水分蒸发，空气在进入喷雾器前应进入装有蒸馏水或去离子水的饱和塔湿化，其温度应高于箱内温度 10℃以上。调节喷雾压力、饱和塔水温及使用适合的喷嘴，使箱内盐雾沉降率和收集液浓度符合 8.3 规定。表 1 给出在不同喷雾压力下盐雾试验的饱和塔温度的指导值。水位应自动调节，以保证足够的湿度。

表 1　饱和塔中热水温度的指导值

喷雾压力/kPa	当进行不同类型的盐雾试验时，饱和塔中热水温度的指导值/℃	
	中性盐雾试验（NSS）和乙酸盐雾试验（AASS）	铜加速乙酸盐雾试验（CASS）
70	45	61
84	46	63
98	48	64
112	49	66
126	50	67
140	52	69

4.5　盐雾收集器

箱内至少放两个盐雾收集器，一个靠近喷嘴，一个远离喷嘴。收集器用玻璃等惰性材料制成漏斗形状，直径为 100mm，收集面积约 80cm²，漏斗管插入带有刻度的容器中，要求收集的是盐雾，而不是从试样或其他部位滴入的液体。

4.6　再次使用

如果试验箱曾被用于 AASS 或 CASS 试验，或其他与 NSS 不同的溶液，不能直接用于NSS 试验。

对于这类情况，必须彻底清洗盐雾箱。在放入试样试验之前，应按照第 5 章规定的方法进行重新评价，尤其要确保收集液的 pH 值在规定范围内。

5　评价盐雾箱腐蚀性能的方法

5.1　总则

为了检验试验设备或不同实验室里同类设备试验结果的重现性，应对设备按 5.2～5.4规定验证。

注：在固定的操作中，评价盐雾箱腐蚀性能的合适时间间隔一般为 3 个月。

采用钢参比试样确定试验的腐蚀性。

作为钢参比试样的补充，高纯度锌参比试样可以进行试验，并参照附录 B 的规定确定腐蚀性能。

5.2　中性盐雾试验（NSS 试验）

5.2.1　参比试样

参比试样采用 4 块或 6 块符合 ISO 3574 的 CR4 级冷轧碳钢板，其板厚 1mm±0.2mm，试样尺寸为 150mm×70mm。表面应无缺陷，即无空隙、划痕及氧化色。表面粗糙度 R_a = 0.8μm±0.3μm。从冷轧钢板或带上截取试样。

参比试样经小心清洗后立即投入试验。除按 6.2 和 6.3 规定之外，还应清除一切尘埃、油或影响试验结果的其他外来物质。

采用清洁的软刷或超声清洗装置，用适当有机溶剂（沸点在 60~120℃之间的碳氢化合物）彻底清洗试样。清洗后，用新溶剂漂洗试样，然后干燥。

清洗后的试样吹干称重，精确到±1mg，然后用可剥性塑料膜保护试样背面。试样的边缘也可用可剥性塑料膜进行保护。

5.2.2　参比试样的放置

试样放置在箱内四角（如果是六块试样，那么将它们放置在包括四角在内的六个不同的位置上），未保护一面朝上并与垂直方向成 20°±5°的角度。

用惰性材料（例如塑料）制成或涂覆参比试样架。参比试样的下边缘应与盐雾收集器的上部处于同一水平。试验时间为 48h。

在验证过程中与参比试样不同的样品不应放在试验箱内。

5.2.3　测定质量损失

试验结束后应立即取出参比试样，除掉试样背面的保护膜，按 ISO 8407 规定的物理及化学方法去除腐蚀产品。在 23℃下于 20%（质量分数）分析纯级别的柠檬酸二铵 $[(NH_4)_2HC_6H_5O_7]$ 水溶液中浸泡 10min。浸泡后，在室温下用水清洗试样，再用乙醇清洗，干燥后称重。

试样称重精确到±1mg。通过计算参比试样暴露面积，得出单位面积质量损失。

每次清除腐蚀产物时，建议配置新溶液。

注：可以按照 ISO 8407 中的规定，用 50%（体积分数）的盐酸溶液（ρ_{20} = 1.18g/mL），其中加入 3.5g/L 的六次甲基四胺缓蚀剂，浸泡试样除去腐蚀产物，然后在室温中用水清洗试样，再用乙醇清洗，干燥后称重。

5.2.4　中性盐雾装置的运行检验

经 48h 试验后，每块参比试样的质量损失在 $70g/m^2±20g/m^2$ 范围内说明设备运行正常。

5.3　乙酸盐雾试验（AASS 试验）

5.3.1　参比试样

参比试样采用 4 块或 6 块符合 ISO 3574 的 CR4 级冷轧碳钢板，其板厚 1mm±0.2mm，试样尺寸为 150mm×70mm。表面应无缺陷，即无空隙、划痕及氧化色。表面粗糙度 R_a = 0.8μm±0.3μm。从冷轧钢板或带上截取试样。

参比试样经小心清洗后立即投入试验。除按 6.2 和 6.3 规定之外，还应清除一切尘埃、油或影响试验结果的其他外来物质。

采用清洁的软刷或超声清洗装置，用适当有机溶剂（沸点在 60~120℃之间的碳氢化合物）彻底清洗试样。清洗后，用新溶剂漂洗试样，然后干燥。

清洗后的试样吹干称重，精确到±1mg，然后用可剥性塑料膜保护试样背面。试样的边缘也可用可剥性塑料膜进行保护。

5.3.2　参比试样的放置

试样放置在箱内四角（如果是6块试样，那么将它们放置在包括四角在内的6个不同的位置上），未保护一面朝上并与垂直方向成20°±5°的角度。

用惰性材料（例如塑料）制成或涂覆参比试样架。参比试样的下边缘应与盐雾收集器的上部处于同一水平。试验时间为24h。

在验证过程中与参比试样不同的样品不应放在试验箱内。

5.3.3　测定质量损失

试验结束后应立即取出参比试样，除掉试样背面的保护膜，按ISO 8407规定的物理及化学方法去除腐蚀产物。在23℃下于20%（质量分数）分析纯级别的柠檬酸二铵 $[(NH_4)_2HC_6H_5O_7]$ 水溶液中浸泡10min。浸泡后，在室温下用水清洗试样，再用乙醇清洗，干燥后称重。

试样精确称重到±1mg。通过计算参比试样暴露面积，得出单位面积质量损失。

每次清除腐蚀产物时，建议配制新溶液。

注：可以按照ISO 8407中的规定，用50%（体积分数）的盐酸（$\rho_{20}=1.18g/mL$）溶液，其中加入3.5g/L的六次甲基四胺缓蚀剂，浸泡试样除去腐蚀产物，然后在室温中用水清洗试样，再用乙醇清洗，干燥后称重。

5.3.4　乙酸盐雾装置的运行检验

经24h试验后，每块参比试样的质量损失在 $40g/m^2 \pm 10g/m^2$ 范围内说明设备运行正常。

5.4　铜加速乙酸盐雾试验（CASS试验）

5.4.1　参比试样

参比试样采用4块或6块符合ISO 3574的CR4级冷轧碳钢板，其板厚1mm±0.2mm，试样尺寸为150mm×70mm。表面应无缺陷，即无空隙、划痕及氧化色。表面粗糙度 $R_a = 0.8\mu m \pm 0.3\mu m$。从冷轧钢板或带上截取试样。

参比试样经小心清洗后立即投入试验。除按6.2和6.3规定之外，还应清除一切尘埃、油或影响试验结果的其他外来物质。

采用清洁的软刷或超声清洗装置，用适当有机溶剂（沸点在60~120℃之间的碳氢化合物）彻底清洗试样。清洗后，用新溶剂漂洗试样，然后干燥。

清洗后的试样吹干称重，精确到±1mg，然后用可剥性塑料膜保护试样背面。试样的边缘也可用可剥性塑料膜进行保护。

5.4.2　参比试样的放置

试样放置在箱内四角（如果是6块试样，那么将它们放置在包括四角在内的6个不同的位置上），未保护一面朝上并与垂直方向成20°±5°的角度。

用惰性材料（例如塑料）制成或涂覆参比试样架。参比试样的下边缘应与盐雾收集器的上部处于同一水平。试验时间为24h。

在验证过程中与参比试样不同的样品不应放在试验箱内。

5.4.3　测定质量损失

试验结束后应立即取出参比试样，除掉试样背面的保护膜，按ISO 8407规定的物理及化学方法去除腐蚀产物。在23℃下于20%（质量分数）分析纯级别的柠檬酸二铵 $[(NH_4)_2HC_6H_5O_7]$ 水溶液中浸泡10min。浸泡后，在室温下用水清洗试样，再用乙醇清洗，干燥后称重。

试样精确称重到±1mg。通过计算参比试样暴露面积，得出单位面积质量损失。

每次清除腐蚀产物时，建议配制新溶液。

注：可以按照ISO 8407中的规定，用50%（体积分数）的盐酸（ρ_{20} = 1.18g/mL）溶液，其中加入3.5g/L的六次甲基四胺缓蚀剂，浸泡试样除去腐蚀产物，然后在室温中用水清洗试样，再用乙醇清洗，干燥后称重。

5.4.4　铜加速乙酸盐雾装置的运行检验

经24h试验后，每块参比试样的质量损失在 $55g/m^2 \pm 15g/m^2$ 范围内说明设备运行正常。

6　试样

6.1　试样的类型、数量、形状和尺寸，根据被试材料或产品有关标准选择，若无标准，有关双方可以协商决定。除非另有规定或商定，用于试验的有机涂层试板应符合ISO 1514规定的底材，尺寸约为150mm×100mm×1mm。附录C描述了有机涂层试板的制备。附录D给出了有机涂层试板测试必需的补充信息。

6.2　如果没有其他规定，试验前试样应彻底清洗干净，清洗方法取决于试样材料性质，试样表面及其污物清洗不应采用可能浸蚀试样表面的磨料或溶剂。

试样清洗后应注意避免再次污染。

6.3　如果试样是从带有覆盖层的工件上切割下来的，不能损坏切割区附近的覆盖层。除另有规定外，应用适当的覆盖层如油漆、石蜡或胶带等对切割区进行保护。

7　试样放置

7.1　试样不应放在盐雾直接喷射的位置。

7.2　试样表面在盐雾箱中的放置角度是非常重要的。试样原则上应放平。在盐雾箱中被试表面与垂直方向成15°~25°，并尽可能成20°，对于不规则的试样，例如整个工件，也应尽可能接近上述规定。

7.3　试样可以放置在箱内不同水平面上，但不能接触箱体，也不能相互接触。试样之间的距离应不影响盐雾自由降落在被试表面上，试样或其支架上的液滴不得落在其他试样上。对总的试验周期超过96h的新检验或试验，可允许试样移位。

7.4　试样支架用惰性的非金属材料制成。悬挂试样的材料不能用金属，而应用人造纤维、棉纤维或其他绝缘材料。

8 试验条件

8.1 试验条件见表2。

表2 试验条件

试验方法	中性盐雾试验（NSS）	乙酸盐雾试验（AASS）	铜加速乙酸盐雾试验（CASS）
温度/℃	35±2	35±2	50±2
$80cm^2$的水平面积的平均沉降率/mL·h^{-1}	1.5±0.5		
氯化钠溶液的浓度（收集溶液）/g·L^{-1}	50±5		
pH值（收集溶液）	6.5~7.2	3.1~3.3	3.1~3.3

8.2 试验前，应在盐雾箱内空置或装满模拟试样，并确认盐雾沉降率和其他试验条件在规定范围内后，才能将试样置于盐雾箱内并开始试验。

8.3 每个收集装置(4.5)的收集液氯化钠浓度和pH值应在表2给出的范围内。

盐雾沉降的速度应在连续喷雾至少24h后测量。

8.4 用过的喷雾溶液不应重复使用。

9 试验周期

9.1 试验周期应根据被试材料或产品的有关标准选择。若无标准，可经有关方面协商决定。

推荐的试验周期为2h、6h、24h、48h、72h、96h、144h、168h、240h、480h、720h、1000h。

9.2 在规定的试验周期内喷雾不得中断，只有当需要短暂观察试样时才能打开盐雾箱。

9.3 如果试验终止取决于开始出现腐蚀的时间，应经常检查试样。因此，这些试样不能同要求预定试验周期的试样一起试验。

9.4 可定期目视检查预定试验周期的试样，但在检查过程中，不能破坏被试表面，开箱检查的时间与次数应尽可能少。

10 试验后试样的处理

试验结束后取出试样，为减少腐蚀产物的脱落，试样在清洗前放在室内自然干燥0.5~1h，然后用温度不高于40℃的清洁流动水轻轻清洗以除去试样表面残留的盐雾溶液，接着在距离试样约300mm处用气压不超过200kPa的空气立即吹干。

注：可以采用ISO 8407所述的方法处理试验后的试样。

在试验规范中，如何处理试验后得试样应考虑工程实用性。

11　试验结果的评价

试验结果的评价标准，通常应由被试材料或产品标准提出。一般试验仅需考虑以下几方面：

　　（1）试验后的外观；

　　（2）除去表面腐蚀产物后外观；

　　（3）腐蚀缺陷的数量及分布（即点蚀、裂纹、气泡、锈蚀或有机涂层划痕处锈蚀的蔓延程度等），可按照 ISO 8993 和 ISO 10289 所规定的方法以及 ISO 4628-1、ISO 4628-2、ISO 4628-3、ISO 4628-4、ISO 4628-5、ISO 4628-8 中所述的有机涂层的评价方法进行评定（见附录 D）；

　　（4）开始出现腐蚀的时间；

　　（5）质量变化；

　　（6）显微形貌变化；

　　（7）力学性能变化。

注：被试涂层或产品的恰当评价是在良好的工程实践中确定的。

12　试验报告

12.1　试验报告必须写明采用的评价标准和得到的试验结果。如有必要，应有每个试样的试验结果，每组相同试样的平均试验结果或试样的照片。

12.2　根据试验目的及要求，试验报告应包括如下内容：

　　（1）本标准号和所参照的有关标准；

　　（2）试验使用的盐和水的类型；

　　（3）被试材料或产品的说明；

　　（4）试样的尺寸、形状、试样面积和表面状态；

　　（5）试样的制备，包括试验前的清洗和对试样边缘或其他特殊区域的保护措施；

　　（6）覆盖层的已知特征及表面处理的说明；

　　（7）试样数量；

　　（8）试验后试样的清洗方法，如有必要，应说明由清洗引起的失重；

　　（9）试样放置角度；

　　（10）试样位移的频率和次数；

　　（11）试验周期以及中间检查结果；

　　（12）为了检查试验条件的准确性，特地放在盐雾箱内的参比试样的性能；

　　（13）试验温度；

　　（14）盐雾沉降率；

　　（15）试验溶液和收集溶液的 pH 值；

　　（16）收集液的密度；

　　（17）参比试样的腐蚀率（质量损失，g/m^2）；

　　（18）影响试验结果的意外情况；

　　（19）检查的时间间隔。

附录 A
（资料性附录）
盐雾箱设计简图

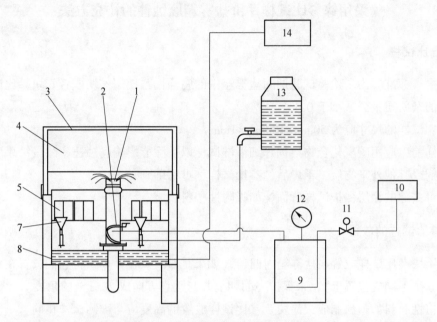

图 A.1　盐雾箱的设计简图正面图

1—盐雾分散塔；2—喷雾器；3—试验箱盖；4—试验箱体；5—试样；6—试样支架；7—盐雾收集器；
8—给湿槽；9—空气饱和器；10—空气压缩机；11—电磁阀；12—压力表；13—溶液箱；14—温度控制器；
15—废气处理；16—排气口；17—废水处理；18—盐托盘；19—加热器

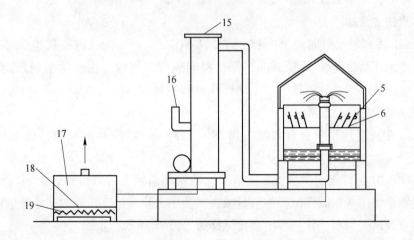

图 A.2　盐雾箱的设计简图侧面图

1—盐雾分散塔；2—喷雾器；3—试验箱盖；4—试验箱体；5—试样；6—试样支架；7—盐雾收集器；
8—给湿槽；9—空气饱和器；10—空气压缩机；11—电磁阀；12—压力表；13—溶液箱；14—温度控制器；
15—废气处理；16—排气口；17—废水处理；18—盐托盘；19—加热器

试验结束后，当雾气通过建筑物的出口向外排放以及废水向外排放到管道之前，试验设备最好有合适的处理方式。

附录 B
（资料性附录）
采用锌参比试样评价盐雾箱腐蚀性的补充方法

B.1　参比试样

根据本标准，为了检验试验期间盐雾箱中的腐蚀性，使用 4 块或者 6 块参比试样，每块试样的杂质质量分数小于 0.1%。

参比试样的尺寸应为 50mm×100mm×1mm。

试样前，应用碳氢化合物溶剂仔细清洗试样以去除能影响腐蚀速率测量结果的明显污迹、油剂或其他外来物质。干燥后，参比试样称重精确到±1mg。

用可去除的涂层保护试样背面，如吸附性塑料膜。

B.2　参比试样的放置

将 4 块参比试样放置在盐雾箱内四角（如果是 6 块试样，那么将它们放置在包括四角在内的 6 个不同的位置上），未保护一面朝上并与垂直方向成 20°±5° 的角度。参比试样支架应由惰性材料如塑料制成或涂覆。参比试样放置的高度应与被测试样相同。

NSS 试验推荐试验时间为 48h，AASS 试验为 24h，CASS 试验为 24h。

B.3　质量损失的测定

试验结束后，立即去除保护性涂层，然后按照 ISO 8407 的规定反复清洗，去除腐蚀产物，化学清洗方法如下：

在 1000mL 去离子水中加入 250g±5g 的 $C_2H_5NO_2$（p.a.）配成饱和氨基乙酸溶液。

化学清洗工序最好重复浸泡 5min，每次浸泡后应在室温下用流动水轻轻刷洗试样，用丙酮或乙醇清洗。干燥后称重，参比试样称重精确到±1mg。按 ISO 8407 中所述绘制试样质量随清洗次数的变化曲线。

注：为了在浸泡过程中更有效地溶解腐蚀产物，可以搅动清洗液，最好使用超声清洗。

按照 ISO 8407 标准规定，从质量随清洗次数变化曲线上可以得到去除腐蚀产物后的试样的真实质量，用参比试样试验前质量减去试验后去除腐蚀产物后的试样质量，再除以参比试样的有效试验面积，计算得出参比试样每平方米的质量损失。

B.4　试验仪器运行良好

每块钢参比试样和锌参比试样的质量损失如在规定范围内（见表 B.1），则认为试验仪器运行良好。

表 B.1 验证盐雾箱腐蚀性能时，锌参比试样和钢参比试样质量损失的允许范围

试验方法	试验时间/h	锌参比试样质量损失允许范围/g·m^{-2}	钢参比试样质量损失允许范围/g·m^{-2}
NSS	48	50±25	70±20（见 5.2.4）
AASS	24	30±15	40±10（见 5.2.4）
CASS	24	50±20	55±15（见 5.2.4）

附录 C
（规范性附录）
有机涂层的试验样板

C.1 试板的制备与涂漆

除非另有规定或商定，按 ISO 1514 的规定制备每一块试板，然后用待试产品或体系按规定方法进行涂装。

除非另有规定，试板的背面和边缘也用待试产品或体系涂覆。

如果试样的背面和边缘上涂有与被试产品不同，则应具有比被试产品更好的耐腐蚀性。

C.2 干燥和状态调节

涂覆试样按规定时间和条件干燥，除另有规定，应在温度23℃±2℃和相对湿度50%±2%、具有空气循环，不受阳光直接暴晒的条件下，状态调节至少 16h，然后尽快投入试验。

C.3 涂层厚度

用 ISO 2808 规定的非破坏性方法之一测定干涂层的厚度，以 μm 计。

C.4 划痕的刻制

划痕按 ISO17872 中规定处理，所有的划痕距试板的每一条边和划痕之间应至少为 25mm。

划痕应为透过涂层至底材的直线。

实施划痕时使用一种带有硬尖的划痕工具，划痕应有两侧平行或上部加宽的断面，金属底材划痕宽度为 0.2~1.0mm，另有规定除外。

可以划一道或两道划痕。除非另有规定，划痕应与试板的长边平行。

用于划痕标记的工具应统一规格。不允许使用其他刀具。

对铝板底材来说，应使用两条划痕相互垂直但不交叉，一条划痕应与铝板轧制方向平行，而另一条划痕与铝板轧制方向垂直。

附录 D

（规范性附录）

有机涂层的试验样板需要补充的信息

如需要，应提供本附录的各项补充信息。

所需要资料最好经有关各方同意，可以部分地或全部地来自于受试样品的国际标准或国家标准或其他文件。

（1）所使用的底材及表面处理方法（见 C.1）。

（2）涂料施涂至底材上的方法（见 C.1）。

（3）试验前试板干燥（或烘烤）和状态调节（如需要）时间和条件（见 C.2）。

（4）干涂层厚度（以 μm 计），用 ISO 2808 的方法测量厚度，是单一涂层还是复合涂层（见 C.3）。

（5）曝露前要刻制的划痕数量和位置（见 C.4）。

（6）试验持续时间。

（7）在评定测试覆盖层耐蚀性及所使用的测试方法中，需考虑其特性。

10.4　GB/T 11143—2008 加抑制剂矿物油在水存在下防锈性能试验法

1　范围

本标准规定了加抑制剂矿物油在水存在下防锈性能的测定方法。本标准适用于评价加抑制剂矿物油，特别是汽轮机油在与水混合时对铁部件的防锈能力，还适用于液压油、循环油等其他油品及比水密度大的液体。

本标准涉及某些有危险性的材料、操作及设备，但并未对所有的安全问题提出建议。因此，用户在使用本标准前应建立适当的安全防范措施，并制定相应的管理制度。

2　规范性引用文件

下列文件中的条款通过本标准的引用而成为本标准的条款。凡是注日期的引用文件，其随后所有的修改单（不包括勘误的内容）或修订版均不适用于本标准，然而，鼓励根据本标准达成协议的各方研究是否可使用这些文件的最新版本。凡是不注日期的引用文件，其最新版本适用于本标准。

GB/T 514 石油产品试验用玻璃液体温度计技术条件。

GB/T 1220 不锈钢棒。

GB/T 4756 石油液体手工取样法（GB/T 4756—1998，eqv ISO 3170：1998）。

GB/T 6682 分析实验室用水规格和试验方法（GB/T 6682—1992，neq ISO 3696：1987）。

SH/T 0006 工业白油。

ASTM A108 冷加工碳素钢和合金钢棒材的标准规范。

BS 970 第 1 部分：碳素钢与碳锰钢（包括易切削钢）。

3 方法概要

将300mL试样和30mL蒸馏水或合成海水混合，把圆柱形的试验钢棒全部浸在其中，在60℃下进行搅拌。建议试验周期为24h，也可以根据合同双方的要求，确定适当的试验周期。试验周期结束后观察试验钢棒锈蚀的痕迹和锈蚀的程度。

注：在ASTM D665—03中指出，1999年之前，ASTM D665建议的试验周期一直采用24h，采用不同的试验周期进行对比联合实验，统计结果表明，对于试验周期4h与24h的试验钢棒，未发现锈蚀等级差异，故ASTM D665—03建议试验周期为4h。

4 意义和用途

很多情况下，如汽轮机中，水分可能混入润滑油，从而使铁部件生锈。本试验能表明加入适量抑制剂的矿物油，有助于防止这种情况引起的锈蚀。本方法还适用于液压油和循环油等油品及比水密度大的液体。并可用于表示新油品规格指标测定及监测正在使用的油品。

5 仪器

5.1　油浴：可保持试样温度在60℃±1℃的恒温液体浴。适宜作浴用的油，其40℃运动黏度为28.8～35.2mm^2/s。浴槽应带盖，盖上具有放试验烧杯用的孔。

注：测试样温度所用温度计，其分度值为0.5℃。在试样中，按其规定的浸入深度能准确测量60℃，GB/T 514中GB-76号温度计（相当于IP 21C）或ASTM 9C温度计均适合测定试样温度。

5.2　烧杯：容积为400mL，耐热高型无嘴烧杯（如图1所示），高度（从内底中心测量）约为127mm，内径约为70mm（在中段测得）。

5.3　烧杯盖：由玻璃或聚甲基丙烯酸甲酯树脂（PMMA）制成的扁平烧杯盖，用适当的方法，如带边或者带槽，使盖定位。在盖的任意直径上备有两个孔，一个孔用于安装搅拌器，孔的直径为12mm，其圆心到盖的中心距离为6.4mm，另一个孔在盖的中心另一边，用于放置试验钢棒的组合件，孔的直径为18mm，其圆心到盖的中心距离为16mm。另外，第三个孔用于放置温度计，孔的直径为12mm，其圆心

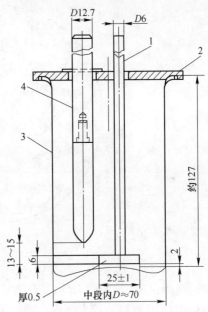

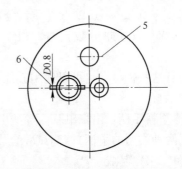

图1　仪器组装示意图（单位：mm）
1—搅拌器；2—烧杯盖；3—烧杯；4—试验钢棒组合件；
5—温度计插孔；6—销子

到盖的中心距离为 22.5mm，且位于通过另外两孔直径的中垂线上。

　　注：倒置的培养皿还可作为合适的盖，因为培养皿的周边可以使它保持固定位置，用适合的聚甲基丙烯酸甲酯树脂做烧杯盖（如图 2 所示）。盖上开一个宽 1.6mm、长 27mm的长孔，其中心线通过搅拌器孔的中心，并垂直于通过盖的钢棒孔和搅拌器孔两圆心的一条直径，便于在不取下烧杯盖时可取出搅拌器。在试验其他试样如合成液时，烧杯盖应用耐化学品的材料如聚三氟氯乙烯（PCTFE）制成。

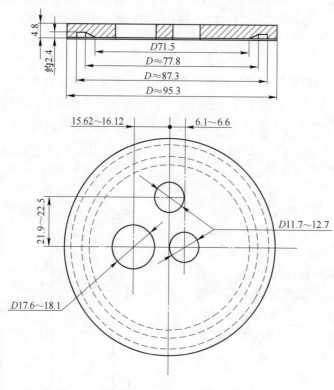

图 2　烧杯盖（单位：mm）

5.4　试验钢棒：尺寸如图 3 所示，材质应符合 ASTM A108 的 10180 级或 BS 970 第 1 部分：1983-070M20 钢棒的技术要求，即如下规定：

　　碳（C）：0.15%～0.20%（质量分数）；锰（Mn）：0.60%～0.90%（质量分数）；硫（S）：≤0.05%（质量分数）；磷（P）：≤0.04%（质量分数）；硅（Si）：<0.10%（质量分数）。

　　如没有这些钢材，也可以使用其他通过对比验证的，结果令人满意的，能够证明其性能相当的钢材。

5.5　钢棒塑料手柄：由聚甲基丙烯酸甲酯树脂（PMMA）制成，其尺寸如图 3 所示（图中画出了两种类型的手柄）。当试验合成液时，塑料手柄应用耐化学品的材料，例如聚四氟乙烯（PTFE）制成。

5.6　搅拌器：由符合 GB/T 1220 中 1Cr18Ni9Ti 要求的不锈钢制成，其结构成倒"T"字形，在直径为 6mm 的搅拌杆上装一个 25mm×6mm×0.6mm 的扁平叶片，叶片对称于杆并在同一垂直平面内。

注：也可采用耐热玻璃作搅拌器，其尺寸与用不锈钢制成的搅拌器规定的尺寸相同。

5.7 搅拌装置：可保持搅拌速度在 1000r/min±50r/min 的适宜搅拌装置。

5.8 研磨和抛光设备：可夹住试验钢棒的合适夹头及一台速度为 1700～1800r/min 旋转试验钢棒的设备（如图 3、图 4 所示）。

5.9 烘箱：能保持温度在 65℃。

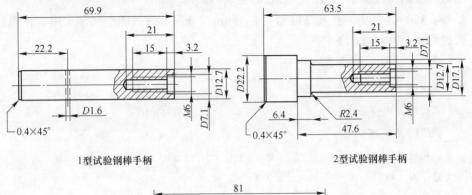

1型试验钢棒手柄　　　　　　　　　　2型试验钢棒手柄

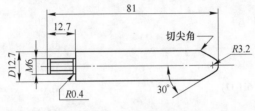

试验钢棒

图 3　试验钢棒和钢棒塑料手柄（单位：mm）

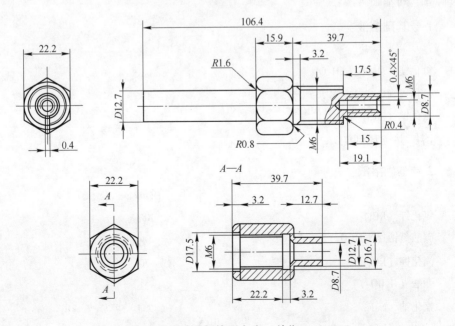

图 4　抛光试验钢棒用夹头（单位：mm）

6　试剂和材料

6.1　异辛烷：分析纯。

6.2　石油醚：分析纯，90~120℃。

6.3　蒸馏水：符合 GB/T 6682 中三级水要求。

6.4　酪酸清洗溶液或其他相当的、有效的玻璃器皿清洗剂。

6.5　砂布：150 号（99μm）和 240 号（53.5μm）或与其等效的金属加工用氧化铝砂布。

6.6　合成海水，其组成如下：

盐	质量浓度/$g \cdot L^{-1}$
氯化钠（NaCl）	24.54
氯化镁（$MgCl_2 \cdot 6H_2O$）	11.10
硫酸钠（Na_2SO_4）	4.09
氯化钙（$CaCl_2$）	1.16
氯化钾（KCl）	0.69
碳酸氢钠（$NaHCO_3$）	0.20
溴化钾（KBr）	0.10
硼酸（H_3BO_3）	0.03
氯化锶（$SrCl_2 \cdot 6H_2O$）	0.04
氟化钠（NaF）	0.003

合成海水制备：

（1）按下述方法配制合成海水，可避免在高浓度溶液中析出沉淀。用化学纯试剂和蒸馏水制备下列基础溶液：

1 号基础溶液：

盐	质量/g
氯化镁（$MgCl_2 \cdot 6H_2O$）	3885
氯化钙（$CaCl_2$），无水	406
氯化锶（$SrCl_2 \cdot 6H_2O$）	14

溶解并稀释到 7L。

2 号基础溶液：

盐	质量/g
氯化钾（KCl）	483
碳酸氢钠（$NaHCO_3$）	140
溴化钾（KBr）	70
硼酸（H_3BO_3）	21
氟化钠（NaF）	2.1

溶解并稀释到 7L。

（2）制备合成海水，将 245.4g 氯化钠（NaCl）和 40.94g 硫酸钠（Na₂SO₄）溶解于几升蒸馏水中，加入 200mL 1 号基础溶液和 100mL2 号基础溶液，稀释到 10L，进行搅拌，再加入 0.05mol/L 碳酸钠溶液（Na₂CO₃），直到 pH 值为 7.8～8.2（约需碳酸钠溶液 1～2mL）。

7 采样

样品可取自油罐、油桶、小容器或运行设备，并具有代表性，采样应符合 GB/T 4756 中设备和技术要求。

8 准备工作

8.1 每次试验应准备两根试验钢棒，可以是新的或使用过的试验钢棒，并应按 8.2 和 8.3 进行准备。

注：在做对比试验时，显示锈蚀的试验钢棒不应再使用，在各种油的试验中重复出现锈蚀的试验钢棒可能是有问题的。这些试验钢棒应放于合格的油中进行试验，如果在重复试验中仍然发生锈蚀，则这些试验钢棒应废弃。

8.2 试验钢棒组合件由一根装到塑料手柄上的圆柱形试验钢棒组成。新的圆柱形试验钢棒直径为 12.7mm，长度约为 68mm（不包括拧入塑料手柄的螺纹部分），试验钢棒的一端做成如图 3 所示的锥形。

8.3 初磨：如果试验钢棒以前使用过，且表面无锈蚀或其他不平整，初磨则可省去。只需按 8.4 所述进行最后抛光。如果用新的试验钢棒或者试验钢棒表面的任一处有锈蚀或凹凸不平，则先用石油醚或异辛烷进行清洗，再用 150 号氧化铝砂布研磨，以除去肉眼能看见的全部凹凸不平整、坑点及伤痕。将试验钢棒固定在研磨和抛光设备的夹头上，以 1700～1800r/min 的速度旋转试验钢棒，可用旧的 150 号氧化铝砂布进行研磨，以除去锈蚀或表面较大的凹凸不平之处。再用新 150 号氧化铝砂布完成磨光，立即用 240 号氧化铝砂布进行最后抛光或从夹头上取下试验钢棒，在使用前贮放在异辛烷中。当使用过的试验钢棒直径减少到 9.5mm 时，不可再用。

注：试验钢棒用石油醚或异辛烷清洗之后，直到试验结束之前的任何步骤，都不准用手接触，可以使用镊子或者干净的无绒棉布。

8.4 最后抛光：

8.4.1 试验前，必须用 240 号氧化铝砂布对试验钢棒进行最后抛光。如果试验钢棒的初磨工作已完成，则停止运转试验钢棒的马达，对于从异辛烷中取出的试验钢棒（使用过的无锈钢棒应贮防在异辛烷中），用一块干净的布把试验钢棒擦干，安装在夹头上，用一块 240 号新氧化铝砂布纵向打磨静止的试验钢棒，使整个表面出现可见的痕迹。再以 1700～1800r/min 的速度运转试验钢棒，用 240 号新氧化铝砂布紧紧围绕试验钢棒半周，平稳而适当地拉住砂布松动的一端，持续 1～2min 进行抛光，使之产生没有纵向划痕的均匀精细的磨光表面。

8.4.2 为确保平肩（试验钢棒垂直于螺纹杆的部分）没有锈蚀，此表面也应抛光，将 240 号氧化铝砂布放在夹具和平肩之间，用较短时间旋转试验钢棒就能抛光好表面。

8.4.3 从夹头上取下试验钢棒，不要用手触摸，用一块干净且干燥的无绒棉布或纸（或驼毛刷）轻轻揩拭，将试验钢棒装到塑料手柄上，立即浸入试样中。试验钢棒可直接放入热的试样中（见9.1.1），也可先放入装有试样的干净试管中，然后将试验钢棒从试管中取出，稍沥干，再放入热试样中。

9　试验步骤

9.1　方法 A（用蒸馏水）

9.1.1　按照试样步骤清洗烧杯，用蒸馏水彻底清洗并放入烘箱中干燥。用同样的方法清洗玻璃烧杯盖和玻璃搅拌棒。不锈钢搅拌棒体和 PMMA 盖则先用石油醚或异辛烷清洗，再用热水充分冲洗，最后用蒸馏水洗，放在温度不超过 65℃ 的烘箱中烘干。

9.1.2　将 300mL 试样倒入烧杯，并将烧杯放入能使试样温度保持在 60℃±1℃ 的油浴孔中，借烧杯的边缘固定，使烧杯悬挂在油浴盖上。浴中的液面不应低于烧杯内油面。盖上烧杯盖，装上搅拌器，使搅拌杆距离装有试样的烧杯中心 6mm，叶片距烧杯底不超过 2mm。将温度计插入烧杯盖上的温度计孔中，其浸入深度为 56mm。开动搅拌器，当温度达到 60℃±1℃ 时，放入按第 8 章准备好的试验钢棒。

　　注：当把多个具有相同特性的样品同时放入恒温油浴时，不必在每个样品中都插入温度计，因为恒温油浴能在允许的范围内控制每个烧杯试样的温度。分析单个样品时，应把温度计插入烧杯盖上温度计孔中，其浸入深度为 56mm。开动搅拌器，当温度达到 60℃±1℃ 时，放入试验钢棒。为保持油浴的热平衡，试验开始后不要再向烧杯内添加试样。

9.1.3　将试验钢棒组合件悬挂在烧杯盖上的试样孔中，使其下端距离烧杯底 13~15mm，两种类型的塑料手柄均可使用（如图 3 所示），试验钢棒悬挂于试样孔中应无任何阻碍，仪器组装示意图见图 1。

9.1.4　继续搅拌 30min，以确保试验钢棒完全湿润。在搅拌的情况下，取下温度计片刻，通过温度计孔加入 30mL 蒸馏水，水沉入烧杯底部，重新放回温度计。由水加入时起，以 1000r/min±50r/min 的速度继续搅拌 24h，并保持油-水混合物温度在 60℃±1℃。在 24h 后，停止搅拌，取出试验钢棒沥干，然后用石油醚或异辛烷洗涤，如有必要可以用漆涂层将试验钢棒保护起来。

　　注：ASTM D665-03 建议试验周期为 4h，但按合同双方的要求，试验周期亦可长可短。

9.2　方法 B（用合成海水）

9.2.1　加抑制剂矿物油在合成海水存在下防锈性能方法，应与 9.1.1~9.1.4 相同，只是用合成海水代替 9.1.4 所述方法部分中的蒸馏水。

9.3　方法 C（适用于比水密度大的液体）

9.3.1　由 5.6 中规定搅拌器所产生的搅拌作用不足以使水和密度大的液体达到完全混合，本条所述表示对测试比水密度大的液体在标准中所作的修改。除非另有说明，其他步骤和要求仍按第 1 章~第 9 章的规定进行。由于本方法可用于蒸馏水或合成海水，因此若用方法 C，应在报告中注明是蒸馏水还是合成海水。

9.3.2　仪器

9.3.2.1　烧杯盖：与 5.3 所述相同。

　　注：某些比水密度大的液体可能会腐蚀或溶解聚甲基丙烯酸甲酯树脂（PMMA）制成

的烧杯盖及手柄。因此，在试验比水密度大的液体时，建议使用聚三氟氯乙烯（PCTFE）烧杯盖和聚四氟乙烯（PTFE）手柄。

9.3.2.2　搅拌器：除与5.6所述相同外，在搅拌杆上安装一个辅助叶片（如图5所示），其材质为不锈钢，尺寸为19.0mm×12.7mm×0.6mm，辅助叶片在搅拌杆上的位置是其底边距T型叶片的顶边57mm处，并且两个叶片的平面在同一垂直平面上。

9.3.2.3　试验钢棒及其准备工作与第8章所述相同。

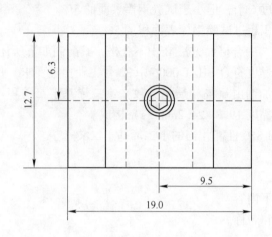

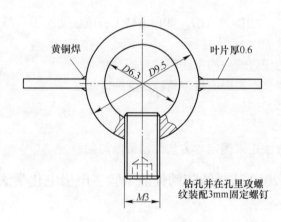

图5　辅助叶片（单位：mm）

10　结果判断

10.1　试验结束时，试验钢棒的所有检查均不使用放大镜，并应在普通光线（照度650lx）下进行。通过上述检查过程，凡在试验钢棒上出现任何肉眼可见的锈点和条纹即为锈蚀的试验钢棒。

10.2　本试验中，锈蚀是指发生腐蚀的试验面积，可以通过颜色的变化判断，或用无绒棉布或薄纸揩拭后，在试验钢棒表面可判断出的坑点及凹凸不平。在试验钢棒本身不褪色或不存在斑点的情况下，如果表面褪色或斑点可被无绒棉布或薄纸很容易擦掉，则不应认为是锈蚀。

10.3　为了报告某种试样合格与否，必须进行平行试验。如在试验周期结束时，两根试验钢棒均无锈蚀，那么试样为"合格"。如两根试验钢棒均锈蚀，则应报告为"不合格"。如一根试验钢棒锈蚀而另一根不锈蚀，则应再取两根试验钢棒重新试验。如果重做的两根试验钢棒中任何一个出现锈蚀，则应报告该试样不合格。如果重做的两根试验钢棒都没有锈蚀，则应报告该试样为合格。

注：当需指出锈蚀的程度时，为统一起见，建议按下述的锈蚀程度分级。

轻微锈蚀：限于锈点不超过 6 个，每个锈点直径不大于 1mm。

中等锈蚀：锈蚀超过 6 个，但小于试验钢棒表面的 5%。

严重锈蚀：锈蚀面积超过试验钢棒表面积的 5%。

10.4　参比油：在方法 A 中合格而方法 B 中不合格，其配制如下所述：

在白矿物油（运动黏度符合 SH/T 0006 中 32 号工业白油要求）中加入 0.0150%（质量分数）的添加剂，添加剂由 60%（质量分数）十二烯基丁二酸和 40%（质量分数）普通石蜡基油（40℃运动黏度 19.8~24.2mm^2/s）构成。

注：应使用 Lubrizol 850 性能相当的十二烯基丁二酸。

11　报告

试验报告应包含如下内容：

11.1　测试产品的型号和名称。

11.2　试验日期。

11.3　指明采用 A、B、C、中哪种方法。如用方法 C，应注明使用蒸馏水还是合成海水。

11.4　试验周期。

11.5　试验操作过程中的任何偏差均需注明。

11.6　试验结果，如需要，报告中应指出锈蚀程度的等级。

12　精密度与偏差

没有可普遍接受的方法用来测定本方法的精密度与偏差。

10.5　GB/T 26105—2010 防锈油防锈性能试验多电极电化学法

1　范围

本标准规定了评价防锈油防锈性能试验的多电极电化学测试方法、设备和步骤。

本标准适用于铁基材料上防锈油防锈性能的比较试验。

2　规范性引用文件

下列文件中的条款通过本标准的引用而成为本标准的条款。凡是注日期的引用文件，其随后所有的修改单（不包括勘误的内容）或修订版均不适用于本标准，然而，鼓励根据本标准达成协议的各方研究是否可使用这些文件的最新版本。凡是不注日期的引用文件，其最新版本适用于本标准。

GB/T 678 化学试剂乙醇（无水乙醇）。

GB/T 1266 化学试剂氯化钠。

GB/T 11372 防锈术语。

GB/T 15894 化学试剂石油醚。

3 术语和定义

GB/T 11372 所确立的以及下列术语和定义适用于本标准。

3.1 防锈性能 (rust preventing ability)

防锈油有效保护膜下金属或防止金属发生腐蚀的能力。

3.2 多电机电化学法 (electrochemical measurement with wire beam electrode)

通过测定多个电极在油中或涂油电极在腐蚀介质中的电化学参数，并利用统计参数来评价防锈油的防锈性能方法。前者称为多电极电化学直测法，后者称为多电极电化学沥干法。

4 原理

常温下涂覆防锈油膜下金属的腐蚀是一个电化学过程。该过程遇到的阻力主要来自极化电阻，其次是液膜或腐蚀介质电阻。该过程遇到的阻力越大，金属的腐蚀速度就越小。在极化电阻大于液膜和腐蚀介质电阻条件下，测得的电阻越大，防锈油的防锈性能就越好。由于防锈油的电化学不均匀性，各电极电阻一般是不同的。低阻区域是防锈油防护的薄弱环节，最先引起膜下金属腐蚀，直接控制着油膜的防锈性能优劣。多电极电化学法通过统计低阻区域电极电阻分布来评价防锈油膜的防锈性能。

5 材料和试剂

5.1 测试探头电极材料

直径 $\phi = 0.9$mm 铁丝（ASTM A853）。

5.2 辅助电极材料

直径 $\phi = 18$mm 45 号钢。

5.3 试剂

石油醚（GB/T 15894），沸程 60～90℃；氯化钠（GB/T 1266）；无水乙醇（GB/T 678）。

6 试验设备

6.1 测试探头

测试探头由 64 根铁丝（$\phi = 0.9$mm±0.1mm，表面用 5 号砂纸去表面保护膜、清洗干燥）均匀排列（间距为 2.5mm），封于环氧树脂中制成（直径 $\phi = 32$mm±0.1mm、高 $H = 45$mm），如图 1 所示。每根铁丝都是一个独立的电极，与多电极电化学测试仪连接，组成多电极系统的测试探头。

6.2 辅助电极

辅助电极直径 $\phi = 18$mm、长 $L = 10$mm 的 45 号钢圆片，用环氧树脂封装而成。

6.3 多电极电化学测试仪

多电极电化学测试仪是按照油膜直流电阻和电位测试原理设计的专用仪器，见附录 A。

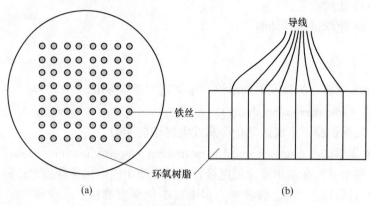

图 1　测试探头的正面图（a）和侧面图（b）

6.4　测试槽

测试槽为直径 $\phi = 50mm$、高 $H = 50mm$ 的一次性聚乙烯塑料杯。

6.5　电源

电源为交流电，220V，50Hz。

6.6　超声加速渗透装置

超声加速渗透装置所用超声波强度为 $0.250W/cm^2 \pm 0.025W/cm^2$，频率为 30kHz $\pm 3kHz$。

7　制样、测试环境

防锈油油膜的制备和防锈性能测试应在 20~25℃、相对湿度不大于70%室内环境下进行。

8　多电极电化学沥干法

8.1　测试线路示意图

如图 2 所示，干燥、清洁的测试探头涂油沥干后和辅助电极一起放入 5%NaCl 溶液中测试，测试探头和辅助电极工作面水平平行相向，间距为 8mm $\pm 5mm$，64 个电极经导线分别接入多电极电化学测试仪一端，辅助电极接入多电极电化学测试仪另一端，参考电压源与涂油测试探头、5%NaCl 溶液、辅助电极构成一腐蚀电流回路，测试所得电阻为极化电阻和溶液电阻之和。多电极电化学测试仪对 64 个电极自动巡回检测，可得 64 个电极的电阻分布。

8.2　测试步骤

8.2.1　测试仪的校准

使用前检查测试仪是否处于正常工作状态。校准按仪器说明书进行。

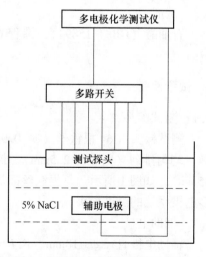

图 2　沥干法试验测试线路示意图

8.2.2　溶液配制

用去离子水或蒸馏水将分析纯氯化钠配制成 pH=7 的 5%氯化钠溶液。溶液 pH 值用氢氧化钠或盐酸调节。

8.2.3　测试探头和辅助电极准备

将 3 对测试探头和辅助电极依次用石油醚脱脂，经 1 号~5 号金相砂纸依次打磨抛光、无水乙醇清洗、干燥后放入干燥器中备用。存放时间超过 1h，使用时要重新打磨、清洗、干燥。

8.2.4　油膜制备

将探头工作面在待测防锈油中浸泡 1min 提起，用滤纸或脱脂棉擦去探头侧面防锈油，将探头放于制样柜中，并使工作面处于垂直方位，使油膜自然沥干 24h，后浸入 5%NaCl 溶液中测试。

8.2.5　试验测试

对制膜后的测试探头和清洁辅助电极逐次浸泡于测试箱中新的 5%NaCl 溶液内（图2），3min 后启动测试仪对探头的 64 个电极自动巡回检测。共可得 192 个电阻数据作为评价样本。

8.2.6　超声加速试验

对于防锈性能较强、电化学测试不能立即响应的防锈油，为了加快腐蚀介质对油膜的渗透过程，缩短测试的响应弛豫时间，在室温 20~25℃、5%NaCl 溶液中对油膜体系进行超声加速。每超声 5min 后再测试，直至防锈油膜有电化学响应。

8.3　防锈性能的 $N+4$ 参数评价方法

8.3.1　T——超声时间

超声时间是指当防锈油膜有电化学响应所用的总超声时间。超声时间是评价防锈油防锈性能的重要参数。防锈油防锈性能优劣按超声时间比较，超声时间长者防锈性能强。相同超声时间下，按以下 3 参数判别。

8.3.2　n——腐蚀介质作用下膜下金属发生腐蚀的等效电极数

8.3.2.1　电极电阻划分为 N 个区间

将电极阻值 $R<1\times10^8\Omega$ 范围划分为（$N-1$）个区间，加上 $R\geq1\times10^8\Omega$ 共 N 个区间。N 的大小根据评价分辨率要求选择，$N\geq6$。

8.3.2.2　n——金属发生腐蚀的等效电极数

$$n = \sum_{i=1}^{N} \alpha_i n_i \qquad\qquad (1)$$

式中　n_i——192 个电机阻值分布在第 i 个区间的电极数；

　　　α_i——第 i 个区间的腐蚀权重因子，由试验优化选取。

本标准依大量试验给出 $N=21$ 及 α_i 值供参考。

在 T 相同条件下，比较防锈油之 n，小者防锈性能为优。

示例 1：测试仪软件将电极阻值 R 范围划分为 21 个区间，$N=21$：

$1\times10^3\Omega\leq R<3\times10^3\Omega$, $3\times10^3\Omega\leq R<5\times10^3\Omega$, $5\times10^3\Omega\leq R<7\times10^3\Omega$, $7\times10^3\Omega\leq R<10\times10^3\Omega$, $1\times10^4\Omega\leq R<3\times10^4\Omega$, $3\times10^4\Omega\leq R<5\times10^4\Omega$, $5\times10^4\Omega\leq R<7\times10^4\Omega$, $7\times10^4\Omega\leq R<10\times10^4\Omega$, $1\times10^5\Omega\leq R<3\times10^5\Omega$, $3\times10^5\Omega\leq R<5\times10^5\Omega$, $5\times10^5\Omega\leq R<7\times10^5\Omega$, $7\times10^5\Omega\leq$

$R < 10 \times 10^5 \Omega$，$1 \times 10^6 \Omega \leq R < 3 \times 10^6 \Omega$，$3 \times 10^6 \Omega \leq R < 5 \times 10^6 \Omega$，$5 \times 10^6 \Omega \leq R < 7 \times 10^6 \Omega$，$7 \times 10^6 \Omega \leq R < 10 \times 10^6 \Omega$，$1 \times 10^7 \Omega \leq R < 3 \times 10^7 \Omega$，$3 \times 10^7 \Omega \leq R < 5 \times 10^7 \Omega$，$5 \times 10^7 \Omega \leq R < 7 \times 10^7 \Omega$，$7 \times 10^7 \Omega \leq R < 10 \times 10^7 \Omega$，$1 \times 10^8 \Omega \leq R$。

示例2：与将电极阻值 R 范围划分为 21 个区间相对应，式中，

$$n = \sum_{i=1}^{21} \alpha_i n_i$$

α_i 依次选取为 1.00，0.95，0.90，0.84，0.79，0.74，0.69，0.63，0.58，0.53，0.48，0.42，0.37，0.32，0.27，0.21，0.16，0.11，0.06，0.01，0（近似）。

在所测三个探头测试数据 n 中，若 $\dfrac{\Delta n_{\max}}{64} > 25\%$，需重测。

8.3.3　$\overline{\lg R}$——192 个电极电阻对数平均值

$$\overline{\lg R} = \frac{\sum_{i=1}^{192} \lg R_i}{192} \tag{2}$$

式中　R_i——第 i 个电极的电极电阻。

$\overline{\lg R}$ 反映防锈油的平均防锈能力。

在 T、n 相同条件下，比较 $\overline{\lg R}$，大者为优。

8.3.4　σ——192 个电极电阻对数值的均方差

$$\sigma = \sqrt{\frac{\sum_{i=1}^{192} (\lg R_i - \overline{\lg R})^2}{191}} \tag{3}$$

σ 反映油膜 192 个电极小区防锈能力的离散度或不均匀性。在以上参数相同条件下，比较 σ，σ 小者为优。

9　多电极电化学直测法

9.1　如图 3 所示，干燥、清洁的测试探头和辅助电极工作面水平平行相向，完全浸入到防锈油中，间距为 8mm±2mm。测试探头 64 个电极经导线分别接入多电极电化学测试仪一端，辅助电极接入多电极电化学测试仪另一端，参考电压源与测试探头、防锈油、辅助电极构成一腐蚀电流回路，测试所得电阻为电极吸附膜极化电阻和油液电阻之和。多电极电化学测试仪对 64 个电极自动巡回检测，可得 64 个电极的电阻分布。

9.2　测试步骤

9.2.1　测试仪校准

按照第 7 章和 8.2.1 的要求进行。

9.2.2　测试探头和辅助电极准备

按 8.2.3 的要求进行。

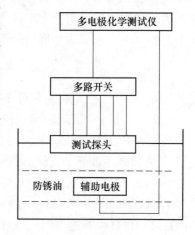

图 3　直测法测试线路示意图

9.2.3　试验测试

待测防锈油样摇匀，倒入测试槽中，应无气泡（若有，用热风消除）。将一对干燥、清洁的测试探头和辅助电极完全浸入到防锈油中。10min 后启动测试仪对探头的 64 个电极自动巡回检测。依此对另两对测试探头和辅助电极在新油样中进行测试，共可得 192 个电极电阻数据作为评价样本。

若大部分比较防锈油的电极电阻超出测试仪量程，可用 6 号溶剂油稀释，稀释度 $\rho = 75\% \sim 80\%$，以保证极化电阻大于液膜电阻的测试条件。

9.3　防锈性能的 $M+3$ 参数评价方法

9.3.1　m——192 个电极的相对易腐蚀等效电极数

9.3.1.1　电极电阻划分为 M 个区间

防锈油的直测电极电阻 $R \geqslant 1 \times 10^8 \Omega$。测试仪 R 量程一般为 $1 \times 10^{12} \Omega$，将电极阻值 $1 \times 10^8 \Omega \leqslant R < 1 \times 10^{12} \Omega$ 范围划分为 $(M-1)$ 个区间，加上 $R \geqslant 1 \times 10^{12} \Omega$ 共 M 个区间。M 的大小依评价分辨率要求选择，$M \geqslant 6$。

9.3.1.2　m——相对易腐蚀等效电极数

$$m = \sum_{i=1}^{M} \alpha_i n_i \qquad (4)$$

式中　n_i——192 个电机阻值分布在第 i 个区间的电极数；

　　　α_i——第 i 个区间的腐蚀权重因子，由试验优化选取。

本标准依大量试验给出 $M = 17$ 及 α_i 值供参考。

比较防锈油之 m，小者防锈性能为优。

示例 1：测试仪软件将电极阻值 R 范围划分为 17 个区间，$N = 17$：

$1 \times 10^8 \Omega \leqslant R < 3 \times 10^8 \Omega$，$3 \times 10^8 \Omega \leqslant R < 5 \times 10^8 \Omega$，$5 \times 10^8 \leqslant R < 7 \times 10^8 \Omega$，$7 \times 10^8 \Omega \leqslant R < 10 \times 10^8 \Omega$，$1 \times 10^9 \Omega \leqslant R < 3 \times 10^9 \Omega$，$3 \times 10^9 \Omega \leqslant R < 5 \times 10^9 \Omega$，$5 \times 10^9 \Omega \leqslant R < 7 \times 10^9 \Omega$，$7 \times 10^9 \Omega \leqslant R < 10 \times 10^9 \Omega$，$1 \times 10^{10} \Omega \leqslant R < 3 \times 10^{10} \Omega$，$3 \times 10^{10} \Omega \leqslant R < 5 \times 10^{10} \Omega$，$5 \times 10^{10} \Omega \leqslant R < 7 \times 10^{10} \Omega$，$7 \times 10^{10} \Omega \leqslant R < 10 \times 10^{10} \Omega$，$1 \times 10^{11} \Omega \leqslant R < 3 \times 10^{11} \Omega$，$3 \times 10^{11} \Omega \leqslant R < 5 \times 10^{11} \Omega$，$5 \times 10^{11} \Omega \leqslant R < 7 \times 10^{11} \Omega$，$7 \times 10^{11} \Omega \leqslant R < 10 \times 10^{11} \Omega$，$1 \times 10^{12} \Omega \leqslant R$。

示例 2：将电极阻值 R 范围划分为 17 个区间相对应，式中

$$n = \sum_{i=1}^{17} \alpha_i m_i$$

α_i 依次选取为 1.00，0.95，0.90，0.85，0.78，0.71，0.64，0.57，0.50，0.43，0.36，0.29，0.22，0.15，0.08，0.01，0。

在所测三个探头测试数据 m 中，若 $\dfrac{\Delta m_{max}}{64} > 15\%$，需重测。

9.3.2　$\bar{R}$——192 个电极电阻对数平均值

$$\bar{R} = \sum_{i=1}^{192} R_i / 192 \qquad (5)$$

式中　R_i——第 i 个电极的电极电阻。

$\bar{R}$ 反映防锈油的平均防锈能力。在 m 相同条件下，比较 $\bar{R}$，大者防锈性能为优。

9.3.3　δ——192 个电极电阻对数值的均方差

$$\delta = \frac{\sqrt{\sum\limits_{i=1}^{192}{(R_i - \overline{R})^2}}}{191\overline{R}} \tag{6}$$

δ 反映油膜 192 个电极小区防锈能力的离散度或不均匀性。在以上参数相同条件下，比较 δ，δ 小者为优。

10　试验报告

试验报告应包括下列内容：

（1）标准编号及试验方法；

（2）受试油样的名称、规格、生产日期、包装；

（3）试验操作仪器编号、监测日期；

（4）记录 R_i、n_i（或 m_i）值，计算 n（或 m）、$\overline{\lg R}$（或 $\overline{R}$）和 σ（或 δ）；

（5）试验结果；

（6）操作人员签名。

附录 A

（规范性附录）

多电极电化学测试仪

A.1　多电极电化学测试仪是按照油膜直流电阻和电位测试原理设计的专用仪器。

A.2　测试仪包括测试探头和微电流转换接口、显示、数据处理、控制等部分（见图 A.1）。

A.3　测试仪工作原理如下：设定的参考电压施加于 64 点阵与辅助电极构成回路（见图 A.1），通过取样电阻实施电流/电压变换。经可编程放大器放大，A/D 转换，MCU 处理后存贮并显示测试结果。

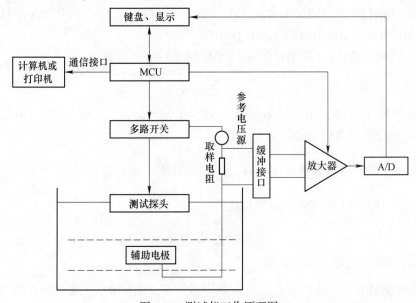

图 A.1　测试仪工作原理图

作为仪器的控制核心，MCU 承担整个仪器自动测试控制，包括仪器自检、自动量程转换、测试箱的机械操作、数据的输入/输出，此外，MCU 还负责测试数据的处理。其核心为评价防锈油防锈性能优劣的 $N+4$ 和 $N+3$ 参数评价体系。

A.4 多电极电化学测试仪测试电极电阻 R 的精度要求：

测量误差≤5%　　　（$R<1×10^8\Omega$）

测量误差≤10%　　（$1×10^8\Omega≤R<1×10^{10}\Omega$）

测量误差≤20%　　（$1×10^{10}\Omega≤R<1×10^{11}\Omega$）

测量误差≤40%　　（$1×10^{11}\Omega≤R<1×10^{12}\Omega$）

10.6　SH/T 0025—1999（2005）防锈油盐水浸渍试验法

1　范围

本标准规定了防锈油盐水浸渍试验方法。

本标准适用于防锈油。

2　引用标准

下列标准所包含的条文，通过引用而构成为本标准的一部分，除非在标准中另有明确规定，下述引用标准都应是现行有效标准。

SH 0005 油漆工业用溶剂油。

SH/T 0105 溶剂稀释型防锈油油膜厚度测定法。

SH/T 0217 防锈油脂试验试片锈蚀度评定法。

SH/T 0218 防锈油脂试验用试片制备法。

3　方法概要

将涂好试验油油膜的试片，按规定的温度，垂直地放入 5%±0.1%氯化钠溶液中，浸渍 20h 后，清除涂覆物，检查试片的锈蚀情况。

4　仪器与材料

4.1　仪器

4.1.1　恒温水浴：能保持水浴温度恒定在 23℃±3℃。

4.1.2　温度计：0~50℃，分度值为 1℃。

4.1.3　容器：500mL 或 800mL 带盖搪瓷杯或玻璃烧杯。

4.1.4　pH 值测定仪或酸度计：测量精度为 0.1。

4.1.5　吊具：不锈钢吊钩。

4.2　材料

4.2.1　钢片：符合 SH/T 0218A 法中 B 试片的要求，规格为：（3.0~5.0）mm×80mm×60mm。

4.2.2　溶剂油：符合 SH 0005 要求。

5　试剂

5.1　氯化钠：分析纯。

5.2　无水碳酸钠：分析纯。

5.3　石油醚：60~90℃，分析纯。

6　准备工作

6.1　取符合 4.2.1 规格的钢片三块，按 SH/T 0218 制备试片，研磨方向应平行于试片短边，磨好后，备用。

6.2　5%碳酸钠溶液的配制：称取无水碳酸钠，用蒸馏水配成 5%碳酸钠溶液，充分摇匀，溶解后，备用。

6.3　5%±0.1%氯化钠溶液的配制：称取氯化钠，用蒸馏水配成 5%±0.1%氯化钠溶液，待充分摇匀溶解后，用 pH 测定仪测其 pH 值，并用 5%碳酸钠溶液调整其 pH 值至 8.0~8.2。如果配好的溶液超过 7d 以上的贮存，则在每次试验前，重新校核 pH 值，并经调整符合要求后再使用。

7　试验步骤

7.1　将已制备好的三块试片，按 SH/T 0105 涂层试片的制备方法涂油后，将涂油试片放在无直射阳光、吹风和灰尘的条件下静置淌油 24h。

7.2　取 500mL 的 5%±0.1%氯化钠溶液装入容器中，将容器再放入恒温水浴中，维持温度在 23℃±3℃。将涂有试验油的试片用吊具垂直吊入氯化钠溶液中，氯化钠溶液没过试片后，加上圆盘或铝制薄板作盖，放置 20h。

7.3　取出试片，水洗干燥后，用石油醚或溶剂油洗去表面涂膜后，仔细观察试片锈蚀变色情况。

7.4　按 SH/T 0217 检测试片两面的锈蚀度。

8　结果判断

　　将试片（三块）两面的锈蚀度相加后的平均值四舍五入成整数，用 SH/T 0217 中规定的等级表示。

9　报告

　　报告试油的锈蚀度级别。如果试片有变色、变暗或其他异常现象，需作出说明。

10.7　SH/T 0036—1990（2006）防锈油水置换性试验法

1　主题内容与适用范围

　　本标准规定了防锈油水置换性能的试验方法。

　　本标准适用于防锈油。

2 引用标准

SH 0004 橡胶工业用溶剂油。

SH/T 0218 防锈油脂试验用试片制备法。

3 方法概要

将浸润过蒸馏水的试片，浸入试样中 15s 后，放入恒温湿热槽内，在 23℃±3℃ 下放置 1h，以观察试片上有无锈蚀、污斑。

4 仪器与材料

4.1 仪器

(1) 培养皿：直径 120mm；

(2) 磨口锥形瓶：150mL；

(3) 恒温湿热槽：能控制温度 23℃±3℃（或用盛有少量蒸馏水的干燥器）；

(4) 秒表：分度为 0.2s。

4.2 材料

4.2.1 金属试片：符合 SH/T 0218A 法中钢片的材质和尺寸规格要求，但两个孔都打在试片 60mm 的边上。

4.2.2 砂布（或砂纸）：粒度为 100 号的刚玉砂布（或砂纸）。

4.2.3 橡胶工业用溶剂油：符合 SH 0004 的要求。

5 试剂

无水乙醇：分析纯。

6 准备工作

6.1 试样的准备

在 23℃±3℃ 时量取 50mL 试样于磨口锥形瓶中，再加入 5mL 蒸馏水，盖上盖子，以上下倒置为一次，约倒置十次，使其混合均匀。在 55℃±2℃ 下放置不少于 12h。取出后静置冷却至 23℃±3℃，摇匀后倒入培养皿中备用。

6.2 试片的制备

6.2.1 试片的打磨

6.2.1.1 试片的棱角、四边、两孔和试验面要用 100 号砂布打磨。试验面纹路与两孔中心连线平行。试验所用的试片表面不得有凹坑、划伤和锈迹。试片打磨后不得直接与手接触。

6.2.1.2 磨好的试片用脱脂棉擦去沙粒等附着物后，用滤纸包好，立即放入干燥器中。但存放清洗和涂试样的总时间不得超过 24h，否则要重新打磨。

6.2.2 试片的清洗

用镊子夹住脱脂棉，将试片在无水乙醇和沸腾的无水乙醇中按顺序进行擦洗。在沸腾无水乙醇中擦洗后立即用热风吹干，然后放在清洁的干燥器内冷却至 23℃±3℃。

7　实验步骤

7.1　将 6.2 条制备的三片试片浸入蒸馏水中,使其充分浸润(否则应重新处理)后,立即将其提起并保持垂直,用定性滤纸吸取底部余水。迅速地将其水平浸入盛有试样的培养皿中,从试片提起到浸入试样的时间不得超过 5s。

7.2　试片在试样中静止 15s 后,立即提起,在 23℃±3℃下挂置 15min,以沥去多余油滴。

7.3　将试片水平放置于恒温湿热槽内,在 23℃±3℃下放置 1h,取出试片并用橡胶工业用溶剂油洗去油膜进行检查。

8　结果判断

以试片在恒温湿热箱中的上表面为判断面。如三片试片均无锈蚀、污斑,则判断为合格。

10.8　SH/T 0060—1991（2006）除锈脂吸氧测定法

1　主题内容与适用范围

本标准规定了用氧弹测定防锈脂吸氧程度的方法。

本标准适用于防锈脂、防锈润滑脂。

2　引用标准

GB/T 5231 加工铜及铜合金化学成分和产品形状。

SH 0004 橡胶工业用溶剂油。

3　方法概要

将试样放到一个加热到 99℃并充有 760kPa（7.7kgf/cm²）氧气的氧弹中氧化,按规定的时间间隔观察并记录压力。在 100h 后由氧气压力的相应降低值来表示试样的吸氧程度。

4　仪器与材料

4.1　仪器

(1) 氧弹、压力表、皿架、试样皿和油浴见附录 A。

(2) 温度计:温度范围为 95～103℃,分度值为 0.1℃,技术条件见附录 B。

(3) 干燥器:用硅胶作干燥剂。

4.2　材料

(1) 氧气:纯度不低于 99.5%。

(2) 黄铜小圆板:用 GB/T 5231 中 H68 黄铜板制成直径 33mm、厚度 1.2mm 的黄铜小圆板,随用随处理。

(3) 砂布(或砂纸):粒度为 240 号。

(4) 洗涤溶剂:符合 SH 0004 的要求或 90～120℃石油醚。

5 试剂

甲醇或无水乙醇：分析纯。

6 准备工作

6.1 黄铜小圆板的处理

6.1.1 将黄铜小圆板浸入洗涤溶剂中，用纱布擦拭，洗净小圆板上前一次的试样和灰尘。

6.1.2 在干燥情况下，将黄铜小圆板的表面用 240 号砂布或砂纸反复打磨（同一个方向），直至产生新的磨光面。

6.1.3 将磨好的小圆板清除砂粒后，浸入洗涤溶剂中，用纱布擦洗，直至洗净。温风干燥后立即浸入沸腾的甲醇或无水乙醇中约 1min，温风干燥后即可使用。

6.1.4 处理好的暂时不用的黄铜小圆板，应贮存于干燥器中，但超过 24h 后小圆板必须重新打磨处理。

6.2 将前一次试验和被空气灰尘沾污的试样皿，依次用洗涤溶剂、热肥皂水和洗液清洗，再用自来水冲洗，最后用蒸馏水冲洗。洗净后于烘箱中干燥。洗净的试样皿只能用镊子接触。

6.3 试验前，如果发现漆膜，就要洗净氧弹内表面和皿架。其方法是将其浸入热洗涤溶剂中，并用毛刷擦洗、干燥。进一步用肥皂水洗涤，直到所有漆膜被除去为止。随后用自来水涮洗，再用蒸馏水冲洗，于烘箱中干燥。洗净的皿架只能用镊子接触。

7 试验步骤

7.1 从干燥器中取出经 6.1 条处理的黄铜小圆板 10 个，分别放入 10 个试样皿的底部。装入熔融的试样 4.00g±0.01g。将装有试样的试样皿分别放在皿架底部搁板上，留下顶部搁板作为盖子用，以防止冷凝的挥发物滴入试样中。在装配氧弹时，放一小团玻璃棉于压力表导气管的底部。

7.2 将装有试样皿的皿架放入氧弹中。拧紧氧弹，使氧弹密封。缓慢地通入氧气，直到压力达到 690kPa（7.0kgf/cm^2）。然后慢慢地让氧气排出。重复操作四次，以使氧弹中的空气排除。在第五次氧气压力到 690kPa 后，关紧针形阀、放置数小时或将氧弹浸没水中以查明是否漏气。

7.3 确定氧弹不漏气后，将氧弹放入温度保持在 99℃±0.5℃ 的油浴中，当压力上升高于 765kPa 时，就间歇地从氧弹中放出氧气，直到压力稳定在 760kPa±5kPa，并且至少保持 2h（如压力逐渐下降，则表明氧弹仍在漏气，要重新查漏）。

7.4 氧弹在油浴中压力稳定 2h 后，记录压力并开始计时。读取 100h 的氧气压力。至少每 24h 观察并记录一次压力。

8 计算

将氧弹浸入油浴 2h 后的氧气压力（表压）减去 100h 试验后的氧气压力（表压），即为吸氧程度，单位以 kPa 表示。

9　报告

取两个氧弹试验结果压力降（kPa）的算术平均值作为试验结果。

附录 A
氧弹法吸氧试验设备
（补充件）

A1　氧弹

氧弹是耐腐蚀耐压的不锈钢气密容器，包括弹体、带弹盖的压力表导气管、氧弹紧固螺母和垫圈。氧弹结构如图 A1 和图 A2 所示。

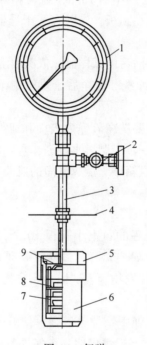

图 A1　氧弹

1—压力表；2—针型阀；3—压力表导气管；4—氧弹支撑板；5—紧固螺母；6—弹体；
7—金属皿架；8—试样皿；9—弹盖（平盖）

A.1.1　氧弹弹体和弹盖（平盖）应由不锈钢加工制成，内表面应抛光，便于清洗。氧弹能耐 3.92MPa（40kgf/cm^2）的水压试验，应能在 99℃下经受 1241kPa（12.7kgf/cm^2）的压力。

在没有试样皿和皿架时，氧弹的容积应为（185±6）mL（测量到压力表导气管的垫圈接触面）。

A.1.2　压力表导气管应使用不锈钢制造，内壁抛光，尺寸见图 A2，其上部装有针型阀。

A.1.3　氧弹紧固螺母，由不锈钢制成。

A.1.4　氧弹支撑板，外径约为 114mm，由不锈钢制成。

A.1.5　"O" 形密封圈，由聚四氟乙烯制成，内径为 51mm，外径为 58mm。

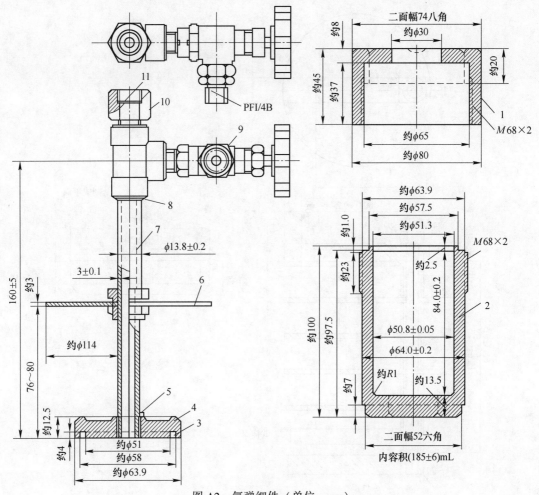

图 A2　氧弹细件（单位：mm）

1—紧固螺帽；2—弹体；3—"O"形垫圈；4—弹盖；5，8—焊接；6—氧弹支撑板；
7—压力表导气管；9—针型阀；10—压力表套管；11—压力表垫圈

A2　压力表

适用于氧气的指示型（或记录式）压力表，精度为 0.4 级，尺寸为 150mm，压力表测量范围为 0~1MPa，最小刻度为 5kPa。

A3　皿架和玻璃试样皿

皿架由不锈钢制成，皿架和玻璃试样皿尺寸见图 A3。

A4　恒温油浴

能控制 99℃±0.5℃的油浴温度，其油浴温度梯度小于 0.5℃。油浴应具有足够深度，以便使氧弹浸没到合适的深度。油浴带有电动搅拌器、电热器和温度控制器。油浴应具有足够的热容量，油浴盖上有温度计插入孔、氧弹插入孔。温度计的 96.8℃位置与油浴盖的上表面在同一水平面。调节油浴面，使氧弹浸入油面下约 50mm。合适安置油浴位置，

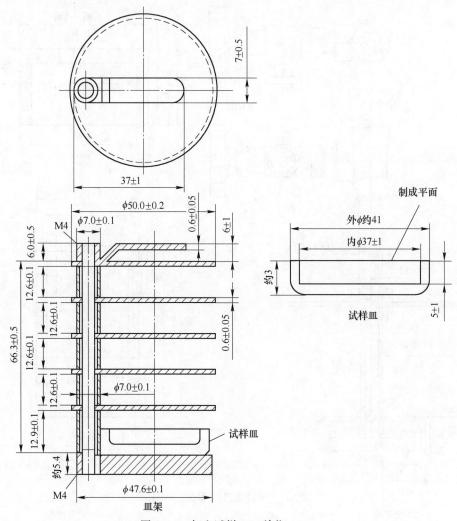

图 A3　皿架和试样皿（单位：mm）

以使压力表周围的温度无大的波动。

A5　紧固氧弹工具

用扳手和氧弹固定台来紧固氧弹。其尺寸如图 A4 所示。

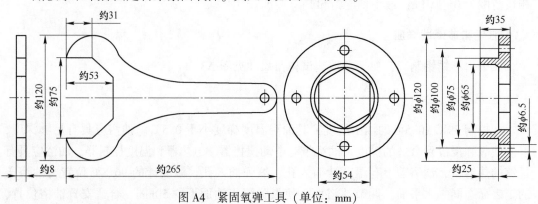

图 A4　紧固氧弹工具（单位：mm）

附录 B
温度计规格
（补充件）

范围/℃	95~103
检定点温度/℃	99
进入深度/mm	全浸
分度值/℃	0.1
长度刻度值/℃	0.5
每个刻度（刻度数字）/℃	1
刻度误差/℃	≤0.1
膨胀室许可加热到/℃	155
总长度/mm	270~280
棒径/mm	6.0~7.0
水银球长度/mm	25~35
水银球直径/mm	不小于5.0和不大于棒径
刻度定位	95.6
球底部到刻度距离/mm	135~150
球底部分的长度/mm	70~100
球底到收缩室底部距离（最大）/mm	60
棒扩大部分：	
直径/mm	8.0~10.0
长度/mm	4.0~7.0
到底部距离/mm	112~116

10.9　SH/T 0063—1991（2006）防锈油干燥性试验法

1　主题内容与适用范围

本标准规定了防锈油油膜自然干燥的试验方法。

本标准适用于溶剂稀释型防锈油。

2　引用标准

SH/T 0218 防锈油脂试验用试片制备法。

3　方法概要

经涂覆过试样的试片在23℃±3℃下，按规定的时间经自然干燥后，检查其干燥状态。

4　仪器与材料

4.1　仪器

　　（1）干燥器。

　　（2）冷热两用吹风机。

　　（3）恒温水浴锅。

　　（4）水银温度计：0~50℃，分度值为1℃。

　　（5）烧杯：600mL。

4.2　材料

　　（1）金属试片：符合 SH/T 0218 A 法中试片的材质和规格尺寸要求。可用 60mm×80mm、两孔都打在 80mm 边上的试片，也可以用 60mm×80mm 两孔都打在 60mm 边上的试片。

　　（2）砂布：粒度为 240 号。

　　（3）脱脂棉：应干燥。

　　（4）不锈钢丝钩：直径约 1mm。

　　（5）架子：能把试片垂直挂起。

5　试剂

5.1　石油醚：60~90℃，分析纯。

5.2　无水乙醇：化学纯。

6　实验步骤

6.1　按照 SH/T 0218 进行试片打磨、清洗和吹干。

6.2　将摇匀的试样 500mL 倒入烧杯中，除去试样表面气泡。

6.3　将 6.1 条准备好的试片用不锈钢丝钩吊起，垂直地浸入 23℃±3℃ 的试样中，浸没 1min 后，以每分钟 100mm 的速度往上提升。

6.4　涂油后的试片挂在架子上，置于 23℃±3℃ 干净场所自然干燥。

6.5　按产品标准规定的干燥时间进行试验，然后用手指触及法检查涂覆油膜的干燥状态。

7　结果判断

7.1　干燥性的表示方法分为四类：

　　（1）油状态：油膜的状态；

　　（2）柔软状态：在涂油试片的油膜上，用手指尖轻轻地擦一下，就留下划痕的状态为柔软状态；

　　（3）指触干燥状态：用手指尖轻轻地触及涂膜试片中央，指尖不被试样所沾污的状态即为指触干燥状态；

　　（4）不粘着状态：用手指尖轻轻地摩擦涂膜试片的中央，在涂膜上不留划痕的状态即为不粘着状态。

8　报告

　　按照 7.1 条的油状态、柔软状态、指触干燥状态和不粘着状态来报告试验结果。

10.10 SH/T 0080—1991（2006）防锈油脂腐蚀性试验法

1 主题内容与适用范围

本标准规定了防锈油脂对金属腐蚀性的试验方法。

本标准适用于防锈油脂。

2 引用标准

GB/T 711 优质碳素结构钢热轧厚钢板和宽钢带。

GB/T 1470 铅及铅锑合金板。

GB/T 2055—1989 镉阳极板。

GB/T 2058—1989 锌阳极板。

GB/T 3190 变形铝及铝合金化学成分。

GB/T 5153 变形镁及镁合金牌号和化学成分。

GB/T 5231 加工铜及铜合金化学成分和产品形状。

GB/T 9797 金属覆盖层镍+铬和铜+镍+铬电镀层。

SH 0004 橡胶工业用溶剂油。

SH/T 0218 防锈油脂试验用试片制备法。

3 方法概要

将产品规格要求的多种金属试片组合后浸入试样中，防锈油在 55℃±2℃ 保持 7d，防锈脂在 80℃±2℃ 保持 14d，根据试片的质量变化和颜色变化，评定试样对金属的腐蚀性。

4 仪器与材料

4.1 仪器

4.1.1 恒温装置：能保持试样温度在 55℃±2℃ 和 80℃±2℃ 的电热恒温水浴锅或电热恒温干燥箱。

4.1.2 分析天平：感量 0.1mg。

4.1.3 游标卡尺：分度值为 0.05mm。

4.1.4 广口密闭玻璃容器：直径 75～90mm，容量 300mL 以上。

4.1.5 回流冷凝装置。

4.1.6 试片组合件：如图 1 所示，由下列零件组成，用聚四氟乙烯树脂材料制作。

4.1.6.1 圆柱头螺钉：M 6mm×1.0mm×60mm。

4.1.6.2 垫圈：ϕ12mm×ϕ6.5mm×4.5mm。

4.1.6.3 螺母：M 6mm×1.0mm。

4.1.7 干燥器

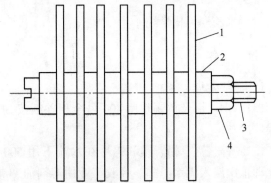

图 1 试片组合图例（溶剂稀释型防锈油）

1—试片（由右向左依次是铬、镉、镁、
铝、锌、黄铜、钢）；2—垫圈；
3—圆柱头螺钉；4—螺母

4.1.8　冷热两用吹风机。

4.2　材料

4.2.1　试片：部分试片的材质规格如表 1 所示。每次试验试片种类按产品规格要求选取。

表 1　试片材质规格表

材料名称	符 合 标 准	规 格
钢片	GB/T 711 中的 10 号	
铜片	GB/T 5231 中的 T2	
黄铜片	GB/T 5231 中的 H62	
锌片	GB/T 2058—1989 中的 Zn-4	
铝片	GB/T 3190 中的 LY12	25mm×50mm×(1.0~2.0)mm 中心有一个 ϕ6.5mm 的孔
铅片	GB/T 1470 中的 Pb3	
镁片	GB/T 5153 中的 5 号	
镉片	GB/T 2055—1989 中的 Cb-3	
铬片	GB/T 9797 中的 Cu/Ni 10b Cr	

4.2.2　金相砂纸：400 号刚玉金相砂纸。

4.2.3　耐水砂纸：500 号刚玉耐水砂纸。

4.2.4　滤纸：定性滤纸。

4.2.5　医用纱布或脱脂棉。

4.2.6　橡胶工业用溶剂油：符合 SH 0004 规定。

5　试剂

　　无水乙醇：化学纯。

6　准备工作

6.1　试片处理

6.1.1　钢、铜及黄铜片用 400 号金相砂纸按 SH/T 0218 将试片打磨清洗处理后，放进干燥器冷却。

6.1.2　锌、铝、铅、镁和镉片在水流下用 500 号耐水砂纸沿试片长边将试片打磨光亮，立即依次浸入无水乙醇、橡胶工业用溶剂油、沸腾无水乙醇清洗干净，放进干燥器冷却。

6.1.3　铬片用橡胶用工业用溶剂油洗净后再用无水乙醇清洗干净，放进干燥器。

6.2　试片在干燥器中冷却 30min 后在分析天平上称量，精确至 0.1mg，记录质量 m_1。

6.3　称量后试片用干净的滤纸拿取，按钢、铜、黄铜、锌、铝、铅、镁、镉、铬顺序如上图所示，用试片组合件将试片组合为三组。

7　试验步骤

7.1　将组合试片分别放进三个广口密闭玻璃容器中（试片为垂直状）。

7.1.1　防锈油：向广口密闭玻璃容器中注入300mL试样，盖好盖子后放进55℃±2℃的恒温装置中，放置7d。溶剂稀释型防锈油应在水浴中进行，广口瓶要装上回流冷凝装置。

7.1.2　防锈脂：预先将试样加热至80℃±2℃再注入广口密闭玻璃容器中，盖好盖子后放进80℃±2℃恒温装置中，放置14d。组合试片必须完全被试样浸没。

7.2　达到规定的试验时间后，取出并分开试片组合件，用蘸有橡胶用工业溶剂油的纱布擦去试片表面和孔内的试样及松浮的腐蚀产物，再在橡胶工业用溶剂油及沸腾无水乙醇中清洗干净，放进干燥器冷却30min后称量，精确至0.1mg，记录质量m_2。

7.3　用肉眼观察并记录试片表面颜色变化、有没有痕迹、污物和其他异常情况。

7.4　用游标卡尺测量并计算试片减去与组合件接触部分的表面积A。

8　计算

试片腐蚀质量变化$C(\mathrm{mg/cm^2})$按下式计算：

$$C = \frac{m_2 - m_1}{A}$$

式中　m_1——试片试验前质量，mg；

m_2——试片试验后质量，mg；

A——试片减去与组合件接触部分表面积，$\mathrm{cm^2}$。

9　报告

9.1　质量变化：取三块试片质量变化的算术平均值，取至小数点后两位。

9.2　颜色变化（与新打磨试片比较），按下列等级表示：

　　0级——光亮如初；

　　1级——均匀轻微变色；

　　2级——明显变色；

　　3级——严重变色或有明显腐蚀。

9.3　三块试片取颜色变化相同的两块定级，如各不相同则需要重做。

10.11　SH/T 0081—1991（2006）防锈油脂盐雾试验法

1　主题内容与适用范围

本标准规定了用盐雾试验箱评定防锈油脂对金属的防锈性能的方法。

本标准适用于防锈油脂。

2　引用标准

SH 0004　橡胶工业用溶剂油。

SH/T 0217　防锈油脂试验试片锈蚀度评定法。

SH/T 0218 防锈油脂试验用试片制备法。

SH/T 0533 防锈油脂防锈试验试片锈蚀评定方法。

3　方法概要

涂覆试样的试片，置于规定试验条件的盐雾试验箱内，经按产品规格要求的试验时间后，评定试片的锈蚀度。

4　仪器与材料

4.1　仪器

4.1.1　盐雾试验箱：由箱体、盐水贮罐、空气供给装置、喷雾嘴、试片支持架、加热调节装置等组成，须用耐腐蚀材料制作，该箱应满足下列试验条件：

　（1）盐雾箱内温度：35℃±1℃；

　（2）空气饱和器温度：47℃±1℃；

　（3）盐水溶液浓度（质量分数）：5%±0.1%；

　（4）喷嘴空气压力：98kPa±10kPa；

　（5）盐雾沉降液的液量：1.0~2.0mL/（h·80cm²）；

　（6）盐雾沉降液的 pH 值（35℃±1℃）：6.5~7.2；

　（7）盐雾沉降液的密度（20℃）：1.026~1.041g/cm³。

　注：盐雾不得直接喷射至试片表面上，已经喷过的盐水不得再次用于喷雾。

4.1.2　密度计：分度值 0.001g/cm³。

4.1.3　冷热两用吹风机。

4.2　材料

4.2.1　试片：符合 SH/T 0218A 法中 B 试片的材质和规格要求如图 1 所示。

　注：也可按产品规格要求，选用其他规格和材质的试片。

4.2.2　玻璃漏斗：直径 100mm。

4.2.3　锥形烧瓶：100mL。

4.2.4　橡胶工业用溶剂油：符合 SH 0004 要求。

4.2.5　精密 pH 试纸：6.5~7.5。

5　试剂

5.1　氯化钠：化学纯。

5.2　盐酸：化学纯。

5.3　无水碳酸钠：化学纯。

6　准备工作

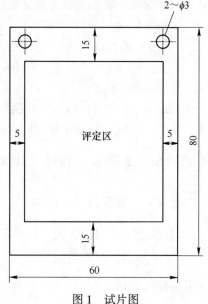

图 1　试片图

6.1　盐水溶液的配制

称取氯化钠与蒸馏水配制浓度（质量分数）为 5%±0.1% 盐水溶液。用盐酸或无水碳

酸钠水溶液调整其 pH 值为 6.5~7.2。再用密度计测定盐水溶液 35℃时密度在 1.029~
1.030g/cm³范围内方可使用。

6.2　盐雾沉降液量的测定

盐雾沉降液量为每小时在 80cm² 面积上，盐雾沉降液的体积（mL）。每次试验至少测
定一次盐雾沉降液量，并且同时测定箱内三个以上不同位置（在中心向四周喷雾的盐雾
试验箱允许只测定两个不同位置）。

盐雾沉降液量的测定方法：预先将玻璃漏斗和锥形烧瓶洗净、烘干。玻璃漏斗置于锥
形烧瓶中，一起称量精确至 0.1g，记下质量 m_1。再放置于盐雾试验箱内，然后按试验条
件开动盐雾试验箱连续喷雾 8h，试验终了，取出玻璃漏斗和锥形烧瓶，用纱布或滤纸擦
干外表的盐水溶液，然后再称量精确至 0.1g，记下质量 m_2。

盐雾沉降液量 V [mL/(h·80cm²)] 按下式计算：

$$V = \frac{m_2 - m_1}{8\rho \frac{\pi r^2}{80}} = \frac{10(m_2 - m_1)}{\rho \pi r^2}$$

式中　m_2——喷雾后的玻璃漏斗及锥形烧瓶质量，g；

　　　m_1——喷雾前的玻璃漏斗及锥形烧瓶质量，g；

　　　8——喷雾时间，h；

　　　ρ——盐水溶液的密度，g/cm³；

　　　r——漏斗半径，cm。

6.3　试片的制备

6.3.1　按 SH/T 0218 将三块试片打磨、清洗干净。

6.3.2　试片涂膜

6.3.2.1　防锈油：将摇动均匀的 500mL 试样倒入烧杯中，除去试样表面气泡，并调整其
温度在 23℃±3℃，用吊钩把干净的试片垂直地浸入试样 1min，接着以约 100mm/min 的速
度提起挂在架子上。

6.3.2.2　防锈脂：将试样加热使其熔融，取 500mL 置于烧杯中，用吊钩把干净的试片垂
直地浸入熔融的试样中，待试片与试样温度相同后，调整温度使膜厚为 38μm±5μm，接
着以约 100mm/min 的速度提起挂在架子上。

注：试样不同，涂覆温度也不一样，首先应改变试样温度，按 SH/T 0218 测定膜厚，
直至求得膜厚为 38μm±5μm 涂覆温度。

6.3.3　涂覆试样的试片挂在相对湿度 70% 以上，温度 23℃±3℃，无阳光直射和通风小的
干净地方沥干 24h。

7　试验步骤

7.1　启动盐雾试验箱，待达到试验条件后暂停喷雾。

7.2　将试片放进箱内试片支持架上，评定面朝上，与垂直线成 15°角，并与雾流方向相
交，然后按产品规格要求的试验时间进行连续喷雾运转。

7.3　每 24h 暂停喷雾，打开盐雾试验箱检查一次，取出已到期或已锈蚀的试片。平时注
意检查和调整温度、盐水浓度、盐水 pH 值到规定的要求。

7.4　取出的试片，先用水冲洗，用热风吹干，再用橡胶工业用溶剂油洗净涂覆油膜，最后用热风吹干。

8　结果判断

按 SH/T 0217 判断三块试片评定面的锈蚀度，或按 SH/T 0533 判断试片的锈蚀度。

9　报告

取三块试片锈蚀度的算术平均值，修约到整数，按 SH/T 0217 以锈蚀等级表示，或按 SH/T 0533 以锈蚀等级表示。

10.12　SH/T 0082—1991（2006）防锈油脂流下点试验法

1　主题内容与使用范围

本标准规定了试验防锈油流下点的方法。
本标准适用于防锈油脂。

2　引用标准

SH/T 0218 防锈油脂试验用试片制备法。

3　方法概要

在规定的温度下，将涂有试样的试片加热 1h 后，在 22℃±3℃ 下自然冷却，观察油膜是否流下的现象来判断防锈油脂的流下点。

4　仪器与材料

4.1　仪器

4.1.1　电热鼓风恒温箱：恒温范围为室温~100℃，温度波动 2℃。

4.1.2　电炉：500W。

4.1.3　游标卡尺：分度值为 0.02mm，长度为 0~120mm。

4.1.4　温度计：0~150℃，分度值为 1℃。

4.1.5　烧杯：1000mL。

4.1.6　刻刀：单面刀片。

4.2　材料

4.2.1　金属试片：符合 SH/T 0218 中 A 法要求的钢片，尺寸为 80mm×60mm×（1~3）mm，见图 1。

4.2.2　脱脂棉。

4.2.3　砂布：粒度为 240 号。

4.2.4　吊钩：用直径为 1mm 的不锈钢丝或镍铜合金制成，全长 90~100mm。

4.2.5　粘着胶带：绝缘胶带，宽 25mm，从试片上剥下后，在试片表面不留下粘胶的胶带。

5　试剂

5.1　石油醚：分析纯，60~90℃。

5.2　无水乙醇：分析纯。

6　准备工作

6.1　将两块金属试片按 SH/T 0218 中 A 法打磨、清洗、吹干。

6.2　用游标卡尺在试片上量出距离试片下端 22mm 处，用刻刀在此处画一条平行于底边的基准线，见图 1。

6.3　从试片下端起到 25mm 部分贴上粘着胶带。

6.4　将贴有粘着胶带的试片进行涂膜。

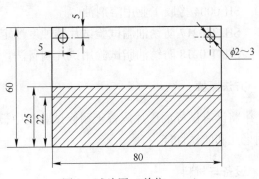

图 1　试片图（单位：mm）

6.4.1　防锈油试样的涂膜

取 500mL 试样倒入烧杯中，充分搅拌，去除浮在表面上的气泡。把试样调整到 23℃±3℃，用吊钩把经 6.1~6.3 条处理的试片垂直地浸入试样中 1min，接着以约 100mm/min 的速度往上提。

6.4.2　防锈脂试样的涂膜

把试样加热到约 80℃使其完全溶化，取 500mL 置于烧杯中，用吊钩把经 6.1~6.3 条处理的试片垂直地浸入完全熔化的试样中，直到试片的温度达到试样温度，调整温度使膜厚为 $38\mu m\pm5\mu m$（按 SH/T 0218 测定膜厚），然后以约 100mm/min 的速度往上提。

7　试验步骤

7.1　沿着粘着的胶带上端用刻刀在涂膜上画出一条缝，然后剥下粘着胶带。

7.2　将涂膜试片的涂膜部分向下，用吊钩把试片垂直地悬挂于电热鼓风恒温箱内，按产品规格要求在 40℃±2℃或 80℃±2℃恒温空气浴中保持 1h。

7.3　将试片取出，在 23℃±3℃的温度下冷却。观察切剩膜的边线与基准线的相对位置有无变化而判断涂膜有无流下。

8　结果判断

8.1　若两片试片的涂膜均未流下，则说明试样在此试验温度下流下点合格。

8.2　若两片试片的涂膜都流下，则说明试样在此试验温度下流下点不合格。

8.3　若两片试片中其中有一片的涂膜流下，则需重复试验。

9　报告

报告试验温度、流下点合格或不合格。

10.13　SH/T 0083—1991（2006）防锈油耐候试验法

1　主题内容与适用范围

本标准规定了用模拟光照、温度、湿度、降雨等条件，试验防锈油的耐老化和防锈性能的方法。

本标准适用于溶剂稀释型硬膜防锈油。

2　引用标准

SH 0004 橡胶工业用溶剂油。

SH/T 0217 防锈油脂试验试片锈蚀度评定法。

SH/T 0218 防锈油脂试验用试片制备法。

3　方法概要

将涂有试样的试片放置于耐候试验机中，经规定的试验时间后，取出试片检查油膜的耐老化和防锈性能。

4　设备与材料

4.1　耐候试验机：应具有光源、温度、湿度、降雨、旋转试架等自动调控装置，以模拟适宜人工气候条件。其构造见图1。

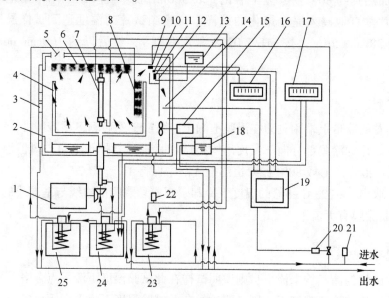

图 1　耐候试验机图

1—减速器；2—门；3—观察窗；4—试片架；5—排风门；6—喷水器；7—氙灯；8—降雨器；9—感光元件；
10—干球铂电阻；11—湿球铂电阻温度计；12—湿球水箱；13—湿球补给水箱；14—加热器；15—风机；
16—光能指示表；17—水温指示控制仪表；18—加温水箱；19—干、湿球控制记录仪；20—电磁阀；
21—进水压力继电器；22—氙灯水压力继电器；23—氙灯水箱；24—水箱；25—降雨水箱

此设备能满足如下试验条件。

4.1.1 光源

（1）氙灯规格：6kW 水冷式氙灯，使用 600h 后必须更换新灯；

（2）光源与样板距离：37cm±2cm；

（3）氙灯冷却水：用蒸馏水循环冷却，以防止灯管结垢。

4.1.2 温度

（1）试片温度：以黑板温度计 63℃±3℃ 为标准，黑板温度计放在与试片相同的位置；

（2）工作温度：干球为 49℃±1℃。

4.1.3 相对湿度：80%±5%。

4.1.4 降雨

（1）降雨时间：12min/h；

（2）喷嘴：共四个，能对试片作均匀的喷雾；

（3）降雨水压：78~118kPa；

（4）降雨水量：2.0~2.2L/min；

（5）降雨水质：蒸馏水或干净的自来水，其 pH 值在 6.0~8.0 之间。

4.1.5 试片架

（1）试片架用铝合金制造；

（2）试片架转速：1r/min，使试片均匀地承受照射和雨淋。

4.1.6 环境：放置耐候试验机的环境应保持良好，严格防止腐蚀性气体（如二氧化硫、硫化氢、氨气等）的污染。

4.2 试片：试片材质，大小符合 SH/T 0218 法中的钢片，但两孔打在 60mm 的边上。

5 试剂

5.1 石油醚：分析纯，60~90℃。

5.2 橡胶工业用溶剂油：符合 SH 0004 的要求。

6 试验步骤

6.1 试片的制备

6.1.1 按 SH/T 0218 法将试片打磨清洗干净，每个试样需三块试片。

6.1.2 将摇动均匀的 500mL 试样倒入烧杯中，除去试样表面气泡并调整其温度在 23℃±3℃，用吊钩把干净的试片垂直浸入试样 1min，接着以 100mm/min 的速度提起，挂在相对湿度 70% 以下、温度 23℃±3℃、无阳光直射和通风小的干净地方沥干 2h。

6.2 将沥干后的试片，放在耐候试验机试片架上，试片与底座间用一块 70mm×150mm 聚乙烯塑料膜隔开。

6.3 按 4.1 条规定的条件调节好耐候试验机的各部分开关，启动设备，使其在 1h 之内达到各项规定的试验条件，记录试验开始时间。在此规定的条件下连续运转。每天开机 23h，然后停机 1h，以便检查时装取试片。试验时间计算为 24h。

6.4 试片取出检查或装入应在 1h 停机期间内进行。

6.5 试验操作记录

（1）氙灯电流；

（2）降雨压力与蒸馏水 pH 值；

（3）黑板温度计之指示温度和工作室温度、湿度；

（4）试验中断时间与次数。

7　结果判断

7.1　试片按规定的时间进行试验，期满后取出，用工业滤纸吸干表面水珠，用肉眼检查和记录光照面膜裂痕、脱落等情况。

7.2　用石油醚和橡胶工业用溶剂油清洗试片表面油膜，并干燥光照面，按 SH/T 0217 规定评定锈蚀度。

8　报告

取规定试验时间后的三块试片锈蚀度平均值，修约到整数，按 SH/T 0217 以锈蚀等级表示。

10.14　SH/T 0105—1992（2006）溶剂稀释型防锈油油膜厚度测定法

1　主题内容与适用范围

本标准规定了溶剂稀释型防锈油油膜厚度的测定方法。

本标准适用于溶剂稀释型防锈油。

2　引用标准

GB/T 2540 石油产品密度测定法（比重瓶法）。

SH 0006 工业白油。

SH 0007 化妆用白油。

SH/T 0218 防锈油脂试验用试片制备法。

3　方法概要

将试片放入 500mL 试样中浸 1min，提起。垂直悬挂 24h 后测定试片涂膜质量。由油膜的密度和质量计算出涂膜厚度。

4　仪器与材料

4.1　仪器

4.1.1　分析天平：感量为 1mg。

4.1.2　游标卡尺：分度值为 0.02mm。

4.1.3　防爆空气浴：能保持温度恒定在 107℃ ±2℃ （或超级恒温器：恒温范围 50~110℃ ）。

4.1.4　平底瓷蒸发皿：直径为 90mm。

4.1.5　恒温水浴：能保持水浴温度恒定于 23℃ ±3℃ 。

4.1.6　水银温度计：0~50℃ ，分度值为 0.1℃ ；0~150℃ ，分度值为 1℃ 。

4.1.7 比重瓶：符合 GB/T 2540 中广口型要求，瓶颈上带有标线或毛细管磨口塞子，体积 25mL。

4.1.8 玻璃吸管：带有橡胶帽。

4.1.9 烧杯：600mL。

4.1.10 干燥器。

4.1.11 冷热两用吹风机。

4.2 材料

4.2.1 试片：符合 SH/T 0218 中 A 法试片的材质和规格要求，两孔打在试片短边上，见图 1。

4.2.2 涤纶胶粘带：即绝缘胶带，宽 15mm。

4.2.3 脱脂棉或医用纱布。

4.2.4 砂布（或砂纸）：粒度为 240 号。

4.2.5 吊钩：用不锈钢丝制作，直径约 1mm。

4.2.6 白油：符合 SH 0006 中 32 号要求，或符合 SH 0007 中 26 号或 36 号要求，供油浴用。

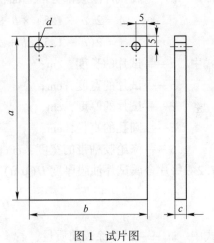

图 1 试片图

5 试剂

5.1 石油醚：60~90℃，分析纯。

5.2 无水乙醇：化学纯。

6 试验步骤

6.1 涂膜试片的制作

6.1.1 试片的处理

6.1.1.1 将两片试片按 SH/T 0218 中 A 法试片的制备进行处理。

6.1.1.2 用游标卡尺测量每片金属试片的长度、宽度、厚度及两孔直径（准确到 0.02mm），放入干燥器中，然后按式（1）计算试片上涂膜部分的总面积。

6.1.1.3 将以上金属试片用不锈钢丝钩钩牢进行称重，并记下质量 m_1。

6.1.1.4 在距试片下边缘 15mm 部分，用涤纶胶粘带将其表面覆盖。

6.1.2 试片的涂覆方法

6.1.2.1 将摇匀的防锈油 500mL 倒入烧杯中，充分搅拌，除去试样表面气泡并调整其温度在 23℃±3℃内。

6.1.2.2 用吊钩把按 6.1.1 准备好的试片垂直地浸入 23℃±3℃ 的试样中浸没 1min 后，以约 100mm/min 的速度垂直提起。

6.1.2.3 涂膜后的试片垂直地挂在架子上，并使试片上边和下边呈水平状态。在相对湿度 70% 以下、温度 23℃±3℃、没有阳光直射和通风小的干净场所自然干燥 24h。

6.1.3 待涂膜试片达到规定的干燥时间后，将刀片插入已被涂膜覆盖的涤纶胶粘带与试片的接缝中剥下涤纶胶粘带（也可用手直接扯下涤纶胶粘带）。

6.1.4 用 6.1.1.3 中不锈钢丝钩钩牢涂膜试片，进行第二次称重，记下质量 m_2。

6.2 油膜密度的测定

6.2.1　油膜密度试样的制备

6.2.1.1　将防爆空气浴或超级恒温器调温至 107℃±2℃。

6.2.1.2　在两只直径为 90mm 平底蒸发皿中分别装入 25g 混合均匀的试样，在 107℃±2℃ 防爆空气浴或超级恒温器中恒温 16h，把蒸得的残留物合并在一起，作为测定油膜密度的试样（取试样量不少于 5g）。使用超级恒温器时，应在通风柜中进行，注意应无明火。

6.2.1.3　按 GB/T 2540 测得油膜密度 ρ。

7　计算

7.1　每片金属试片涂膜部分的总面积 A（cm^2），按式（1）计算：

$$A = 2(a - 1.5) \times b + 2(a - 1.5) \times c + 2bc + 2\pi dc - \pi d^2$$
$$= 2(a - 1.5)(b + c) + 2(b + \pi d) \times c - \pi d^2 \tag{1}$$

式中　a——试片的长度，cm；

　　　b——试片的宽度，cm；

　　　c——试片的厚度，cm；

　　　d——圆孔的直径，cm；

　1.5——涤纶胶粘带的宽度，cm。

7.2　每片金属试片油膜厚度 H（μm），按式（2）计算：

$$H = \frac{m_2 - m_1}{\rho A} \times 10^4 \tag{2}$$

式中　m_1——试片涂膜前质量，g；

　　　m_2——试片涂膜后质量，g；

　　　ρ——油膜密度，g/cm^3；

　　　A——试片上涂膜部分的总面积，cm^2。

8　报告

取两片试片油膜厚度的算术平均值作为测定结果，并修约到小数点后第一位。

10.15　SH/T 0106—1992（2006）防锈油人汗防蚀性试验法

1　主题内容与适用范围

本标准规定了试验防锈油人汗防蚀性能的方法。

本标准适用于防锈油。

2　引用标准

SH/T 0218 防锈油脂试验用试片制备法。

3　方法概要

涂有试样的试片经打印人工汗液，在 23℃±3℃ 下放置 24h 后，观察试片有无锈蚀。

4 仪器与材料

4.1 仪器

4.1.1 恒温箱：防爆型，能保持 23℃±3℃。

4.1.2 简易润湿槽：底部装有少量蒸馏水的干燥器。

4.2 材料

4.2.1 试片：符合 SH/T 0218 中 A 法试片的材质和规格要求，两个孔可打在试片的长边或短边上。

4.2.2 玻璃板：150mm×150mm×5mm。

4.2.3 纱布：脱脂纱布，35mm×35mm。

4.2.4 橡胶塞：橡胶塞印汗面直径约为 26mm。

4.2.5 砝码：质量 1kg±0.02kg。

4.2.6 砂纸（或砂布）：粒度为 240 号的刚玉砂纸（或砂布）。

5 试剂

5.1 甲醇：化学纯。

5.2 氯化钠：化学纯。

5.3 尿素：化学纯。

5.4 乳酸：化学纯，85%。

6 准备工作

6.1 人工汗液按下列组成配制：
蒸馏水：500mL；
甲醇：500mL；
氯化钠：7g±0.1g；
尿素：1g±0.1g；
乳酸：4g±0.1g。

6.2 用 1 体积人工汗液和 2 体积甲醇配成溶液作打印液。

6.3 橡胶塞的印汗面用 240 号砂纸（或砂布）打磨粗糙，依次用中性洗涤剂、蒸馏水洗净，然后干燥。

6.4 按 SH/T 0218 中 A 法规定制备试片。

7 试验步骤

7.1 把 6.4 条准备好的试片垂直地浸入 23℃±3℃ 的试样中，浸没 1min 后，以约 100mm/min 的速度垂直提起。其中三片干燥 30min 后按 7.2 条规定印汗；另外三片干燥 16h 后按 7.2 条规定印汗。

7.2 将 32 块纱布重叠放在玻璃板上，在其中心滴下 6.2 条配成的打印液 1.5mL。用适当的方法加砝码于橡胶塞上，将橡胶塞粗糙面向下，置于重叠的纱布上约 2s 后，连同砝码一起立即移向干燥过的试片中心打印约 1s，纱布打印一次必须更换。每块试片从打印液滴到纱布开始到打印完毕所需时间为 20s±5s。

7.3　将打印好的试片放入简易润湿槽中，于 23℃±3℃ 下放置 24h。

7.4　取出试片，目测试片打印处有无锈蚀。

8　结果判断

当六片试片打印处均无锈蚀时，则判断试片为"无锈蚀"，否则为"锈蚀"。

9　报告

如试片为"无锈蚀"，则试样报告为"合格"，否则为"不合格"。

10.16　SH/T 0107—1992 防锈油人汗洗净性试验法

1　主题内容与适用范围

本标准规定了试验防锈油人汗洗净性能的方法。
本标准适用于防锈油。

2　引用标准

SH 0004 橡胶工业用溶剂油。
SH/T 0218 防锈油脂试验试片制备法。

3　方法概要

将印有人工汗液的试片，在试样中摆洗 2min，在 23℃±3℃ 条件下放置 24h，观察试片印汗面锈蚀情况。

4　仪器与材料

4.1　仪器

4.1.1　试片摆洗器：见图 1。
　（1）摆洗往复速度：每分钟 30 次±2 次；
　（2）摆洗距离：约 50mm（单程）。

4.1.2　恒温箱：防爆型，能保持 120℃±2℃ 恒温。

4.1.3　砝码：质量 1kg±0.02kg。

4.1.4　干燥器：干燥剂为硅胶。

4.1.5　简易润湿槽：可用底部装有少量蒸馏水的干燥器。

4.1.6　容器：约为 80mm×110mm×130mm 的玻璃缸。

4.2　材料

4.2.1　试片：符合 SH/T 0218 中 A 法试片

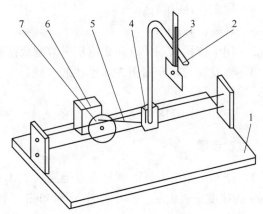

图 1　试片摆洗器
1—底座；2—支撑臂；3—试片支持架；
4—往复移动装置；5—连杆；
6—可逆电动机；7—偏心轮

的材质和规格要求，但两个孔打在试片短边上。

4.2.2　溶剂：橡胶工业用溶剂油，符合 SH 0004 要求，或 60~90℃石油醚。

4.2.3　玻璃板：150mm×150mm×5mm。

4.2.4　纱布：脱脂纱布，35mm×35mm。

4.2.5　橡胶塞：橡胶塞印汗面直径约为 26mm。

4.2.6　砂纸（或砂布）：粒度为 240 号的刚玉砂纸（或砂布）。

5　试剂

5.1　甲醇：化学纯。

5.2　氯化钠：化学纯。

5.3　尿素：化学纯。

5.4　乳酸：化学纯，85%。

6　准备工作

6.1　人工汗液按下列组成配制：

　　蒸馏水：500mL；

　　甲醇：500mL；

　　氯化钠：7g±0.1g；

　　尿素：1g±0.1g；

　　乳酸：4g±0.1g。

6.2　橡胶塞的印汗面用 240 号砂纸（或砂布）打磨粗糙，依次用中性洗涤剂、蒸馏水洗净，然后干燥。

6.3　按 SH/T 0218 中 A 法规定制备五片试片，要在 8h 内使用。

7　试验步骤

7.1　将 32 块纱布重叠放在玻璃板上，在其中心滴下人工汗液 1.5mL，然后用适当的方法加砝码于橡胶塞上，将橡胶塞粗糙面向下，置于重叠的纱布上约 2s 后，连同砝码一起立即转向试片中心打印约 1s。纱布打印一次必须更换。每块试片从人工汗液滴到纱布开始到打印完毕，所需时间为 20s±5s。

7.2　打印后 5s 内，将试片放入 120℃±2℃ 的恒温箱中干燥 5min 后，再取出放入干燥器内冷却至室温。

7.3　五片试片中，三片试片用试片摆洗器依次在 800mL 试样和 800mL 溶剂中摆洗 2min 后，用热风吹干。

7.4　剩余的两片试片中，取一片试片用试片摆洗器，依次在 50℃ 以上的 800mL 甲醇、800mL 溶剂中摆洗 2min，用热风吹干。将此试片的人汗洗净率定为 100%。

7.5　最后的一片试片用试片摆洗器在 800mL 溶剂中摆洗 2min，用热风吹干。将此试片的人汗洗净率定为 0%。

7.6　将上述已处理的五片试片，放入简易润湿槽中，于 23℃±3℃ 下放置 24h。

7.7　取出试片，目测试片的打印处有无锈蚀。

8　结果判断

　　人汗洗净率定为 0% 的试片印汗处必须生锈，人汗洗净率定为 100% 的试片必须无锈，否则试验重做。其余三片试片印汗处如均无锈蚀时，则判断试片为"无锈蚀"，否则为"锈蚀"。

9　报告

　　如试片无锈蚀，则试样报告为"合格"，否则为"不合格"。

10.17　SH/T 0195—1992（2007）润滑油腐蚀试验法

1　主题内容与适用范围

　　本标准规定了试验润滑油对金属片的腐蚀性方法。
　　本标准适用于润滑油。
　　非经另行规定，金属片材料为铜或钢。

2　方法概要

　　将磨光并露出新鲜金属面的金属片浸入润滑油中，在规定的温度下，以经一定时间作用后所发生的颜色变化来确定润滑油对金属的腐蚀性。

3　仪器与材料

3.1　仪器

3.1.1　烧杯或瓷杯：直径不小于 85mm，高度不小于 100mm。

3.1.2　玻璃棒：比烧杯或瓷杯的直径长约 20~30mm，上面有两个相距 20~30mm 的凹形切口，以便挂玻璃小钩。

3.1.3　L 形玻璃小钩：长约 30mm，挂金属片用。

3.1.4　放大镜：能放大 6~8 倍。

3.1.5　瓷蒸发皿或培养皿。

3.1.6　钢针或电刻字仪。

3.1.7　镊子。

3.2　材料

3.2.1　金属片：材料为 3 号铜（T3）、40~50 号钢或其他产品标准规定的金属。形状为圆形（直径 38~40mm，厚 3mm±1mm）或正方形（边长 48~50mm，厚 3mm±1mm）。每一块金属片带有直径 5mm 的孔眼一个：圆形金属片的孔眼中心位置在距离边缘 5mm 的地方；正方形金属片的孔眼中心位置，则在一角上距离两边 5mm 的地方。

3.2.2　砂布（或砂纸）：粒度为 150 号和 180 号。

3.2.3　脱脂棉。

4　试剂

4.1　无水乙醇：分析纯。

4.2　苯：分析纯。

4.3　乙醇-苯混合液：用无水乙醇和苯按体积比 1∶4 配成。

5　准备工作

5.1　金属片的全部表面用砂布进行仔细研磨，最后用 180 号砂布磨至光滑明亮无明显的加工痕迹。各金属片的号码只许刻在边缘侧面。

5.2　将磨好的金属片用镊子夹持在瓷蒸发皿或培养皿中用苯洗涤，再用苯浸过的脱脂棉擦拭，最后用干棉花擦干并不得与手接触。

5.3　将洗过和擦干的金属片用放大镜来观察，片上不得有腐蚀斑点等痕迹，对金属片上的小凹痕和小点，要用钢针或电刻字仪刻画一个直径不超过 1mm 的圆环，如果金属片上再有污点，则再洗涤擦干，如再有腐蚀痕迹存在时，该金属片应作废。

6　试验步骤

6.1　将试样倒入清洁而干燥的烧杯中，满到距离杯口 15～20mm 处，并将其加热到 105℃，随后取准备好的两块同牌号的金属片挂在玻璃小钩上，再挂在杯口中央的玻璃棒的切口处，并使金属片浸入加热的试样内。在放置玻璃棒时注意，不使金属片相互接触，亦不要使其接触杯边。

6.2　将盛有试样及金属片的烧杯，放在 100℃±2℃ 的烘箱中，保持 3h。

6.3　恰到 3h 时，从试样中取出金属片，并移入盛有乙醇-苯混合液的瓷蒸发皿内，小心洗涤，然后再用乙醇-苯混合液冲洗几次。洗涤后的金属片应立刻用棉花擦干，并仔细观察。对洗涤后的黄铜或纯铜片，应先检查有无绿色，然后用棉花轻轻擦拭，再仔细观察。

7　判断

7.1　除了钢针或电刻字仪所圈划过的地方及距孔和边缘 1mm 以内的地方外，用肉眼观察，在金属片上没有铜绿斑点或小点时，则认为试样合格。

在铜和铜合金试验时，不应有绿色、深褐色或铜灰色的斑点或薄膜，但允许这种金属片的颜色有轻微的变色。

7.2　如果仅在一块金属片上发现有腐蚀痕迹，则应重新试验，第二次试验时，即使在一个金属片上再度出现上述的腐蚀情况，亦认为试样不合格。

10.18　SH/T 0211—1998（2004）防锈油脂低温附着性试验法

1　范围

本标准规定了在低温条件下，试验防锈油和防锈脂对金属的附着能力的方法。

本标准适用于防锈油和防锈脂。

2　引用标准

下列标准包括的条文，通过引用而构成本标准的一部分，除非在标准中另有明确规定，下述引用标准应是现行有效标准。

SH/T 0218 防锈油脂试验用试片制备法。

3　方法概要

　　将涂有防锈油脂的金属试片在低温箱中放置，经规定的试验周期后，用划痕试验器划痕，检查被线条包围的膜有无脱落，以此判断防锈油脂低温附着性。

4　仪器与材料

4.1　仪器

4.1.1　低温箱：由冷冻装置、温度调节控制装置及温度计组成。该箱符合下列技术要求：

4.1.1.1　温度计：玻璃水银温度计，−30～60℃，分度值为 0.5℃。安装时，水银球应在箱内暴露区正中央。

4.1.1.2　箱内暴露区温度：−20℃±2℃。

4.1.2　划痕试验器：由四块同规格的新单刃刀片按 3.2mm 的间隔固定，其主要构造如图 1 所示。

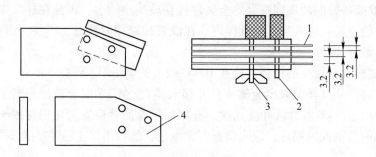

图 1　划痕试验器（单位：mm）

1—单刃刀片；2—定位螺栓；3—固紧螺丝；4—固定片

4.1.3　培养皿：直径 100mm。

4.2　材料

4.2.1　试片：材质及规格符合 SH/T 0218 中 A 法中的 A 试片的要求。

4.2.2　单刃刀片：飞鹰牌单刃保安刀片。

5　试剂

5.1　石油醚：60～90℃，分析纯。

5.2　无水乙醇：化学纯。

6　试验步骤

6.1　试片打磨、清洗和涂油按 SH/T 0218 中规定进行。每个试样每次用两片试片。

6.2　当低温箱温度达到−20℃±2℃时，将涂油并经规定时间沥干后的试片平放在培养皿中，连同划痕试验器同时放入低温箱内，关上门，并在此温度下保持 1h。

6.3　到达时间后，在箱内迅速用划痕试验器在试片膜上划出长 25mm，深达金属表面的四道平行线，再与最初四道线垂直方向另划四道线，构成正方形格子。

7 结果判断

检查两片试片中的正方形格子内的膜有无揭起或脱落，如均无揭起或脱落，则判断为合格。反之，判定为不合格。若其中一片试片被认为有揭起或脱落时，重新试验。如果重新试验结果有一片以上试片再被确认为有揭起或脱落时，则判定为不合格。

10.19 SH/T 0212—1998（2004）防锈油脂除膜性试验法

1 范围

本标准规定了防锈油脂经耐候试验、包装贮存试验、湿热试验后的油膜除去性的试验方法。

本标准适用于防锈油和防锈脂。

2 引用标准

下列标准包括的条文，通过引用而构成标准的一部分，除非在标准中另有明确规定，下述引用标准都是现行有效标准。

GB/T 2361 防锈油脂湿热试验法。

SH 0005 油漆工业用溶剂油。

SH/T 0083 防锈油耐候试验法。

SH/T 0218 防锈油脂试验用试片制备法。

SH/T 0584 防锈油脂包装贮存试验法（百叶箱法）。

3 方法概要

将涂有试样的试片经耐候试验、包装贮存试验或湿热试验后，观察油膜能否用溶剂揩擦或浸洗除去。

4 仪器与材料

4.1 仪器

4.1.1 除膜性试验机：擦距 50mm，擦速为每分钟 30 次±2 次，构造如图 1 所示。

4.1.2 擦具：由内径 7.5mm、长 250mm 的玻璃管、软木塞、砝码和轮圈组成，管下端装有 8mm×6mm×50mm 的毛毡作为芯子，并露出管外 6~12mm，构造如图 1 所示。

4.1.3 烧杯：500mL。

4.1.4 吊具：国产不锈钢线材或镍铜合金线材，线材直径为 1mm，全长 90~100mm，形状如图 2 所示。

4.2 材料

4.2.1 试片：材质规格及吊孔符合 SH/T 0218 中 A 法 A 试片，本试验用两块试片。

4.2.2 毛毡：厚度为 18~19mm，每平方米质量为 400~700g。

4.2.3 溶剂油：符合 SH 0005 规格要求。

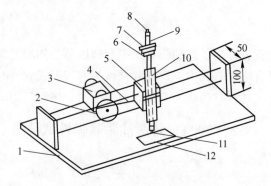

图 1   除膜性试验机（单位：mm）

1—底座；2—偏心轮；3—可逆电机（N9-09 型）；4—连杆；5—往复移动装置；6—轮圈；

7—砝码；8—软木塞；9—玻璃管；10—金属导管；11—毛毡；12—试片

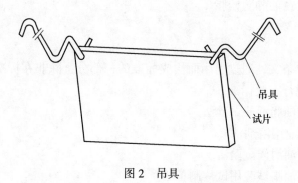

图 2   吊具

5   试剂

5.1   石油醚：60~90℃，分析纯。

5.2   无水乙醇：分析纯。

6   试验步骤

6.1   使用擦具的方法

6.1.1   试片的制备：每个试样需用两块试片，按 SH/T 0218 方法规定制备。

6.1.2   涂油试片按表 1 规定做试验。

6.1.3   从玻璃管的上方注入溶剂油，并盖上软木塞使毛毡完全湿润，然后调节软木塞的松紧度至溶剂油不能自然从毛毡的一端流出为止，加上砝码使擦具的总质量为 200g ±0.5g。

6.1.4   把擦具安装在内径 11mm、长 100mm 的金属导管内，调节擦具垂直于试片的中心位置上。

6.1.5   启动除膜试验机，在擦距 50mm，擦速为每分钟 30 次±12 次的试验条件下，进行除膜性试验。擦具往复摆动，回到原来位置上称为一次。擦数取决于试验油的种类，见表 1。

6.1.6   目测观察擦具擦过的试片表面 6mm 宽处是否有残留的油膜。

6.2　不使用擦具的方法

6.2.1　试片的制备：每个试样需两块试片，按 SH/T 0218 方法规定制备。

6.2.2　涂油试片按表 1 规定做试验。

6.2.3　在装有 500mL 溶剂油的烧杯中，用吊具将试片以每分钟 30 次±2 次的速度上下移动 1min。

6.2.4　待干燥后目测检查试片上是否有残留的油膜。

表 1　各类油品试验条件

方法	试验油种类	试验条件	试验方法	擦次数或浸时间
使用擦具	溶剂稀释型硬膜防锈油	耐候试验 600h 完成后	SH/T 0083	30
	溶剂稀释型软膜防锈油	包装贮存 12 个月完成后	SH/T 0584	15
	溶剂稀释型防锈油（水置换软膜）	包装贮存 6 个月完成后	SH/T 0584	6
	溶剂稀释型防锈油（中黏度油膜）	包装贮存 3 个月完成后	SH/T 0584	6
	防锈脂	包装贮存 12 个月完成后	SH/T 0584	15
	溶剂稀释型防锈油（透明硬膜）	包装贮存 12 个月完成后	SH/T 0584	15
不用擦具	润滑油型防锈油（中黏度油膜）	湿热试验 480h 完成后	GB/T 2361	浸 1min
	润滑油型防锈油（低黏度油膜）	湿热试验 192h 完成后	GB/T 2361	
	内燃机防锈润滑油	湿热试验 480h 完成后	GB/T 2361	
	置换型防锈油（低黏度油膜）	湿热试验 168h 完成后	GB/T 2361	

7　结果判断

7.1　若两块试片都确认没有残留的油膜时，则判断为能除膜。反之，判断为不能除膜。

7.2　若其中有一块试片确认有残留油膜时，需重新试验。如果重新试验结果有一块以上试片再被确认有残留油膜时，则判断为不能除膜。

10.20　SH/T 0214—1998（2004）防锈油脂分离安定性试验法

1　范围

本标准规定了防锈油脂在冷热交替条件下的安定性能的试验方法。

本标准适用于溶剂稀释型防锈油、人汗置换型防锈油和防锈脂。

2　方法概要

　　将装有防锈油脂的具塞量筒按规定的试验周期，先后于一定的高温、低温及室温交替处理后，进行观察，以具塞量筒内防锈油脂有无相变或分离现象来判断防锈油脂的分离安定性。

3　仪器

3.1　电热恒温水浴：能够控制温度在 55℃±2℃。

3.2　电热恒温箱：能够控制温度在 110℃±2℃。

3.3　低温箱：能够控制温度在 -20℃±2℃，箱内有效高度大于 100mL 具塞量筒的高度。

3.4　容器：带刻度的 100mL 具塞量筒。

3.5　秒表。

4　试验步骤

4.1　溶剂稀释型防锈油

4.1.1　向两支 100mL 具塞量筒中分别倒入 50mL 试样，塞好塞子。

4.1.2　将具塞量筒放进电热恒温水浴中，在 55℃±2℃ 下静置 8h，取出具塞量筒放进低温箱内，在 -20℃±2℃ 下静置 16h。

4.1.3　按上述操作进行四次后，取出具塞量筒，并于 23℃±3℃ 的室内放置 24h。然后将具塞量筒倒置 5s，再按原状态放置 5s，如此操作四次，然后静置 1h，再进行观察。

4.2　防锈脂

4.2.1　向两支 100mL 具塞量筒中分别倒入熔融试样 50mL，塞好塞子。

4.2.2　将具塞量筒放在 110℃±2℃ 的电热恒温箱中加热 1.5h，取出具塞量筒于 23℃±3℃ 室内放置 1h。然后移入 -20℃±2℃ 的低温箱中放置 1h，再取出具塞量筒，放在 110℃±2℃ 的电热恒温箱中加热 1h。待具塞量筒冷却至室温后，进行观察。

4.3　人汗置换型防锈油

4.3.1　向四支 100mL 具塞量筒中分别倒入 50mL 试样，塞好塞子。

4.3.2　将两支具塞量筒放在 -20℃±2℃ 的低温箱中静置 16h，取出具塞量筒放入电热恒温水浴中，在 55℃±2℃ 下静置 8h。

4.3.3　如上述步骤反复操作三次后，取出具塞量筒，并在室内冷却至 23℃±3℃，静置 24h。

4.3.4　在操作 4.3.2 的两支具塞量筒的同时，将另两支具塞量筒放进电热恒温水浴中，在 55℃±2℃ 下静置 72h，取出具塞量筒在室内冷却至 23℃±3℃，静置 24h。

4.3.5　将四支具塞量筒倒置，再慢慢地复原，如此反复六次，然后静置 1h，再进行观察。

5　结果判断

　　两个试样都没有相变化或分离的时候，就判定为无相变化或无分离。如果其中一个试样确认为有相变化或分离，就重新试验；如果重新试验结果再有其中一个被确认为有相变化或分离，就判定为有相变化或分离。

10.21 SH/T 0215—1999（2005）防锈油脂沉淀值和磨损性测定法

1 范围

本标准规定了用离心分离法测定防锈油脂沉淀物的体积以及沉淀物对玻璃表面有无划伤的方法。

本标准适用于防锈油和防锈脂。

2 引用标准

下列标准包括的条文，通过引用而构成为本标准的一部分，除非在标准中明确规定，下述引用标准都应是现行有效标准。

GB/T 262 石油产品苯胺点测定法。

GB/T 1884 石油和液体石油产品密度测定法（密度计法）。

GB/T 1885 石油计量表。

GB/T 6536 石油产品蒸馏测定法。

SH/T 0006 工业白油。

3 方法概要

将一定量的试样用溶剂稀释后，在规定的条件下分离沉淀物，以沉淀物的体积（mL）表示防锈油脂的沉淀值。

将得到的沉淀物放在两片显微镜玻璃载片中间，摩擦后检查镜片的划伤状况，以确定试样的磨损性。

4 仪器

4.1 离心管：形状及尺寸见图1和图2。刻度为100mL，配有合适的软木塞。离心管刻度用20℃的蒸馏水标定，允许误差见表1和表2。

4.2 离心机：应能满足正常使用所有安全要求。能装两支以上的偶数试管，旋转时刻度试管的前端相对离心力应为600~700，旋转头、耳轴杯（包括橡皮垫）应有良好的结构，能承受最大离心力。离心时，耳轴杯和橡皮垫应能牢固地支架着离心管。离心机转头的转速 $n(\text{r/min})$ 按式（1）计算：

$$n = 1335\sqrt{ref/d} \tag{1}$$

式中 ref——相对离心力；

　　　d——旋转状态下，相对的两支试管前端之间的距离（旋转直径），mm。

旋转直径、相对离心力及每分钟转数之间的关系见表3。

4.3 恒温水浴：温度能控制在32~35℃及80℃±2℃。

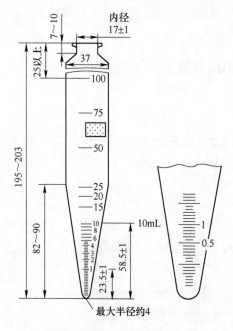

图 1　Ⅰ型离心管（单位：mL）　　　　　　　　图 2　Ⅲ型离心管（单位：mL）

表 1　Ⅰ型离心管刻度允许误差　　　　　　　　　　　　　　（mL）

范　　围	最小刻度间隔	最大允许误差
0~0.1	0.05	±0.02
>0.1~0.3	0.05	±0.03
>0.3~0.5	0.05	±0.05
>0.5~1.0	0.1	±0.05
>1.0~2.0	0.1	±0.1
>2.0~3.0	0.2	±0.1
>3.0~5.0	0.5	±0.2
>5.0~10.0	1	±0.5
>10.0~25.0	5	±1.0
>25.0~100	25	±1.0

表 2　Ⅲ型离心管刻度允许误差　　　　　　　　　　　　　　（mL）

范　　围	最小刻度间隔	最大允许误差
0~0.01	0.005	在 0.01 时最大允许误差为 0.001
>0.01~0.05	0.01	0.005
>0.05~0.15	0.05	0.01
>0.15~0.30	0.05	0.02
>0.30~0.50	0.05	0.03
>0.50~10	—	1.0
>10~100	—	1.0

表3　旋转直径、相对离心力及每分钟转数之间的关系

旋转直径/mm	ref = 600 对应的每分钟转数	ref = 700 对应的每分钟转数
480	1490	1610
510	1450	1560
540	1410	1520
570	1370	1480

4.4　天平：感量 0.1g。

4.5　显微镜玻璃载片：75mm×25mm×1.2mm，经检查无划痕。

4.6　移液管：1mL。

4.7　擦镜纸。

5　试剂

5.1　沉淀用石脑油：规格见表4。

表4　沉淀用石脑油的规格

项　　目		质量指标	试验方法
密度（15℃）/g·cm⁻³		0.692~0.702	GB/T 1884, GB/T 1885
苯胺点/℃		58~60	GB/T 262
馏程	初馏点/℃　　不低于	50	GB/T 6536
	50%馏出温度/℃	70~80	
	干点/℃　　不高于	130	

5.2　工业白油：符合 SH/T 0006 规定的 10 号优级白油。

5.3　甲苯：分析纯。

5.4　95%乙醇：分析纯。

6　沉淀值的测定

6.1　试验步骤

6.1.1　防锈油

6.1.1.1　估计沉淀值在 0.05mL 以上时，Ⅰ型、Ⅲ型离心管均可使用；0.05mL 以下时，使用Ⅲ型离心管。

6.1.1.2　向干净、干燥的两支试管分别加入 10mL 试样（常温下），沉淀用石脑油稀释至 100mL，并用软木塞盖紧。剧烈摇动 20 次，使试样和石脑油充分混合，然后将离心管放入 32~35℃水浴中静置 5min，稍稍打开软木塞，以减少离心管内压力，再盖紧软木塞剧烈摇动 20 次以上，使其完全混合均匀。

　　注：检查试样与石脑油是否混合均匀，可将离心管倒过来，若离心管尖端没有残留试样，即认为混合均匀。

6.1.1.3　将装有混合均匀试样的两支离心管，对称均衡地放入耳轴内（两边质量之差应不大于 0.5g)，在离心管尖端相对离心力为 600~700 的转速下，离心 10min，读数。

6.1.1.4　重复 6.1.1.3 操作三次，直至离心管内的沉淀物体积连续三次的读数为一定值。若沉淀物的体积小于 0.005mL，则应观察离心管底部有无黑色沉淀物或纤维物质，并将其记录下来。

6.1.2　防锈脂

6.1.2.1　用两个烧杯分别称取 5g 试样，精确至±0.1g，再向两个烧杯中分别加入 10g 白油，在 80℃±2℃ 下使试样溶解，并将溶液倒入两支离心管中，再加白油至 100mL。

6.1.2.2　将上述装有试样的离心管放在 80℃±2℃ 水浴中保持 16h，取出后立即读取沉淀物体积。也就是说，在这种情况下不需要离心分离。

6.2　结果

6.2.1　当两支离心管中的沉淀物体积之差小于 0.1mL 时，若平均值小于 0.05mL，结果精确至 0.01mL；若平均值在 0.05~0.5mL 之间时，结果精确至 0.05mL；若平均值大于 0.5mL 时，结果精确至 0.1mL。

6.2.2　当两支离心管中沉淀物体积之差大于 0.1mL 时，再用两支离心管做重复试验，取四支离心管的平均值作为读数，按 6.2.1 所述报告结果。

6.2.3　当沉淀物体积在 0.005mL 以下时，用肉眼检查离心管底部是否有黑色沉淀物或纤维状物质，并做记录。

6.3　精密度

　　按下述规定判断沉淀值试验结果的可靠性（95%的置信水平），该精密度适用于试验结果为 0.05~1.20mL 之间的防锈油试样。

6.3.1　重复性：在同一实验室，同一操作者用同一试验仪器连续短时间内，用同一试样做两次试验所得的试验结果之差，不应超过表 5 规定的数值。

6.3.2　再现性：在不同实验室，不同的操作者用不同的仪器对同一试样分别做一次试验所得的两个试验结果之差，不应超过表 5 规定的数值。

表 5　精密度

项　　目	重　复　性	再　现　性
沉淀值	在 0.05mL 或平均值 10%中取大值	在 0.15mL 或平均值的 30%中取大值

7　磨损性测定

7.1　试验步骤

7.1.1　将第 6 章完成后的试样，立即倒出上层液体，底部残留数毫升，再加入甲苯至 100mL，然后放在离心机上，以离心管尖端相对离心力为 600~700 的转速，离心 10min。

7.1.2　将 7.1.1 离心分离完成后的试样倒出上层液体，底部残留约 1mL，用移液管吸取数滴残留物滴在新的用 95%乙醇洗涤过并用擦镜纸擦干的玻璃载片上，在 23℃±3℃ 下自然干燥 10min。

7.1.3　在已经附着残留物的玻璃载片上，盖一片新的干净的玻璃载片，用手指压紧左右滑动摩擦 10 次。目测检查摩擦后玻璃载片上有无划伤。

7.2　结果表示

玻璃载片上有划伤，就判定为有划伤；没有划伤，就判定为无划伤。

10.22　SH/T 0216—1999（2005）防锈油喷雾性试验法

1　范围

本标准规定了测定防锈油喷雾性能的试验方法。

本标准适用于溶剂稀释型防锈油。

2　引用标准

下列标准包括的条文，通过引用而构成本标准的一部分。除非在标准中另有明确规定，下述引用标准都是现行有效标准。

3　方法概要

用喷枪将试样喷在干净、平滑的玻璃板面上，待油膜干燥后检查油膜的连续性，由此评定防锈油的喷雾性能。

4　仪器与材料

4.1　仪器

4.1.1　喷枪：喷嘴直径为 1mm，工作压力为 200~600kPa，物料罐容量为 600~900mL。

4.1.2　低温箱：温度能恒定在 5℃±1℃，容积大于喷料罐体积。

4.1.3　温度计：0~100℃，分度值为 1℃。

4.1.4　秒表：分度值为 0.2s。

4.2　材料

4.2.1　玻璃板：100mm×200mm×5mm 的平滑玻璃板。

4.2.2　溶剂油：符合 SH 0005 规格要求。

5　试剂

无水乙醇：分析纯。

6　试验步骤

6.1　将试样倒入喷枪物料罐中。加入量为物料罐体积的 1/2~1/3。在 5℃±1℃低温箱中放置 24h。

6.2　将两块玻璃板用溶剂油、无水乙醇清洗干净，干燥后，玻璃板呈垂直放置，长边保持水平。

6.3　将喷枪对准玻璃板面，喷嘴距玻璃板面为 300mm，并与板面垂直，调节喷雾气压为 245kPa，以 25mm/s 的速度，从左到右喷雾一次。

6.4　将喷雾后的玻璃板，按喷雾时的状态放入 5℃±1℃的低温箱中保持 24h。

6.5　从低温箱中取出玻璃板，目测检查除周边距离 15mm 以外的油膜，是否连续。

7　结果判断

7.1　若两块玻璃板面上的油膜目测检查都被确认为连续时，则判断为油膜连续。反之，若都不连续，判断为油膜不连续。

7.2　若其中有一块玻璃板面上的油膜目测检查为不连续时，需重复试验，如果重新试验结果有一块以上（含一块）玻璃板面上的油膜再次被目测检查为不连续时，则判断为油膜不连续。

10.23　SH/T 0217—1998（2004）防锈油脂试验试片锈蚀度评定法

1　范围

本标准规定了用锈蚀评定板评定钢片和铸铁片锈蚀级别的方法。

本标准适用于评定防锈油和防锈脂。

2　方法概要

将评定板重叠于试片上，观察其锈点所占的格子数，以确定锈蚀的级别。

3　仪器

3.1　评定板（见图1）。

3.1.1　测定有效面积：50mm×50mm。

3.1.2　材质：用无色透明的材料制成。

3.1.3　尺寸：做成 60mm×80mm 的平板。

3.1.4　格子：在评定板图所示的测定有效面积内刻出边长为 5mm×5mm 正方形格子 100个，刻线宽度为 0.5mm。

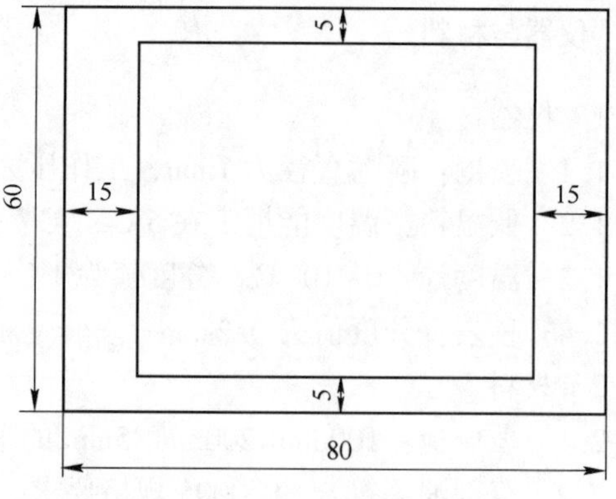

图1　评定板（单位：mm）

4　试验步骤

4.1　将评定板重合于被测试片上。

4.2　用肉眼观察，并数出评定板有效面积内具有一个锈点以上的格子数。

注：出现在有效面积内的刻线或交叉点上的锈点，若其超出刻线或交叉点时，超出部分所占的格子均作为有锈。若锈点为超出刻线或交叉点，并且邻接的格子内无锈时，则把所有与其邻接的其中一个格子作为有锈。

4.3　记录试片评定面上的锈点在评定板有效面积内所占格子数，作为试片的锈蚀度（%）。

5　报告

5.1　取各试片锈蚀度的算术平均值，修约到整数，按表1查到对应的锈蚀级别。

5.2　报告试片的锈蚀级别。

5.3　试片如有变色变暗情况，则需在评定结果中报告。

表1 锈蚀级别

锈蚀级别	锈蚀度/%
A	0
B	1~10
C	11~25
D	26~50
E	51~100

10.24 SH/T 0218—1993（2004）防锈油脂试验用试片制备法

1 主题内容与适用范围

本标准规定了制备防锈油脂试验用试片的方法。

本标准适用于防锈油和防锈脂。

2 引用标准

GB/T 469 铅锭。

GB/T 470 锌锭。

GB/T 711 优质碳素结构钢热轧厚钢板和宽钢带。

GB/T 718 铸造用生铁。

GB/T 3190 铝及铝合金加工产品的化学成分。

GB/T 5231 加工铜及铜合金化学成分和产品形状。

GB/T 13377 原油和液体或固体石油产品密度或相对密度测定法（毛细管塞比重瓶和带刻度双毛细管比重瓶法）。

YS 72 镉锭。

第一篇 A法

3 方法概要

用规定的金属试片经打磨和清洗后，制备符合各种防锈油脂试验用的试片，并规定了将试样涂在试片上的方法。

4 仪器与材料

4.1 仪器

4.1.1 恒温水浴：能在23℃±3℃恒温。

4.1.2 恒温油浴：恒温范围为50~110℃，波动范围为±1℃。

4.1.3 分析天平：感量为1mg。

4.1.4 吹风机：冷热两用。

4.1.5 干燥器。

4.1.6　烧杯：500mL。

4.1.7　搪瓷杯。

4.1.8　镊子。

4.1.9　游标卡尺：分度值为 0.02mm。

4.1.10　温度计：0~150℃，分度值为 1℃。

4.2　材料

4.2.1　金属试片

　　（1）材质：10 号钢，符合 GB/T 711 的规格要求。

　　（2）规格：A 试片 （3.0~5.0）mm×60mm×80mm。

　　　　　　　　B 试片 （3.0~5.0）mm×80mm×60mm。

　　注：1.0~3.0mm 厚的试片仍可使用，用完为止。

　　（3）吊孔：在图 1 所示的地方钻两个直径为 3mm 的小孔。

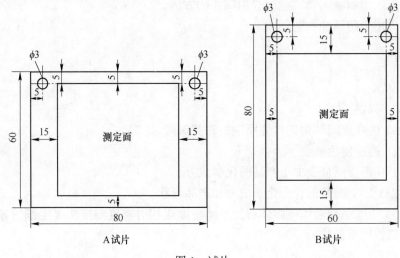

图 1　试片

4.2.2　脱脂棉或医用纱布。

4.2.3　砂布 （或砂纸）：粒度为 240 号。

4.2.4　吊钩：用不锈钢丝制作。

4.2.5　涤纶胶粘带：即绝缘胶带，宽 15mm。

5　试剂

5.1　无水乙醇：化学纯。

5.2　石油醚：60~90℃，分析纯。

6　试片的制备

6.1　试片的预清净

　　将试片浸入石油醚中，用镊子夹住脱脂棉或医用纱布轻轻擦拭试片，擦洗干净，用热风干燥。

6.2 试片的打磨

6.2.1 在干燥情况下，将试片的两面用砂纸或砂布打磨至表面粗糙度 R_a 为 0.4～0.2。A 试片沿长边平行方向打磨，B 试片沿短边平行方向打磨。

6.2.2 边及吊孔也同时打磨。试片的边缘需要磨圆至无毛刺，吊孔用撕成细条的砂纸穿梭研磨。

6.3 试片的清洗

取四个清洁的搪瓷杯，分别盛装石油醚、石油醚、无水乙醇、60℃±2℃的无水乙醇。将打磨好的试片用吊钩钩好，依次按上述顺序浸入搪瓷杯的溶剂中，用镊子夹住脱脂棉擦拭，直至洗净试片上的磨屑或其他污染物。

注意：加热无水乙醇时，应注意安全。

6.4 试片的干燥

清洗好的试片用热风干燥，冷至室温。

6.5 试片的保存

不能马上做试验时，试片应放入干燥器内保存。但是，保存 24h 以上的试片，应重新打磨。

7 试片的涂样

7.1 防锈油类试样涂覆

7.1.1 将摇匀的约 500mL 防锈油试样倒入烧杯中，充分搅拌，除去试样表面气泡并调整其温度在 23℃±3℃。

7.1.2 用吊钩将按第 6 章准备好的试片缓慢地、垂直地浸入 7.1.1 试样中，1min 后将试片以约 100mm/min 的提升速度垂直地上提。试片上不得有气泡。

7.2 防锈脂类试样涂覆

7.2.1 防锈脂类试样涂覆温度的选择

7.2.1.1 用游标卡尺测量按第 6 章准备好的每片金属试片（B 片）的长度、宽度、厚度及两孔直径（准确到 0.02mm），放入干燥器中，然后按式（1）计算试片上涂膜部分的总面积。

7.2.1.2 将以上金属试片用不锈钢丝钩钩牢在分析天平上称重，并记下质量 m_1。

7.2.1.3 在距试片下边缘 15mm 部分，用涤纶胶粘带将其表面覆盖。

7.2.1.4 将试样加热至选择好的温度，倒入 500mL 试样于烧杯中。

7.2.1.5 将上述准备好的试片缓慢地、垂直地浸入试样中，待试片与试样温度相同时，以约 100mm/min 的提升速度垂直地上提。试片上不得有气泡。

7.2.1.6 待涂膜试片达到室温后，将刀片插入已被涂膜覆盖的涤纶胶粘带与试片的接缝中，剥下该胶粘带（也可用手直接扯下此胶粘带）。

7.2.1.7 用 7.2.1.2 中的不锈钢丝钩钩牢涂膜试片，在分析天平上进行第二次称重，记下质量 m_2。

7.2.1.8 按 GB/T 13377 测定试样在 23℃±3℃时的密度。

7.2.1.9 计算每片金属试片涂膜部分的总面积 A（cm^2）及油膜厚度 H（μm），分别按式（1）和式（2）计算：

$$A = 2(a - 1.5) \times b + 2(a - 1.5) \times c + 2bc + 2\pi dc - \pi d^2$$
$$= 2(a - 1.5)(b + c) + 2(b + \pi d) \times c - \pi d^2 \tag{1}$$

式中　a——试片的长度，cm；

　　　b——试片的宽度，cm；

　　　c——试片的厚度，cm；

　　　d——吊孔的直径，cm；

　　1.5——涤纶胶粘带的宽度，cm。

$$H = \frac{m_2 - m_1}{\rho A} \times 10^4 \tag{2}$$

式中　m_1——试片涂膜前质量，g；

　　　m_2——试片涂膜后质量，g；

　　　ρ——试样的密度（如无特殊规定，防锈脂的密度可按 0.9g/cm^3 计算），g/cm^3；

　　　A——试片上涂膜部分的总面积，cm^2，按式（1）计算。

7.2.1.10　调整涂覆温度，当测定结果为 $38\mu\text{m}\pm5\mu\text{m}$ 时，则此涂膜温度即为试样选定的防锈脂类试样的涂覆温度。

7.2.2　防锈脂类试样的涂覆方法

　　将试样加热到由 7.2.1 选择好的温度，倒入 500mL 干燥烧杯中，用吊钩将按第 6 章准备好的试片按 7.2.1.5 涂覆试样。

8　涂样试片的干燥方法

　　涂膜后的试片垂直地挂在架上，并使试片上边和下边呈水平状态。在相对湿度 70% 以下、温度 23℃±3℃、没有阳光直射和通风小的干净场所自然干燥 24h。

第二篇　B法

9　方法概要

　　按试验要求，选择金属试片的大小和尺寸，经打磨、清洗后，把试样涂在金属试片上。

10　仪器与材料

10.1　仪器

10.1.1　干燥器。

10.1.2　吹风机：冷热两用。

10.1.3　提升器：提升速度约为 100mm/min，见图 2。

10.1.4　镊子。

10.1.5　吊钩：用不锈钢丝制作。

10.1.6　搪瓷杯。

10.1.7　刮刀。

10.2　材料

10.2.1　医用纱布及脱脂棉。

10.2.2　砂布（或砂纸）：粒度分别为 150 号、180 号和 240 号。

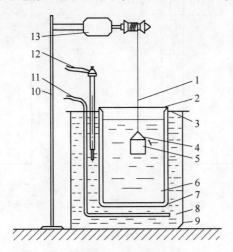

图 2　测试装置

1—尼龙绳；2—涂脂杯；3—油浴盖；4—试片吊钩；5—试片；6—试样；7—玻璃杯；8—汽缸油；
9—恒温水浴；10—支持架；11—加热管；12—电接点温度计；13—同步马达（3W，1/60）

10.2.3　金属试片：根据试样的产品规格要求，按表 1 选用或增补其他金属材料。

表 1　试样材质及规格

材料名称	符合标准	试片尺寸/mm×mm×mm
10 号钢	GB/T 711 中热轧退火状态	50×50×(3~5)
45 号钢	GB/T 711 中高温回火状态	50×50×(3~5)
Z30 一级铸铁	GB/T 718	50×50×(3~5)
黄铜 H62	GB/T 5231	50×50×(3~5)
黄铜 H62	GB/T 5231	50×25×(3~5)
锌 Zn-3 或 Zn-4	GB/T 470	50×25×(3~5)
铝 LY12	GB/T 3190	50×25×(3~5)
镉 Cd3	YS 72	50×25×(3~5)
镁 ZM5		50×25×(3~5)
铅 Pb-2 或 Pb-3	GB/T 469	50×25×(3~5)
铜 T3	GB/T 5231	50×25×(3~5)

　　盐雾试验、湿热试验、半暴露试验、置换型防锈油人汗洗净性能试验、人汗防止性能试验、人汗置换性能试验用 50mm×50mm×(3~5)mm 的试片；腐蚀性试验用 50mm×25mm×(3~5)mm 的试片。

　　试片的尺寸及小孔位置见图 3 和图 4。

11　试剂

11.1　石油醚：60~90℃，分析纯。

11.2　无水乙醇：化学纯。

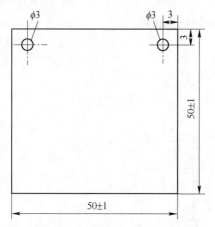

图 3　人汗性能试验用试片（单位：mm）

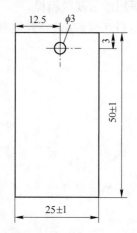

图 4　腐蚀性试验用试片（单位：mm）

12　试片的制备

12.1　试片的打磨

12.1.1　试片的棱角、四个边及小孔用 150 号砂布打磨。

12.1.2　试片的试验面用 180 号砂布打磨，试片的纹路与两孔中心连线平行。腐蚀试验试片的纹路平行于长边。试验所用的试片表面不得有凹坑、划伤和锈迹。钢片和铸铁片也可先用磨床磨光，试验前再经 180 号砂布打磨；有色金属试片用 240 号砂布打磨，最后表面粗糙度都要达到 0.4~0.2；铅片用刮刀尖刮亮，取得平整的新鲜表面。

12.1.3　试片打磨后不得与手接触。

12.1.4　磨好的试片清除砂粒后，用滤纸包好，立即存放于干燥器中。但存放、清洗和涂试样的总时间不得超过 24h，否则要重新打磨。

12.2　试片的清洗

取四个清洁的搪瓷杯，分别盛装 150mL 以上的石油醚、石油醚、无水乙醇、50~60℃的无水乙醇，清洗试片时，用镊子夹取脱脂棉，依次按上述顺序进行擦洗，然后用热风吹干，待冷至室温后，再涂试样。

12.3　试片的涂样

12.3.1　涂试样前试片的检查

涂试样前必须对清洗好的试片进行认真检查，试验面上不得有凹坑、划伤和锈迹。

12.3.2　涂防锈油类试样

12.3.2.1　涂试样前应将防锈油类试样摇动均匀，倒入试样杯中，待气泡消失后涂试样。

12.3.2.2　涂防锈油类试样时，试样的温度为 25℃±5℃。

12.3.2.3　用吊钩将试片钩起，然后缓慢地将试片全部浸入试样中，1min 后将试片缓慢地提起，试片上不得有气泡。如发现有气泡，则应重复以上过程。浸好试样的试片，挂入沥干箱中，在 25℃±5℃下，沥干 2h。

涂溶剂稀释型防锈油和置换型防锈油试样时，要沥干 16~24h，然后进行试验。

12.3.3　涂防锈脂类试样

12.3.3.1 涂防锈脂类试样温度的选择

12.3.3.1.1 首先将防锈脂类试样加热熔化，把清洗好的试片称重后（精确至0.001g），浸入试样中，直至试片的温度与试样温度相同后，用提升器提出，沥干5min后称重（精确至0.001g）。

12.3.3.1.2 涂试样的试片油膜厚度$H(\text{mm})$按式（3）计算：

$$H = \frac{m_2 - m_1}{\rho A} \times 10 \qquad (3)$$

式中 m_1——试片的质量，g；

m_2——涂试样后试片的质量，g；

ρ——试样的密度（如无特殊规定，防锈脂的密度可按0.9 g/cm^{3}计算），g/cm^3；

A——试片的总面积，cm^2。

12.3.3.1.3 改变防锈脂类试样的温度，重复试验，直至试片上的油膜厚度达到0.04mm±0.005mm，记下温度。以后在此选择好的温度下将试片涂上试样，即能得到所要求的油膜厚度。

12.3.3.2 将试片浸入有防锈脂类试样的杯中，此时，试样要预先加热到选择好的涂试样温度，待试片与试样的温度相同时，用提升器提出试片，挂入沥干箱冷至室温，然后进行试验。

10.25 SH/T 0533—1993（2006）防锈油脂防锈试验试片锈蚀评定方法

1 主题内容与适用范围

本标准规定了防锈油脂防锈试验试片的锈蚀评定方法。

本标准适用于防锈油脂盐雾试验、湿热试验及大气半暴露试验后的金属试片的锈蚀评定。

2 方法概要

将锈蚀评定板与防锈油脂盐雾试验、湿热试验，以及大气半暴露试验后需评定的试片重叠起来，使正方框正好在试片的正中，对作为有效面积方框中的方格进行观察，总计在有效面积内有锈的格子数目，称为锈蚀度，以百分数表示。

3 仪器

锈蚀评定板：用50mm×50mm×2mm的无色透明平板制成。正中有40mm×40mm正方框，框内刻有4mm×4mm的正方形格子100个，格子刻线宽度不大于0.1mm。

4 试验步骤

把锈蚀评定板与被测的试片重叠起来，使正方框正好在试片的正中。在光线充足的条件下用肉眼观察，以正中40mm×40mm的100个方格作为有效面积，总计在有效面积内有锈格子数目，称为锈蚀度，以百分数表示。

在锈蚀评定板的分割线上或交叉点上的锈点，其大小等于或大于1mm时，如果伸到格子内的都作为有锈格子。小于 1mm 时，则以一个格子有锈计算。

5　结果的判断

5.1　大气半暴露试片评定两面，以两面锈蚀度的算术平均值作为锈蚀度。

5.2　盐雾试验试片评定暴露的一面。

5.3　湿热试验以锈蚀重的一面作为评定面。

5.4　在每一评定面上，按表 1 评定锈蚀度与级别。

表 1　锈蚀分级

评　　级	0	1	2	3	4	5
锈点数	无	1~3	4 点或 4 点以上			
锈点大小		不大于 1mm	不规定			
锈点占格数	无	1~3	4~10	11~25	26~50	51~100
锈蚀度/%	0	1~3	4~10	11~25	26~50	51~100

　　除非另有规定，每一块试片评定面上，距边 5mm 的四周以及两孔出现锈蚀，评定时不予考虑。

　　注：锈蚀度虽为 1%~3%，但其中有 1 点等于或大于 1mm，评级定为 2 级。

5.5　有色金属的变色范围按下列级别定级：

　　0 级——无变化（与新打磨试片表面比较，光泽无变化）；

　　1 级——轻微变化（与新打磨试片表面比较，有均匀轻微变色）；

　　2 级——中变化（与新打磨试片表面比较，有明显变色）；

　　3 级——重变化（与新打磨试片表面比较，严重变色有明显腐蚀）。

10.26　SH/T 0584—1994（2004）防锈油脂包装贮存试验法

1　主题内容与适用范围

　　本标准规定了防锈油脂包装贮存在百叶箱中的试验方法。

　　本标准适用于防锈油脂。

2　引用标准

　　SH 0004 橡胶工业用溶剂油。

　　SH/T 0217 防锈油脂试验试片腐蚀度试验法。

　　SH/T 0218 防锈油脂试验用试片制备法。

3　方法概要

　　用包装纸包装好涂有试样的试片，将其放置在百叶箱中，经规定的试验时间后，检查油膜的防锈性能。

4 仪器与材料

4.1 仪器

4.1.1 百叶箱：选择优质木材制作，百叶箱内部装有耐腐蚀筛网，内部底板上设有水槽，并且有试片支架，坐北朝南，箱底距地面距离应不少于 800mm，百叶箱内、外壁及窗门应漆成白色，百叶箱设计时应考虑有安装气象测量仪的位置。其结构如图 1 所示。

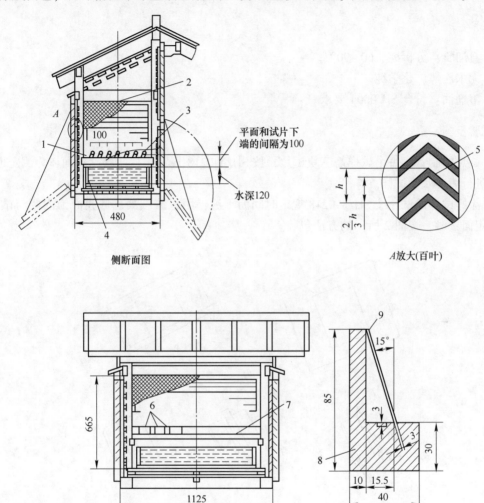

图 1 百叶箱（单位：mm）

1, 7, 8—试片支架；2—网；3, 6, 9—试片；4—水槽；5—百叶

4.1.1.1 筛网：塑料筛网，网孔为 300μm。

4.1.1.2 水槽：685mm×830mm×130mm，以耐腐蚀材料构成，壁厚由保证足够强度而定。

4.1.1.3 试片支架：以木材或塑料制成，结构如图 1 所示。

4.1.2 电炉：500W。

4.1.3 烧杯：1000mL。

4.2 材料

4.2.1 金属试片：符合 SH/T 0218 的要求。

4.2.2 脱脂棉。

4.2.3 砂布：粒度为 240 号。

4.2.4 包装纸：内层聚乙烯薄膜；外层牛皮纸，规格为 100mm×150mm。

4.2.5 透明粘胶带：宽 10mm。

5 试剂

5.1 石油醚：分析纯，60~90℃。

5.2 无水乙醇：化学纯。

5.3 溶剂油：符合 SH 0004 要求。

6 试验步骤

6.1 试片的制备：每个试样需三块试片，按 SH/T 0218 规定进行研磨，一面作为测定面，然后进行清洗及涂试样。

6.2 涂好试样的试片按 SH/T 0218 规定时间沥干后，用包装纸聚乙烯膜面为内侧与试片的测定面接触，按图 2 所示的方法包装。

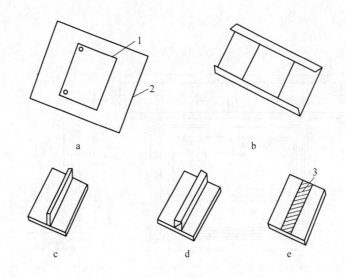

图 2 包装方法

1—试片；2—包装纸；3—透明胶带

6.3 把包装好的试片放在百叶箱内的试片支架上，并且测定面朝南。

6.4 向百叶箱内水槽加水，水面距试片下端约 100mm，并保持此水位至试验终止。

6.5 试片按产品标准规定的试验时间进行贮存，试验期满后取出，拆开包装，目视检查和记录测定面裂痕、脱落等变化情况。

6.6 用石油醚和溶剂油清洗去试片表面油膜，并干燥测定面，按 SH/T 0217 规定进行评级。

7　报告

取试验结束后三块试片锈蚀度的平均值，修约到整数，再用相应的级别表示。

另外，当油膜有裂痕、脱落等异常变化时记录下来。

10.27　SH/T 0660—1998（2004）气相防锈油试验方法

1　范围

本标准规定了气相防锈油的烃溶解性、挥发性物质含量、酸中和性、气相防锈性、暴露后气相防锈性和加温后气相防锈性等试验方法。

本标准适用于气相防锈油。

2　引用标准

下列标准包括的条文，通过引用而构成本标准的一部分，除非在标准中另有明确规定，下述引用标准都应是现行有效标准。

GB/T 262 石油产品苯胺点测定法。

GB/T 621 氢溴酸。

GB/T 699 优质碳素结构钢技术条件。

GB/T 1884 石油和液体石油产品密度测定法（密度计法）。

GB/T 1885 石油计量表。

GB/T 6536 石油产品蒸馏测定法。

SH 0004 橡胶工业用溶剂油。

SH/T 0215 防锈油脂沉淀值和磨损性测定法。

SH/T 0218 防锈油脂试验试片制备法。

SH/T 0317 石油产品试验用磁制器皿验收技术条件。

JIS G3108 磨棒钢用一般钢材。

第一篇　烃溶解性试验法

3　方法概要

把按 SH/T 0215 已测定沉淀值以后的试样溶液溶于 23℃±3℃ 静置 24h，观察有无相变和分离。

注：相变就是混浊和胶结等。

4　仪器

离心式管：符合 SH/T 0215 中 3.1 的要求。

5　材料

沉淀用溶剂：规格见表 1。

注：可用石油醚与适量苯调配而成。

表 1　沉淀用溶剂规格

项　目		质量指标	试验方法
密度（15℃）/g·cm⁻³		0.692~0.702	GB/T 1884 和 GB/T 1885
苯胺点/℃		58~60	GB/T 262
馏程	初馏点/℃　　　不低于	50	GB/T 6536
	50%馏程温度/℃	70~80	
	终馏点/℃　　　不高于	130	

6　试验步骤

6.1　在室温下向两支清洁且干燥的离心试管中加入试样 10mL，用沉淀用试剂稀释到 100mL，然后按 SH/T 0215 测定沉淀值。

6.2　把上述测定沉淀值以后的试样溶液在 23℃±3℃下静置 24h。

6.3　目测离心管中的试样溶液有无相变和分离现象。

7　结果判断

两支离心管中试样溶液都没有相变和分离现象时，即可判定为"无相变、不分离"；如果两支离心管中有一支相变或分离，则重做试验。如果重做实验的两支离心管中仍有一支以上（含一支）出现相变或分离时，即可判定为"有相变、分离"。

第二篇　挥发性物质含量测定法

8　方法概要

将一定量的试样放在沸腾的水浴上加热，根据加热前后试样的质量变化，计算其挥发性物质含量。

9　仪器

9.1　加热装置：口径为 50mm 的电热恒温水浴锅，在其温度计插口处接上冷凝器使蒸汽冷却回流。

9.2　容器：外径为 70mm 的玻璃蒸发皿（见图 1 或图 2）或使用复合 SH/T 0317 的灰分蒸发皿。

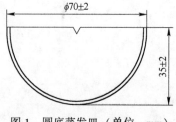

图 1　圆底蒸发皿（单位：mm）

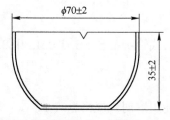

图 2　平底蒸发皿（单位：mm）

9.3　干燥器：放入硅胶干燥剂。

10　试验步骤

10.1　将容器洗净、烘干，并在干燥器中冷却到室温。

10.2　取上述两个容器，分别称取约5g试样，精确至0.001g，把它们置于沸腾的水浴上，加热2h；在试验过程中，调整水浴液面距容器底部20~40mm。

10.3　从水浴上取下装有试样的容器，用洁净的干布擦去容器外面的水分，放入干燥器中冷却30min。

10.4　从干燥器中取出容器称重，精确至0.001g。

11　计算

试样的挥发性物质含量χ（质量分数,%）按式（1）计算：

$$\chi = \frac{m_1 - m_2}{m_1} \times 100 \qquad\qquad (1)$$

式中　m_1——加热前试样的质量，g；

　　　m_2——加热后试样的质量，g。

12　报告

取两个测定结果的平均值作为试样的挥发性物质含量测定结果，并修约到0.1%（质量分数）。

第三篇　酸中和试验法

13　方法概要

把沾有氢溴酸溶液的试片浸入试样中1min，提起后在23℃±3℃条件下放置4h，评定试样的酸中和性能。

14　仪器

14.1　试片吊钩：用直径1mm的不锈钢丝制作。

14.2　试片架：能使试片垂直悬挂的适当吊架。

14.3　烧杯：500mL。

14.4　吹风机：冷热两用。

14.5　干燥器：放入硅胶干燥剂。

15　试剂与材料

15.1　试剂

15.1.1　氢溴酸：分析纯，氢溴酸（HBr）含量（质量分数）不少于40.0%。

15.1.2　无水乙醇：化学纯。

15.1.3　石油醚：60~90℃，分析纯。

15.1.4　溶剂油：符合 SH 0004 要求。

15.2　材料

15.2.1　金属试片：符合 SH/T 0218A 法中 B 试片规定。

15.2.2　研磨材料：粒度为 100 号的刚玉砂布或砂纸。

16　准备工作

16.1　试片的制备

试片制备按 SH/T 0218 第一篇第 6 章 "试片的制备" 进行，但研磨材料选用 100 号刚玉砂布或砂纸，磨出新的研磨面，对粗糙度无具体规定。

16.2　（0.1±0.01）%（质量分数）的氢溴酸溶液的配制。

按 GB/T 621 确定试验用氢溴酸的实际浓度，然后称取适量的氢溴酸，用蒸馏水配成浓度为（0.1±0.01）%（质量分数）的氢溴酸溶液，充分摇匀，密闭保存，备用。

注：氢溴酸有毒，使用时应在通风橱内进行。

17　试验步骤

17.1　将 500mL 试样倒入烧杯中，使其温度保持在 23℃±3℃。

17.2　将准备好的三片试片用吊钩吊起，浸入浓度（质量分数）为（0.1±0.01）%的 500mL 氢溴酸溶液中 1s。观察试片浸酸情况，如试片不沾酸时，则此试片不能用于试验。

17.3　把经 17.2 处理的试片立即垂直地浸入按 17.1 准备好的试样中，轻轻地来回摆动 2～3 次。

17.4　在 1min 之内，反复浸入提起试片 12 次，然后将试片挂在试片吊架上。在 23℃±3℃条件下放置 4h。

17.5　用溶剂油、石油醚、无水乙醇依次清洗附着在试片上的试样和酸溶液，最后用热风吹干。

17.6　用肉眼观察试片中部 50mm×50mm 的评定面内是否有锈蚀、斑点、污迹和变色等。

18　结果判断及报告

18.1　三片试片的评定面内都没有出现锈蚀、斑点、污迹时，即报告为 "合格"。

18.2　三片试片中有一片的评定面内出现锈蚀、斑点、污迹时，则应重做试验。若再次试验的结果是仍有一片以上（含一片）的评定面内出现锈蚀、斑点、污迹时，则报告为 "不合格"。

第四篇　气相防锈性试验法

19　方法概要

在装有试件的密闭容器中，放入试样和丙三醇溶液，在 20℃条件下保持 20h，然后冷却试件，使表面结霜。3h 以后，观察试件上有无锈蚀发生。

20 仪器

20.1 具塞广口瓶：1000mL。

20.2 玻璃容器：内径45mm、高20mm以下的玻璃制品。

20.3 放大镜：放大倍率约5倍。

20.4 橡胶塞：11号及23号，中央开一个直径约为15mm的孔。

20.5 恒温空气浴：能容纳四组以上试验体，能保持温度在20℃±2℃。

21 试剂与材料

21.1 试剂

21.1.1 无水乙醇：化学纯。

21.1.2 丙酮：分析纯。

21.1.3 丙三醇：分析纯，用蒸馏水配制成35%（质量分数）的丙三醇溶液。

21.2 材料

21.2.1 铝管：铝或铝合金无缝铝管，外径为16mm，内径为13mm，长度为114mm。

21.2.2 橡胶管。

21.2.3 试件：符合JIS G3108规定的SGD3或GB/T 699优质碳素结构钢（化学成分，碳：0.15%~0.20%，锰：0.30%~0.60%，硫：0.045%以下，磷：0.045%以下），直径为16mm，长度为13mm，其一端有直径和深度分别为9.5mm的孔。

21.2.4 金相砂纸：粒度为320号或W40（40~37μm）。

21.2.5 溶剂：符合SH 0004规定的溶剂油。

22 试件的准备

22.1 研磨：用金相砂纸研磨三个试件的无孔端，把金相砂纸放在玻璃板上，前后研磨10次，接着再转90°，研磨10次（注意：试件的边缘部位也需打磨至无锈蚀为止）。

22.2 清洗：将研磨的试件依次浸入溶剂油、无水乙醇和丙酮中，每次都用砂布擦去研磨面上的污物，直到擦洗用的砂布上没有污物为止。

22.3 保存：不立即做试验时，试件应放在干燥容器内保存。但是，保存8h以上的试件必须重新研磨。

23 试验步骤

23.1 把试件有孔的一端插入中央部位开有直径约为15mm孔的11号橡胶塞中，插入深度为9.5mm±0.5mm（见图3）。

23.2 把铝管通过23号橡胶塞的中央，两端露出的长度一样，橡胶塞下部的铝管一端插入11号橡胶塞中，直至碰到安装在11号橡胶塞上的试件为止（见图3）。安装试件时，不要沾上指纹等污物。

23.3 在试件一侧的11号和23号橡胶塞之间的铝管上套上橡胶管。另外，把另一个11号橡胶塞套在反方向突出的铝管上。

23.4 在具塞广口瓶的底部放入25mL试样，为把相对湿度调整到90%，在玻璃容器中放入 10mL 浓度为 35%（质量分数）的丙三醇溶液，用装有试件的 23 号橡胶塞作塞子，构成试验体（见图 4）。

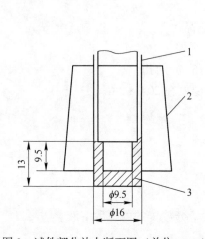

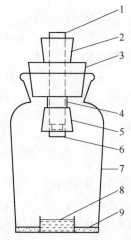

图 3　试件部分放大断面图（单位：mm）

1—铝管；2—11 号橡胶塞；3—钢试件

图 4　试验体

1—铝管；2，5—11 号橡胶塞；3—23 号橡胶塞；4—隔热用橡胶管；6—钢试件；7—广口瓶；8—丙三醇溶液；9—气相防锈油

23.5　试验体放入保持在 20℃±2℃的恒温空气浴中，20h 以后用 2.0℃±5℃的冷水注满铝管。

23.6　3h 后取出试件，放出铝管中的水。

23.7　用放大镜观察试件研磨部分，观察有无锈蚀发生。

23.8　同时进行不加试样的空白试验，空白试验不发生锈蚀时，应检查试验条件，并重做试验。

24　结果判断

本试验是用三个试件同时进行试验。如果三个试件中两个以上（含两个）生锈时，则判为生锈；如果三个试件中有一个试件生锈时，则应重做试验。当重做试验后又有一个以上（含一个）试件出现锈蚀时则判为生锈。

第五篇　暴露后气相防锈性试验法

25　方法概要

把在 23℃ 条件下保持 7d 的试样按第四篇进行气相防锈性试验，考察试样暴露后的气相防锈性能。

26　仪器

26.1　培养皿：直径 120mm。

26.2　其他仪器按第四篇第 20 条规定。

27　试剂与材料

27.1　试剂

按第四篇第 21.1 条规定。

27.2 材料

按第四篇第 21.1 条规定。

28 试件的准备

按第四篇第 22 条规定。

29 试验步骤

29.1 把约 120mL 的试样放入培养皿中，不盖盖子，在 23℃±3℃下暴露 7d。

29.2 把经暴露后的试样按第四篇第 23 条规定进行气相防锈性试验。

30 结果判断

按第四篇第 24 条规定。

第六篇　加温后气相防锈性试验法

31 方法概要

把在 65℃ 条件下保持 7d 的试样按第四篇进行气相防锈性试验，考察试样在加温后的气相防锈性能。

32 仪器

32.1 试样瓶：外径约 40mm，高约 140mm。

32.2 其他仪器按第四篇第 20 条规定。

33 试剂与材料

33.1 试剂

按第四篇第 21.1 条规定。

33.2 材料

按第四篇第 21.2 条规定。

34 试件的准备

按第四篇第 22 条规定。

35 试验步骤

35.1 在试样瓶中放入约 120mL 试样，用塞子塞紧，在 65℃±1℃下保持 7d，然后冷却到室温。

35.2 将此试样按第四篇第 23 条规定进行气相防锈性试验。

36 结果判断

按第四篇第 24 条规定。

10. 28 JB/T 3206—1999防锈油脂加速凝露腐蚀试验方法

1 范围

本标准适用于快速评价防锈油及膜厚 0.04mm 以下的防锈脂的防锈性。可作为商品防锈油脂的质量检查及验收试验。

2 引用标准

下列标准所包含的条文，通过在本标准中引用而构成为本标准的条文。本标准出版时，所示版本均为有效。所有标准都会被修订，使用本标准的各方应探讨使用下列标准最新版本的可能性。

SH 0004—1990 橡胶工业用溶剂油。

SH/T 0080—1991 防锈油脂腐蚀性试验法。

SH/T 0218—1992 防锈油脂试验试片制备法。

SH/T 0533—1992 防锈油脂防锈试验试片锈蚀评定方法。

3 设备、材料及试剂

3.1 设备

加速凝露腐蚀试验设备（或装置）应由箱体、加热控温系统、空气湿化、流量控制系统、循环冷却水控制系统和试验架组成。各控制系统应符合下列技术要求。

3.1.1 箱体

3.1.1.1 箱内壁及其他与湿热空气接触的零部件应用耐腐蚀材料制作。

3.1.1.2 箱内容积不小于 0.1m³。

3.1.1.3 箱顶盖内衬布应采用不因受潮而膨胀的合成纤维布制作。布的目数为每平方厘米 450~500 目。

3.1.1.4 箱内底部设有排水、排污孔道及阀。

3.1.1.5 顶盖的凝露水不允许滴在试片表面上。

3.1.2 加热控温系统

3.1.2.1 试验箱升温应在 1h 内达到 3.2.1 规定的试验温度。

3.1.2.2 试验温度波动范围在±1℃，并设有超温报警断电装置。

3.1.3 空气湿化、流量控制系统

3.1.3.1 通入箱内的空气，应经净化装置过滤，由微孔分散器呈均匀细小气泡从箱底蒸馏水面下 100mm 处进行湿化后进入箱内。蒸馏水的 pH 值为 5.5~7.5。

3.1.3.2 空气流量可调节控制。

3.1.4 循环冷却水控制系统由冷却水箱、泵、加热控温器，回流管道及阀组成。

3.1.4.1 冷却水箱的循环冷却水温度应可调和自控，其温度波动范围在±1℃。

3.1.4.2 进入试验区的冷却水温度，在试片放满时，试样架入口和出口处温度应保持恒定，允许最大温差为 0.5℃。

3.1.4.3 泵、回流管道及阀应满足每分钟 20~25L 冷却水的流量，同时要保持冷却水的温度符合 3.1.4.1 及 3.1.4.2 要求。

3.1.5 试样架

3.1.5.1 试样架应采用耐腐蚀、散热性良好的材料制作。

3.1.5.2 试样架搁置面应平整，与水平呈 60°，保证与试片有良好的叠合面。每一搁置面能平稳地放置三块（50mm×50mm）试片，试片间隔约为 10mm。

3.1.5.3 应设有排油、水沟槽，不允许油及凝露水滴入箱内底部水层。

3.1.5.4 试样架距离箱底水面不应少于 200mm。

3.2 设备应符合下列试验条件。

3.2.1 箱内温度：50℃±1℃。

3.2.2 循环冷却水温度：30℃±1℃。

3.2.3 温差：20℃±1℃。

3.2.4 凝露量：（4±0.5）mL/h/试片。

3.2.5 冷却水流量：（22±2）L/min。

3.2.6 空气流量：为箱内空间容积的 3 倍。

3.2.7 箱内外空气压力差：无。

3.2.8 试验方式：连续。

3.3 凝露量测定装置

用 50mm×50mm×（3~5）mm 的铜片，两对边焊有厚 0.5~1mm、宽 4~5mm 的铜挡水板；底部焊有坡度的接水槽，表面镀有镍、铬电镀层。用橡胶管连接接水槽与 20mL 的刻度试管；刻度试管的分度值为 0.4mL。其装置见示意图（图 1）。

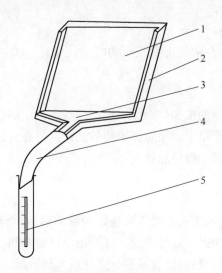

图 1 凝露量测定装置示意图

1—50mm×50mm×（3~5）mm 黄铜片；2—挡水板；3—接水槽；4—橡胶接管；5—刻度试管

3.4 凝露量的测定

3.4.1 将刻度试管及凝露量测定装置清洗干净、烘干，放入按 3.2 规定调整好的试验箱中。放置时，应注意叠合面紧贴在试样架面上。开箱时间不得超过 10min。

3.4.2 每隔 30min 按表 1 记录试验温度、温差、空气流量等情况，4h 后取出刻度试管读出凝露水体积，并记入表 1 内。

表 1　试验记录

序号	记录时间	箱内温度/℃	冷却水温度/℃	温差/℃	空气通入量 /L·h⁻¹	凝露量/mL·(h·试片)⁻¹				
						1	2	3	4	平均

3.4.3　按下式计算平均凝露量：

$$V = \frac{L}{Sh}$$

式中　V——凝露量，mL/(h·试片)；

　　　L——凝露量收集的总体积，mL；

　　　S——凝露量测定装置总数；

　　　h——凝露量测定总时间，h。

3.4.4　凝露量的测定可视设备情况定期进行。

3.5　材料及试剂

3.5.1　试片：50mm×50mm×(3~5)mm，金属材质按 SH/T 0218 规定选用。

3.5.2　刮刀：木制或塑料片。

3.5.3　砂纸或砂布：粒度分别为 150 目、180 目和 240 目。

3.5.4　脱脂棉（医用）。

3.5.5　脱脂纱布（医用）。

3.5.6　定性滤纸。

3.5.7　无水乙醇：化学纯。

3.5.8　溶剂油（符合 SH 0004 规定）或石油醚（化学纯，60~90℃）。

4　试样的制备

　　试片的打磨、清洗与涂油按 SH/T 0218 规定进行。但涂油后将叠合面平放在定性滤纸上，吸去油层，悬挂在沥干箱中。涂防锈油脂的试片，将叠合面用刮刀刮去油层，允许留有均匀的极薄油膜，放入沥干箱中悬挂。

5　试验步骤

5.1　将制备好的试片，放入按 3.2 规定调整好的凝露腐蚀试验箱中。放置时，孔边朝下并使叠合面紧贴在试样架面上。盖好箱盖，开始记录试验时间。

5.2　试验连续进行，随时观察温度、温差、空气通入量情况。

5.3　根据油样试验要求，至少每隔 4h 检查试片锈蚀情况一次。开箱时间不得超过 10min。

6　结果判断与评级

6.1　试验结束后，取出试片用溶剂油或石油醚除去油膜，用脱脂纱布擦干，然后黑色金属试片按 SH/T 0533 进行评级；有色金属试片按 SH/T 0080 进行评级；评级以级别/h

表示。

6.2 三块试片的定级按下列情况评定。

6.2.1 三块试片锈蚀级别相同时，按同级定级。

6.2.2 三块试片锈蚀级别相差在两级以内（包括两级），并且其中两块试片是同级时，按同级两块试片的级别定级。

6.2.3 三块试片锈蚀级别各不相同，但属相邻的级别时，按中间一块试片级别定级。

6.2.4 三块试片中的两块试片锈蚀级别超过两级时，则不能定级，试验需重做。

6.2.5 黑色金属试片如有变色或变暗的情况，须在试验报告中注明。

10.29 JB/T 4050.2—1999气相防锈油试验方法

1 范围

本标准适用于密封系统内腔金属表面封存防锈用的气相防锈油。

2 引用标准

下列标准所包含的条文，通过在本标准中引用而构成为本标准的条文。本标准出版时，所示版本均为有效。所有标准都会被修订，使用本标准的各方应探讨使用下列标准最新版本的可能性。

GB/T 265—1988 石油产品运动粘度测定法和动力黏度计算法。

GB/T 267—1988 石油产品闪点与燃点测定法（开口杯法）。

GB/T 510—1983 石油产品凝点测定法。

GB/T 2361—1992 防锈油脂湿热试验法。

SH 0004—1990 橡胶工业用溶剂油。

SH/T 0080—1991 防锈油脂腐蚀性试验法。

3 试片制备

3.1 试片

3.1.1 试片材料：钢，45钢或10钢；黄铜，H62；铝，LY12；铜，T3~T4；镉，Cd3。

3.1.2 试片规格：分100mm×50mm×（3~5）mm、76mm×50mm×（3~5）mm和50mm×25mm×（3~5）mm三种。

3.2 仪器与材料

3.2.1 玻璃干燥器；

3.2.2 电吹风器；

3.2.3 电镀镊子；

3.2.4 医用纱布、脱脂棉；

3.2.5 氧化铝砂纸（布）：150号、180号、240号。

3.3 试剂

3.3.1 橡胶工业用溶剂油：符合SH 0004的要求；

3.3.2 无水乙醇（化学纯）；

3.3.3　硅胶。

3.4　试片的制备

3.4.1　钢试片的试验面先用磨床加工至表面粗糙度 R_a 为 1.00μm。

3.4.2　试片的试验面在使用前用 180 号或 240 号砂纸（布）打磨至表面粗糙度 R_a 为 0.32～0.63μm，试片打磨纹路应平行一致，湿热试验用试片打磨纹路应与两孔中心连线平行，试片表面不得有凹坑、划伤和锈迹，试片孔应用什锦锉、砂纸等处理至无锈蚀。

3.4.3　试片棱角及边孔用 150 号砂纸（布）打磨。

3.4.4　磨好后的试片用医用纱布擦除砂粒后，立即放入干燥器中待清洗。

3.4.5　试片清洗用四只清洁的搪瓷杯，分别盛 150mL 以上的汽油、汽油、无水乙醇、50～60℃的无水乙醇，清洗试片用镊子夹取脱脂棉按上述次序进行擦洗，然后用热风吹干或用医用纱布擦干，立即置于干燥器内冷却至室温备用，试片打磨后清洗、存放的总时间不得超过 24h，否则重新制备。

3.4.6　在试片的制备过程中，严禁裸手与试验面接触。

4　挥发失重与黏度变化

4.1　挥发失重

在内径为（65±2）mm 的干净培养皿中装入 15g 气相防锈油，称重至 0.1g，将其放入（100±1）℃的烘箱中保持 6h 后，取出冷却至室温，再称重至 0.1g，按式（1）计算挥发量（%）：

$$挥发量 = \frac{W - W'}{W} \times 100\% \qquad (1)$$

式中　W——最初试料重量，g；

　　　W'——蒸发后试料的重量，g。

4.2　黏度变化

测定 2.1 挥发失重后的试料，按照 GB/T 265 测定 38℃时的运动黏度，并按式（2）计算黏度变化（%）：

$$黏度变化 = \frac{\nu - \nu'}{\nu} \times 100\% \qquad (2)$$

式中　ν——最初的运动黏度，m^2/s；

　　　ν'——蒸发后的运动黏度，m^2/s。

5　沉淀值与碳氢化合物溶解度

5.1　仪器与试剂

5.1.1　锥形离心管：刻度为 100mL；

5.1.2　离心机：转速为 1500r/min；

5.1.3　四氯化碳（化学纯）；

5.1.4　吸管：φ6mm×165mm，尖口，具有橡皮吸头。

5.2　沉淀值测定

5.2.1　在两个干净的离心管中，准确量取试验油 10mL 两份，加入四氯化碳至 100mL，用软木塞盖紧，剧烈摇动至油液混匀为止。

5.2.2 将这对离心管放在离心机的对称位置上，旋转 15~20min，取出离心管，观察管底有无沉淀物，并记下该物的体积读数。

5.3 碳氢化合物溶解度

沉淀值测定后，试料在（25±3）℃下静置 24h，检查有无分层，但沉淀值有微量增加，只要不分层是允许的。

6 湿热试验

6.1 试片规格与制备方法

6.1.1 试片规格：三块 100mm×50mm×（3~5）mm 规格的钢、黄铜、铝试片。

6.1.2 制备方法按第 3 章规定进行。

6.2 试验设备

湿热箱的试验条件与要求应符合 GB/T 2361 的规定。

6.3 试验操作

6.3.1 将制备好的试片浸入（25±3）℃的试验油中 1min，然后用不锈钢钩悬挂于室温下 2h，再放入湿热箱中进行试验，试验按 GB/T 2361 规定的条件和方法进行。

6.3.2 10 天后取出试片用 120 号溶剂汽油洗去油膜并检查，钢试片的锈蚀点在三点以内且直径不大于 1mm 为合格；铝应无腐蚀、变黑等；黄铜试片无发黑、发绿和严重变色等为合格，其轻微均匀的变色可不按腐蚀处理，另外距试片边缘 5mm 以内的锈蚀与变色等也不按锈蚀处理。

7 酸中和试验

7.1 试片规格与制备方法

7.1.1 试片规格：三块 76mm×50mm×（3~5）mm 的钢试片；

7.1.2 试片制备：按第 3 章规定进行。

7.2 试剂

7.2.1 蒸馏水；

7.2.2 溴化氢（分析纯）。

7.3 试验操作

7.3.1 将三块制备好的 76mm×50mm×（3~5）mm 的钢试片，分别用镊子夹取浸于 0.09%~0.11% 的溴化氢水溶液中不超过 1s。然后迅速浸入（25±3）℃的试验油中。以上全部操作应在 60s 内完成。浸渍油时，试片上的油应均匀连续。

7.3.2 涂好油的试片用不锈钢钩挂于钢架上，在（25±3）℃下静置 4h，然后用 120 号溶剂汽油洗去油膜后检查。试片上的锈蚀在三点以内且直径小于 1mm 为合格；距离试片边缘 3mm 以内的锈蚀及轻微变色等不作锈蚀处理。

8 水置换性试验

8.1 试片规格与制备方法

8.1.1 试片规格：三块 76mm×50mm×（3~5）mm 的钢试片；

8.1.2　试片制备：按第 3 章规定进行。

8.2　试验操作

8.2.1　混合液制备于 125mL 锥形瓶内，加试验油 50g，蒸馏水 5g，剧烈摇动使其混合后静置，盖好，于（55±2）℃的温度下保持一昼夜，冷却至（25±3）℃供试验。

8.2.2　试验方法：将三块制备好的 76mm×50mm×（3～5）mm 的钢试片，分别浸入蒸馏水中 1s，然后将试片立于滤纸上吸去多余水滴，再将试片水平放入装有 8.2.1 混合液 50g 的皿中，静置浸渍 15s，取出，沥干余滴，然后放入（25±3）℃的下部盛有蒸馏水的干燥器中，静置 1h，试验完毕后，用 120 号溶剂汽油洗去油膜。无锈、斑点与其他异常皮膜为合格。

9　气相防锈能力试验

9.1　试片规格与制备方法

9.1.1　试片规格：三块 76mm×50mm×（3～5）mm 的钢、黄铜试片；

9.1.2　试片制备按第 3 章规定进行。

9.2　仪器与材料

9.2.1　试验瓶为内径 ϕ90mm×100mm 的磨口玻璃标样瓶；

9.2.2　玻璃表面皿：ϕ（50～65）mm；

9.2.3　试验装置如图 1 所示。

9.3　试验操作

9.3.1　试验器具清洗：试验瓶与表面皿在试验前将其依次用自来水、热肥皂水或碱液、自来水、蒸馏水清洗干净，烘干，保持干净备用。

9.3.2　试验油量：I 类油称 2.5g，II 类油称 4.0g。

9.3.3　试验方法：在表面皿中称取（25±3）℃的试验油量，立即将盛油表面皿放入试验瓶中，加入 50mL 蒸馏水，盖紧瓶盖，将瓶内油水按水平方向成旋涡状强力摇 1min，此时要注意避免水与油的混合液附在盖子的内表面，然后将制备好的试片用不锈钢钩挂在盖中央的玻璃钩上，盖密并使试片下端与油水相距 10～20 mm，将此试验装置放入烘箱内，在（25±3）℃下保持 10～15min 后，再慢慢升温至（55±2）℃，保持 8h，停止加热，让其在

图 1　气相防锈能力装置图

烘箱内冷却至室温并保持 16h，前后 24h 为一周期。两周期后，检查试片，钢试片上的锈点在三点以内且直径小于 1mm 为合格。黄铜试片无发黑、发绿和严重变色为合格。其轻微均匀的变色和用浸 120 号溶剂汽油的脱脂棉能擦去的变色可不按腐蚀处理。另外距试片边缘 6mm 以内的锈和变色膜不作锈蚀处理。

10　消耗后的气相防锈能力试验

10.1　消耗试验

10.1.1　培养皿内径为（65±2）mm；

10.1.2　培养皿的清洗：按 9.3.1 进行；

10.1.3 试验操作：在培养皿中称取（25±3）℃的试验油（15±0.1）g放入烘箱内，在（100±2）℃的温度下曝露6h后，取出盖好，冷却至室温。

10.2 气相防锈能力试验

将10.1消耗后的试验油，按第9章进行气相防锈能力试验应合格，但试验油量Ⅰ类为3.0g，Ⅱ类为5.0g。

11 闪点

按GB/T 267进行。

12 凝点

按GB/T 510进行。

13 黏度

按GB/T 265进行。

14 腐蚀试验

按SH/T 0080进行。

10.30 JB/T 4051.2—1999气相防锈纸试验方法

1 范围

本试验方法用于金属材料及其制品作防锈包装用的气相防锈纸。

2 引用标准

下列标准所包含的条文，通过在本标准中引用而构成为本标准的条文。本标准出版时，所示版本均为有效。所有标准都会被修订，使用本标准的各方应探讨使用下列标准最新版本的可能性。

GB/T 457—1989 纸耐折度的测定法。

GB/T 2361—1992 防锈油脂湿热试验法。

SH 0004—1990 橡胶工业用溶剂油。

3 试验用试片的制备

3.1 应用仪器和器皿

3.1.1 试片金属材料：钢，45钢或10钢；黄铜，H62；铝，LY12；

3.1.2 玻璃干燥器；

3.1.3 电吹风器；

3.1.4 电镀镊子；

3.1.5 医用纱布、脱脂棉；

3.1.6 氧化铝砂纸（布）：150号、180号、240号；

3.1.7　搪瓷杯。

3.2　应用试剂和溶液

3.2.1　橡胶工业用溶剂油：符合 SH 0004 的要求；

3.2.2　无水乙醇（化学纯）；

3.2.3　硅胶。

3.3　试片的制备

3.3.1　钢试片的试验面先用磨床加工至表面粗糙度 R_a 为 1.00μm，使用前再用 180～240 号的水磨砂纸打磨至表面粗糙度 R_a 为 0.32～0.63μm，试片打磨纹路应平行一致，试片表面不得有凹坑、划伤、锈蚀，试片孔应用钻头、什锦锉、砂纸处理至无锈蚀（见图 1）。

3.3.2　试片的棱角及边孔用 150 号砂纸打磨。

3.3.3　打磨好的试片应立即清洗干净。

3.3.4　试片清洗用四只清洁的搪瓷杯，分别盛 150mL 以上的汽油、汽油、乙醇、50～60℃乙醇。用镊子夹取脱脂棉按顺序进行清洗，然后用热风吹干或用医用纱布擦干，置于干燥器内冷至室温备用。但必须在 24h 内使用，否则应重新打磨与清洗。

3.3.5　在试片制备过程中，严禁裸手与试验面接触。

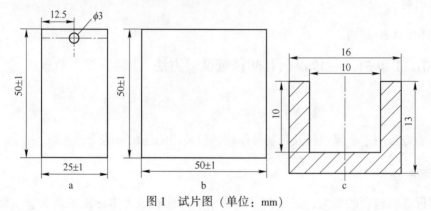

图 1　试片图（单位：mm）

a—气相防锈甄别试验试片；b—动态接触湿热试验试片；c—气相缓蚀能力试验试片

4　气相防锈甄别试验方法

4.1　应用仪器和器皿

4.1.1　电热恒温箱；

4.1.2　玻璃试管：内径 ϕ31mm±1mm，长 210mm±5mm；

4.1.3　橡皮塞 7～9 号，附带有不锈钢挂钩；

4.1.4　试管架；

4.1.5　试片：50mm×25mm×(3～5)mm 三块。

4.2　应用试剂和溶液

4.2.1　蒸馏水；

4.2.2　橡胶工业用溶剂油：符合 SH 0004 的要求；

4.2.3　无水乙醇（化学纯）。

4.3　试验条件

4.3.1　温度：(50±2)℃；

4.3.2　相对湿度：RH95%以上。

4.4　试验操作

4.4.1　将 120mm×150mm 干的气相防锈纸卷成 φ30mm×150mm 的圆筒，装入洗净烘干的试管中贴附管壁，盖上橡皮塞，置于 (50±2)℃的烘箱中恒温 2h 取出，将按本标准第 3 章中规定处理好的试片，迅速挂在橡皮塞吊钩上，盖好橡皮塞，试片恰好置于试管中央部位，记下试管编号，再置于 (50±2)℃烘箱中恒温 2h，同时做空白对照试验。

4.4.2　取出试管，迅速注入蒸馏水 15mL，放入试管架上，再放进 (50±2)℃的烘箱中开始试验，并记下开始试验时间。

4.4.3　本试验每天加热 8h，停止加热 16h，记 24h 为一周期。

4.4.4　本试验所用之试管，橡皮塞应顺序用自来水、热肥皂水或碱水、自来水、蒸馏水清洗干净，烘干后使用（见图 2）。

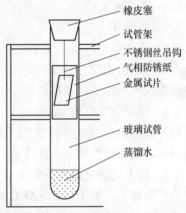

橡皮塞
试管架
不锈钢丝吊钩
气相防锈纸
金属试片
玻璃试管
蒸馏水

图 2　气相防锈甄别试验装置示意图

5　动态接触湿热试验方法

5.1　应用仪器和器皿

5.1.1　湿热试验箱：应符合 GB/T 2361 的要求；

5.1.2　聚乙烯薄膜；

5.1.3　尼龙丝或塑料丝；

5.1.4　不锈钢或玻璃 S 型吊钩；

5.1.5　试片：50mm×50mm×(3~5)mm 三块。

5.2　应用试剂和溶液

5.2.1　蒸馏水；

5.2.2　橡胶工业用溶剂油：符合 SH 0004 的要求；

5.2.3　无水乙醇（化学纯）。

5.3　试验条件

5.3.1　温度：(49±1)℃；

5.3.2　相对湿度：RH 95%以上；

5.3.3　空气流量：箱内体积 3 倍/h；

5.3.4　试片架旋转：$\frac{1}{3}$r/min。

5.4　试验操作

5.4.1　将按本标准第 3 章中准备好的试片，用预先裁好的 160mm×160mm 的气相防锈纸包装好，如果是未复合的气相防锈纸按同样方法再包一层厚 (0.05±0.01)mm 的聚乙烯薄膜做外包装，然后用尼龙丝按十字形缠紧，记下试片编号，用吊钩将试片挂在湿热箱内旋转架上，开动试验设备，记下试验开始时间。

5.4.2　湿热试验每天工作 8h，然后停止运转 16h，计 24h 为一周期。

6　气相缓蚀能力试验方法

6.1　应用仪器和器皿

6.1.1　1L 广口瓶；

6.1.2　铝管 ϕ16mm×1.5mm×110mm；

6.1.3　橡皮塞 9 号、13 号；

6.1.4　橡皮管；

6.1.5　回形针；

6.1.6　凹形试片 ϕ16mm×13mm、内孔 ϕ10mm×10mm。

6.2　应用试剂和溶液

6.2.1　甘油水溶液：用化学纯的甘油配成 25℃密度 1.077g/cm³ 的甘油水溶液；

6.2.2　橡胶工业用溶剂油：符合 SH 0004 的要求；

6.2.3　无水乙醇（化学纯）；

6.2.4　蒸馏水。

6.3　试验操作

6.3.1　将按本标准第 3 章中规定处理好的试片的试验面垫在干净滤纸上，将试片凹形面压入 9 号橡皮塞内，试验面露出部分不超过 3mm，压装后的试片试验面用浸有无水乙醇脱脂棉或纱布擦洗两遍热风吹干。

6.3.2　将预先裁好的 25mm×150mm 的气相防锈纸两张用图钉对称地固定在 9 号橡皮塞两侧，纸的涂药面应相对，纸条底部用回形针固定，使其垂直。

6.3.3　将上述装置盖在预先注有 10mL 已配好的甘油水溶液的广口瓶上。置于（20±2）℃的温度下 20h 后，迅速向铝管内注满温度为（2.0±0.5）℃的冰水，再在（20±2）℃下保持 3h 后倒出冰水，用浸有无水乙醇的脱脂棉擦洗试样，吹干后立即检查，无锈为合格。

6.3.4　平行试验三组，同时在同样条件下进行一组空白对比试验，空白试验不放气相防锈纸。如空白试验试片未锈，试验则需要重新进行。

6.3.5　本试验装置（见图 3）的清洗方法按 4.4.4 的规定进行。

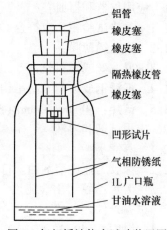

铝管
橡皮塞
橡皮塞
隔热橡皮管
橡皮塞
凹形试片
气相防锈纸
1L 广口瓶
甘油水溶液

图 3　气相缓蚀能力试验装置图

7　耐折度试验

按 GB/T 457 的规定进行。

10.31　JB/T 4216—1999 防锈油膜抗热流失性试验方法

1　范围

本标准适用于防锈油脂的油膜在指定温度下保温一定时间后，根据油膜的变化情况，判断其抗热流失性能，它的使用范围包括防锈脂类和溶剂稀释型硬膜和半软膜型防锈油类油膜的抗热流失性能的测试。

2　引用标准

下列标准所包含的条文，通过在本标准中引用而构成为本标准的条文。本标准出版时，所示版本均为有效。所有标准都会被修订，使用本标准的各方应探讨使用下列标准最新版本的可能性。

SH 0004—1990 橡胶工业用溶剂油。

SH/T 0218—1992 防锈油脂试验试片制备法。

3　设备、材料及试剂

3.1　设备

恒温箱。

3.2　材料

（1）试片：试片规格 50mm×50mm×（3～5）mm，金属材质按 SH/T 0218 的规定选用；

（2）胶带纸；

（3）钢针；

（4）砂纸或砂布：粒度分别为 150 目、180 目和 240 目；

（5）脱脂棉（医用）；

（6）脱脂纱布。

3.3　试剂

（1）无水乙醇：化学纯；

（2）溶剂油：按 SH 0004 的规定，或石油醚（沸程 60～90℃，化学纯）。

4　试样制备

试片的打磨和清洗按 SH/T 0218 的规定进行。

5　试验步骤

5.1　将制备好的试片，在其下部离底边 22mm 处用钢针划一道平行于底边的基准线，再用一条略长于试片底边、宽为 25mm 的胶带纸条贴于试片下部的面上，胶带纸长边与试片底边平行重合（见图 1）。

5.2　试片涂油：按 SH/T 0218 的规定，涂溶剂稀释型硬膜、半软膜型防锈油或防锈脂，防锈脂涂膜平均厚度为 120～140μm。

　　注：防锈脂涂膜厚度的控制按 SH/T 0218 中"注"进行（比重－重量法）。

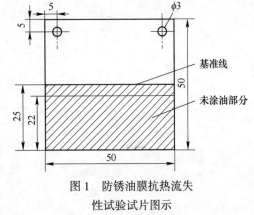

图 1　防锈油膜抗热流失
性试验试片图示

5.3　涂油试片按 SH/T 0218 中所规定的时间沥干后，小心地将胶带纸揭去，这时油膜层底边应与基准线平行，距离为 3mm；空白部分为 25mm 宽的未涂油带区（见图 1）。

5.4　将上述试片未涂油部分向下垂直悬挂于恒温箱内，溶剂稀释型硬膜和半软膜防锈油在（79±1）℃的空气浴中保温放置 4h；防锈脂 1 号在（60±1）℃，2 号在（55±1）℃的空气浴中保温放置 4h。

5.5　取出试片，冷至室温。

6　试验结果的判断

检查试片基准线与其平行的油膜底边的距离。

（1）如因加热致使油膜底边向基准线方向有任何移动，则认为该油膜不符合抗热流失性要求，判断为不合格。

（2）如果基准线与油膜底边相对距离未变，则认为该油膜抗热流失性符合要求，判断为合格。

附录　相关标准（节选）

附录1　SH/T 0692—2000 防锈油

该标准代替 SH/T 0095—1991（1998）L-RG 溶剂稀释型防锈油、SH/T 0096—1991
（1998）L-RK 脂型防锈油、SH/T 0354—1992（1998）溶剂稀释型防锈油、SH/T 0366—
1992（1998）石油脂型防锈脂、SH/T 0367—1992（1998）置换型防锈油、SH/T 0602—
1994 L-RA 水置换型防锈油。

1　范围

本标准规定了以石油溶剂、润滑油基础油等为基础原料，加入多种添加剂调制而成的
防锈油的技术条件。

本标准所属产品适用于以钢铁为主的金属材料及其制品的暂时防腐保护。

2　引用标准

下列标准包括的条文，通过引用而构成本标准的一部分，除非在标准中另有明确规
定，下述引用标准都是现行有效标准。

GB/T 261 石油产品闪点测定法（闭口杯法）。

GB/T 265 石油产品运动粘度测定法和动力黏度计算法。

GB/T 269 润滑脂和石油脂锥入度测定法。

GB/T 711 优质碳素结构钢热轧厚钢板和宽钢带。

GB/T 1995 石油产品粘度指数计算法。

GB/T 2361 防锈油脂湿热试验法。

GB/T 3535 石油倾点测定法。

GB/T 3536 石油产品闪点和燃点测定法（克利夫兰开口杯法）。

GB/T 4756 石油液体手工取样法。

GB/T 5096 石油产品铜片腐蚀试验法。

GB/T 5231 加工钢化学成分和产品形状。

GB/T 6538 发动机油表现黏度测定法（冷启动模拟机法）。

GB/T 7304 石油产品和润滑剂酸值测定法（电位滴定法）。

GB/T 7631.6 润滑剂和有关产品（L类）的分类第6部分：R组（暂时保护防腐蚀）。

GB/T 8026 石油蜡和石油脂滴熔点测定法。

GB/T 12579 润滑油泡沫特性测定法。

SH/T 0025 防锈油盐水浸渍试验法。

SH/T 0035 防锈油脂蒸发量测定法。

SH/T 0036 防锈油水置换性试验法。

SH/T 0060 防锈油脂吸氧测定法（氧弹法）。

SH/T 0063 防锈油干燥性试验法。

SH/T 0080 防锈油脂腐蚀性试验法。

SH/T 0081 防锈油脂盐雾试验法。

SH/T 0082 防锈油脂流下点试验法。

SH/T 0083 防锈油耐候试验法。

SH/T 0105 溶剂稀释型防锈油油膜厚度测定法。

SH/T 0106 防锈油人汗防蚀性试验法。

SH/T 0107 防锈油人汗洗净性试验法。

SH 0164 石油产品包装、贮运及交货验收规则。

SH/T 0211 防锈油脂低温附着性试验法。

SH/T 0212 防锈油脂除膜性试验法。

SH/T 0214 防锈油脂分离安定性试验法。

SH/T 0215 防锈油脂沉淀值和磨损性测定法。

SH/T 0216 防锈油喷雾性试验法。

SH/T 0218 防锈油脂试验试片制备法。

SH/T 0584 防锈油脂包装贮存试验法（百叶箱法）。

SH/T 0660 气相防锈油试验方法。

3　定义

本标准采用下列定义。

3.1　防锈油（rust preventive oil）

含有腐蚀抑制剂，主要用于暂时防止金属大气腐蚀的油品。

3.2　除指纹型防锈油（fingerprint removing type rust preventive oil）

能除去金属表面附着的指纹的防锈油。

3.3　溶剂稀释型防锈油（solvent cutback rust preventive oil）

将不挥发性材料溶解或分散到石油溶剂中的防锈油，涂敷后，溶剂挥发形成防护膜。

3.4　脂型防锈油（grease type rust preventive oil）

以石油脂为基础材料常温下呈半固体状的防锈油。

3.5　润滑油型防锈油（lubricating type rust preventive oil）

以石油润滑油馏分为基础材料的防锈油。

3.6　气相防锈油（vapor phase type rust preventive oil）

含有在常温下能气化的缓蚀剂的防锈油。

3.7　黏度变化（viscosity change）

试样在规定条件下加热除去挥发性物质后运动黏度变化，用加热前后试样的黏度变化率表示。

3.8　沉淀值（precipitation number）

把试样与规定溶剂混合，在规定条件下离心分离，此时生成沉淀物的数值（mL）即为沉淀值。

3.9　烃溶解性（hydrocarbon solubility）

试样与规定溶剂混合，在规定条件下离心分离后，静置 24h，观察试样溶液有无相变化或分离现象。

3.10　泡沫性（foaming characteristics）

在规定时间，把一定流速的空气吹入保持一定温度的试样中，然后静置 10min，观察其泡沫量，用 mL 表示。

3.11　氧化安定性（oxidation stability）

把催化剂加入试样中，在规定温度下用搅拌棒搅拌试样一定时间，使其氧化，测定试样氧化后的运动黏度和总酸值的变化，评定试样的抗氧化性。

3.12　吸氧量（oxygen absorption content）

将催化剂放入试样中，然后一并放入氧弹内，充入规定压力的氧气，在规定温度下加热氧弹，根据 100h 后氧气压力的减少，确定试样的抗氧化性能。

3.13　膜厚（film thickness）

将试样用规定的方法涂敷在试片上，垂直保持 24h，检测附着膜质量，计算油膜厚度，用 μm 表示。

3.14　干燥性（drying characteristics）

将试样用规定的方法涂在试片上，垂直保持一定时间后，油膜的干燥状态视为试样的干燥性。

3.15　流下点（flow down point）

试样油膜在设定温度下垂直保持 1h，油膜流落到基准线的温度即为流下点。

3.16　低温附着性（low-temperature adhesion property）

试样膜在低温金属表面上的附着性能。

3.17　除膜性（film removability）

试样膜被石油溶剂去除的性能。

3.18　磨损性（wearability）

表示试样混入机械杂质使金属制品擦伤的性能。

3.19　挥发性物质量（volatile matter content）

表示试样在规定条件下加热时产生的挥发性物质的量。

3.20　分离安定性（separating stability）

试样在规定的温度条件下有无相变或分离。

3.21　喷雾性（sprayability）

在一定条件下喷雾时，试样雾滴的均匀性。

3.22　腐蚀性（corrosivity）

试样对金属的腐蚀性，变色性。

3.23　水置换性（water displacement property）

试样对附着在金属表面上的水的置换性和防锈性。

3.24　酸中和性（acid neutralization property）

试样对酸性物质的中和防锈性能。

3.25 除指纹性（fingerprints removing property）

试样对附着在金属表面的指纹的去除性和防止指纹引起的锈蚀性。

3.26 人汗防蚀性（fingerprints anti-corrosive property）

防止附着在试样膜上的指纹引起的锈蚀的能力。

3.27 透明性（transparency）

涂覆在金属面上的试样膜在规定条件下放置后，从膜上读金属面上印记的性能。

3.28 包装贮存性（shed storage property）

将在规定条件下涂油试样的试片包装，放在装有水槽的百叶箱中，评定其防锈能力。

3.29 气相防锈性（vapor phase anti-rust property）

试样中的气相防锈剂在密闭条件下对裸露的金属的防锈性。

3.30 暴露后气相防锈性（vapor phase anti-rust property after exposure）

试样在规定条件下经室内暴露后，其气相防锈剂在密闭条件下对金属表面的防锈性。

3.31 加热后气相防锈性（vapor phase anti-rust property after heating）

试样在规定条件下加热暴露后，其气相防锈剂在密闭条件下对金属表面的防锈性。

4 产品分类

4.1 分类

本标准将防锈油分为除指纹防锈油、溶剂稀释型防锈油、脂型防锈油、润滑油型防锈油和气相防锈油五种类型，根据膜的性质、油品的黏度等细分为 15 个牌号，如表 1 所示。

表 1 防锈油分类

种 类			代号 L-	膜的性质	主要用途
除指纹型防锈油			RC	低黏度油膜	除去一般机械部件上附着的指纹，达到防锈目的
溶剂稀释型防锈油	Ⅰ		RG	硬质膜	室内外防锈
	Ⅱ		RE	软质膜	以室内防锈为主
	Ⅲ	1 号	REE-1	软质膜	以室内防锈为主（水置换型）
		2 号	REE-2	中高黏度油膜	
	Ⅳ		RF	透明、硬质膜	室内外防锈
脂型防锈油			RK	软质膜	类似转动轴承类的高精度机加工表面的防锈，涂敷温度 80℃以下
润滑油型防锈油	Ⅰ	1 号	RD-1	中黏度油膜	金属材料及其制品的防锈
		2 号	RD-2	低黏度油膜	
		3 号	RD-3	低黏度油膜	
	Ⅱ	1 号	RD-4-1	低黏度油膜	内燃机防锈。以保管为主，适用于中负荷，暂时运转的场合
		2 号	RD-4-2	中黏度油膜	
		3 号	RD-4-3	高黏度油膜	
气相防锈油			RQ-1	低黏度油膜	密闭空间防锈
			RQ-2	中黏度油膜	

4.2 代号

产品代号按 GB/T 7631.6 不包括的气相防锈油产品代号暂定为 L-RQ。

5 技术条件

各类产品技术条件应符合表 2~表 6 的规定。

表 2 L-RC 除指纹型防锈油技术要求

项 目		质量标准	试验方法
闪点/℃	不低于	38	GB/T 261
运动黏度（40℃）/mm² · s⁻¹	不大于	12	GB/T 265
分离安定性		无相变，不分离	SH/T 0214
除指纹性		合格	SH/T 0107
人汗防蚀性		合格	SH/T 0106
除膜性（湿热后）		能除膜	SH/T 0212
腐蚀性（质量变化）/mg · cm⁻²		钢 ±0.1 铝 ±0.1 黄铜 ±1.0 锌 ±3.0 铅±45.0	SH/T 0080①
湿热（A级）/h	不小于	168	GB/T 2361

①试验片种类可与用户协商。

表 3 溶剂稀释型防锈油技术要求

项 目		质 量 指 标					试验方法
		L-RG	L-RE	L-REE-1	L-REE-2	L-RF	
闪点/℃	不低于	38	38	38	70	38	GB/T 261
干燥性		不粘着状态	柔软状态	柔软状态	柔软或油状态	指触干燥（4h）不粘着（24h）	SH/T 0063
留下点/℃	不低于	80	—	—		80	SH/T 0082
	低温附着性	合格					SH/T 0211
	水置换性	—		合格		—	SH/T 0036
	喷雾性	膜连续					SH/T 0216
	分离安定性	无相变，不分离					SH/T 0214
除膜性	耐候性后	除膜（30次）	—	—	—	—	SH/T 0212①
	包装贮存后	—	除膜（15次）	除膜（6次）		除膜（15次）	
	透明性	—				能看到印记	附录B
腐蚀性（质量变化）/mg · cm⁻²		铜±0.2 黄铜±1.0 锌±7.5 铝±0.2 镁±0.5 镉±5.0 铬不失去光泽					SH/T 0080②

续表 3

项　目		质　量　指　标					试验方法
		L-RG	L-RE	L-REE-1	L-REE-2	L-RF	
膜厚/μm	不大于	100	50	25	15	50	SH/T 0105
防锈性	湿热（A级）/h 不小于	—	720①	720①	480	720①	GB/T 2361
	盐雾（A级）/h 不小于	336	—	—	—	336	SH/T 0081
	耐候（A级）/h 不小于	600	—	—	—	—	SH/T 0083
	包装贮存（A级）/d 不小于	—	360	180	90	360	SH/T 0584①

①为保证项目，定期测定。

②试验片种类可与用户协商。

表 4　L-RK 脂型防锈油技术要求

项　目		质量指标	试验方法
锥入度（25℃）/0.1mm		200~325	GB/T 269
滴熔点/℃	不低于	55	GB/T 8026
闪点/℃	不低于	175	GB/T 3536
分离安定性		无变相，不分离	SH/T 0214
蒸发量（质量分数）/%	不大于	1.0	SH/T 0035
吸氧量（100h，99℃）/kPa	不大于	150	SH/T 0060
沉淀值/mL	不大于	0.05	SH/T 0215
磨损性		无伤痕	SH/T 0215
流下点/℃	不低于	40	SH/T 0082
除膜性		除膜（15 次）	SH/T 0212
低温附着性		合格	SH/T 0211
腐蚀性（质量变化）/mg·cm⁻²		铜±0.2　黄铜±0.2　锌±0.2 铅±1.0　铝±0.2　镁±0.5 镉±0.2 除铅外，无明显锈蚀、污物及变色	SH/T 0080①
防锈性	湿热（A级）/h 不小于	720	GB/T 2361②
	盐雾（A级）/h 不小于	120	SH/T 0081
	包装贮存（A级）/d 不小于	360	SH/T 0584②

①试验片种类可与用户协商。

②为保证项目，定期测定。

表 5　润滑油型防锈油技术要求

项　目		质　量　指　标						试验方法
		L-RD-1	L-RD-2	L-RD-3	L-RD-4-1	L-RD-4-2	L-RD-4-3	
闪点/℃	不低于	180	150	130	170	190	200	GB/T 3536
倾点/℃	不高于	−10	−20	−30	−25	−10	−5	GB/T 3535

续表5

项 目		质 量 指 标						试验方法
		L-RD-1	L-RD-2	L-RD-3	L-RD-4-1	L-RD-4-2	L-RD-4-3	
运动黏度/mm²·s⁻¹	40℃	100±25	18±2	13±2	—	9.3~12.5	16.3~21.9	GB/T 265
	100℃							
低温动力黏度（-18℃）/mPa·s 不大于		—	—	—	2500	—		GB/T 6538
黏度指数 不小于		—	—	—	75	70		GB/T 1995
氧化安定性 (165.5℃，24h)	黏度比 不大于	—	—	—	3.0	2.0		附录C
	总酸值增加 /mgKOH·g⁻¹ 不大于				3.0	2.0		
挥发性物质质量（质量分数）/% 不大于		—	—	—	2			SH/T 0660
泡沫性， 泡沫量/mL	24℃ 不大于				300			GB/T 12579
	93.5℃ 不大于				25			
	后24℃ 不大于				300			
酸中和性		—	—	—	合格			SH/T 0660
叠片试验，周期			协议		—			附录A
铜片腐蚀（100℃，3h）/级 不大于			2		—			GB/T 5096
除膜性，湿热后				能除膜				SH/T 0212
防锈性	湿热（A级）/h 不小于	240		192	480			GB/T 2361
	盐雾（A级）/h 不小于	48	—		—			SH/T 0081
	盐水浸渍（A级）/h 不小于	—			20			SH/T 0025

表6 气相防锈油技术要求

项 目		质 量 指 标		试验方法
		L-RQ-1	L-RQ-2	
闪点/℃ 不低于		115	120	GB/T 3536
倾点/℃ 不高于		-25.0	-12.5	GB/T 3535
运动黏度/mm²·s⁻¹	100℃	—	8.5~13.0	GB/T 265
	40℃	不小于10	95~125	
挥发性物质质量（质量分数）/% 不大于		15	5	SH/T 0660
黏度变化/%		-5~20		附录D
沉淀值/mL 不大于		0.05		SH/T 0215
烃溶解性		无相变，不分离		SH/T 0660
酸中和性		合格		SH/T 0660
水置换性		合格		SH/T 0036
腐蚀性（质量变化）/mg·cm⁻²		铜±1.0 钢±0.1 铝±0.1		SH/T 0080

项　目		质　量　指　标		试验方法
		L-RQ-1	L-RQ-2	
防锈性	湿热（A级）/h　　　　　不小于	200		GB/T 2361
	气相防锈性	无锈蚀		SH/T 0660
	暴露后气相防锈性	无锈蚀		
	加温后气相防锈性	无锈蚀		

6　标志、包装、运输、贮存

标志、包装、运输、贮存及交货验收按 SH 0614 进行。

7　取样

取样按 GB/T 4756 进行，取 2L 作为检验和留样用。

附录 A

（标准的附录）

防锈油——长期叠片腐蚀试验

A1　范围

本方法用于评定防锈油产品对碳素结构钢或其他材质（用户提出）重叠或卷置时的防腐性能。

A2　方法概要

把已知光洁度的试验片涂上试验样品，夹在两个不锈钢片之间，经过一定温度和湿度的循环作用，观察试片变化，评定试样的防腐性。

A3　设备

A3.1　试验片：符合 SH/T 0218 的 A 或 B 试片。

注：可以选择用户所需的其他材质。

A3.2　浸渍槽。

A3.3　不锈钢吊钩。

A3.4　不锈钢"盖"板。

A3.5　不起毛的、有吸收能力的纸。

A3.6　气候箱。

A3.7　压板：重 2kg，用以保持试片上各点压力一致。

A4　试剂和材料

石油醚：化学纯。

A5　试验步骤

A5.1　按 SH/T 0218 准备试验片。

注：可按用户和生产厂协商的特殊条件。

A5.2　将试验片浸入放有试样的浸渍槽（A3.2）中，提起后，在无灰尘、室温条件下，沥干 72h。

A5.3　将上述试片用两片不锈钢"盖"板夹紧，把压板（A3.7）放上。

A5.4　将上述组合体放入运转的气候箱中，气候箱每 7 天作为一个试验周期，每个周期：

——前 5 天，每天：8h，湿度 99%、温度 40℃，后 16h，湿度 75%、温度 20℃；

——后 2 天，每天：湿度 65%、温度 20℃。

A5.5　每个周期结束后，拆开组合体，检查接触面的状况，给出 4 个接触面的评定结果：

（1）无变化。

（2）有容易去除的印迹或污物。

（3）有一些不能去除的印迹或污物。

（4）有大量的不能去除的印迹或污物。

A6　结果的表示

记录试片未发生变化的周期数。

当试片的变化大于评定结果 A5.5（2）情况时，终止试验，记录最后的评定结果。

记录产品的气味。

A7　试验报告

（1）试验片的种类。

（2）按 A6 说明试验结果。

（3）试验片的湿润情况。

（4）通过协商或其他原因，与规定的试验条件不符的情况。

附录 B

（标准的附录）

透明性试验方法

B1　适用范围

本方法适用于测定溶剂稀释型 L-RF 防锈油的透明性。

B2　方法概要

将预先刻有印记的试片，经涂膜、干燥后，看能否观察到涂膜下的印记。

B3　仪器与材料

B3.1　试片：按 SH/T 0218《防锈油脂试验试片制备法》A 法准备 2 片 A 试片或 B 试片。

B3.2　刻印工具：能够打上 5mm 印记数字或文字的冲头。

B4　试验步骤

B4.1　用刻印工具在试片的面上，打上 2 个明显的印记。

B4.2　按 SH/T 0218 中 B 法对试片进行涂膜。

B4.3　其中一片经过 24h 干燥后，另一片经 SH/T 0584《防锈油脂包装贮存试验法（百叶箱法）》后，用肉眼从涂膜外观察能否看到印记。

B5　试验结果

记录是否能看到印记。

附录 C

（标准的附录）

内燃机油氧化安定性测定法

C1　适用范围

本方法适用于评定内燃机用封存防锈油氧化安定性。

C2　方法概要

将催化剂浸入试样中，在 165.5℃ 条件下，用搅拌棒搅拌试样 24h，使其氧化后，测定氧化油的运动黏度和总酸值，与未氧化油比较，求出黏度比及总酸值的增量。

试验以装入同一试样的 2 个试验容器为一组进行。

C3　试验仪器及试验材料

C3.1　内燃机油氧化安定性试验器由以下（1）~（5）构成。图 C1 所示为组装图之一。

（1）恒温槽：恒温槽具有搅拌器、电热器及温度调节器，可将温度保持在（165.5±0.5）℃，试验容器底部距恒温槽顶部 120mm，在浴液中可将试验容器浸泡 90mm 以上（参见图 C1）。

（2）温度计：测温范围 150~200℃，分度值为 0.5℃，长度 250mm，全浸。

（3）试验容器及试验容器盖

1）试验容器：尺寸及构造如图 C2 所示，由硼硅酸耐热玻璃制成。

参考：GB/T 11143 的 4.1.3 规定用烧杯与此相当。

2）试验容器盖：由酚醛树脂制成，形状、尺寸如图 C3 所示，备有搅拌棒插入孔。

注：变形或破损的盖，可使内部空气置换比例发生变化，因此有时造成试验结果的偏离，应引起注意。

（4）试样搅拌棒：由硼硅酸耐热玻璃或不锈钢制成，形状、尺寸如图 C4 所示。

（5）转子：由图 C1 所示形状从下方将试样搅拌棒插入，卡盘将其保持在离试样容器底部 10mm 的位置，以（1300±15）r/min 旋转（防止其震动）。

C3.2　催化剂及其他试验材料。

C3.2.1 催化剂。

钢：符合 GB/T 711 中的 10 号，厚 0.5mm，宽 26mm，长 121.4mm。

铜：符合 GB/T 5231 中的 T2，厚 0.5mm，宽 26mm，长 60.4mm。

注：如图 C5 所示，在钢及铜催化剂两端开固定孔（ϕ1.0mm）。

参考：可用参考图 C1 所示形状的钢及铜催化剂。铜催化剂两端的折线弯曲成爪，钢催化剂两端有插入爪的沟孔。两个催化剂组合时，铜催化剂爪插入钢催化剂沟孔，按折线将爪使劲弯下固定。

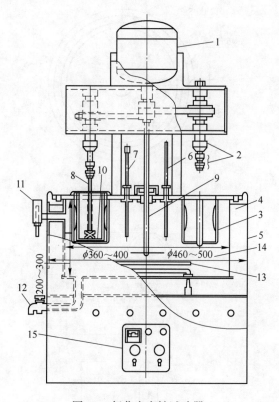

图 C1　氧化安定性试验器

1—电动机；2—转子；3—试验容器固定装置；4—保温材料；5—保温壁；6—温度计；7—湿度调节器；
8—试样搅棒；9—搅拌器；10—试验容器；11—溢水管；12—排水栓；13—电热器；14—浴槽；15—操作盘

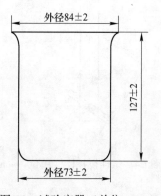

图 C2　试验容器（单位：mm）

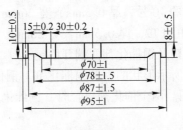

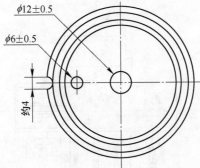

图 C3　试验容器盖（单位：mm）

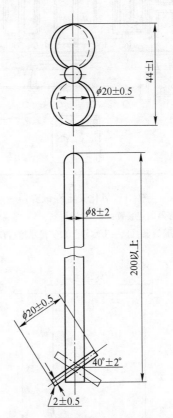

图 C4　试样搅拌棒（单位：mm）

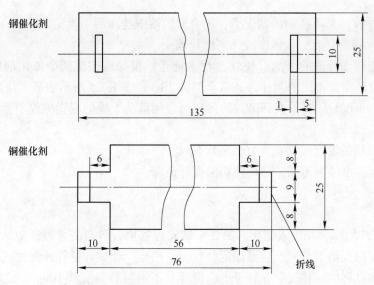

参考图 C1　附带爪、沟孔的催化剂（单位：mm）

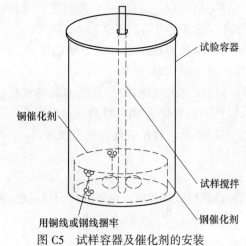

图 C5　试样容器及催化剂的安装

C3.2.2　研磨材料：400 号氧化铝研磨布或纸。

C3.2.3　脱脂棉。

C3.3　试剂。

C3.3.1　庚烷：化学纯。

C3.3.2　石油醚：化学纯。

C4　取样

按 GB/T 4756 规定。

C5　试验准备

C5.1　将试验容器、试样搅拌棒在铬酸洗液或同等的洗净剂中浸泡 2h 以上用自来水充分冲洗，再用蒸馏水洗数次后将其干燥。

注：

1. 试样搅拌棒是不锈钢的情况下，用合适的溶剂洗净后干燥。

2. 铬酸洗液废弃时，应做废液无害化处理。

C5.2　用脱脂棉沾合适的溶剂（庚烷、石油醚等）很好地擦拭两个催化剂后，用研磨布或研磨纸磨出新面，再用脱脂棉将磨粉全部擦干净，按图 C5 所示组装。研磨后催化剂应尽可能快地用于试验。另外，研磨过的催化剂要用清洁干燥的脱脂棉或手套拿取，不要直接用手接触。

C5.3　将恒温槽的温度控制在（165.5±0.5）℃。

注：根据温度读取范围，尽可能将温度计插深。

C6　试验步骤

C6.1　如图 C5 所示，在放入催化剂的 2 个试验容器中，各自在常温下放入 250mL 试样，将它们固定在恒温槽上的试验容器固定装置上。然后，让试样搅拌棒穿过试验容器盖，将容器盖好。将试样搅拌棒安装在转子上，使叶片下端距容器底部 10mm。这时不要用手直接触摸试样搅拌棒浸泡的部分。

C6.2　使试样搅拌棒以（1300±15）r/min，按一定方向旋转搅拌试样。试样搅拌棒开始旋转的时间即是试验开始时间，并将此时间记下。

C6.3　经 24h 后，将试验容器从恒温槽取出，用干净的镊子取下催化剂，将试验容器内的试样（以下简称氧化油）冷却至室温。

C6.4　氧化试验前的试样（以下称未氧化油）、变为室温的氧化油迅速地进行以下实验。

按 GB/T 265 测定未氧化油及氧化油 40℃时的运动黏度。

按 GB/T 7304 的规定测定未氧化油及氧化油的总酸值。

C7　计算方法

C7.1　黏度比：从氧化前后的试样运动黏度，由下式算出运动黏度比，保留小数点后 2 位。

$$R = \nu_2 / \nu_1$$

式中　R——运动黏度比；

　　　ν_1——40℃下的未氧化油运动黏度，mm^2/s；

　　　ν_2——40℃下的氧化油运动黏度，mm^2/s。

两个试样结果之差不超过平均值的 14% 时，此平均值为黏度比。

两个试样结果之差超过平均值的 14% 时，重新试验。

C7.2　总酸值的增加：算出氧化前后试样的总酸值的差，保留 3 位有效数字。但不足 1mgKOH/g 时，保留小数点后 2 位。两个试验结果之差不超过表 1 允许差时，其平均值为总酸值的增加。两个试验结果之差超过表 C1 的允许差时，重新试验。

表 C1　允许差　　　　　　　　　　　　　　　　　　　　　　（mgKOH/g）

总酸值增加	允许差
0.05~1.0	0.3
1.0 以上~5.0	1
5.0 以上~20	4

附录 D

(标准的附录)

黏度变化计算法

把按 SH/T 0060 方法测定挥发性物质前后的试样，按 GB/T 265 测定 40℃ 的运动黏度。黏度变化按下式计算，用两个试验结果的平均值表示，精确到小数点后一位。

$$\nu = [(\nu_1 - \nu_2)/\nu_1] \times 100$$

式中　ν——黏度变化，%；

　　　ν_1——新油的运动黏度，mm^2/s；

　　　ν_2——挥发性物质蒸发后的运动黏度，mm^2/s。

附录 E

(提示的附录)

本标准的防锈油产品代号与等效标准 JIS K 2246—1994 产品代号的对应关系如表 E1 所示。

表 E1　本标准产品代号与 JIS K 2246—1994 的对应关系

本标准产品代号	JIS K 2246—1994 中代号
L-RC	NP-0
L-RG	NP-1
L-RE	NP-2
L-REE-1	NP-3-1
L-REE-2	NP-3-2
L-RF	NP-19
L-RK	NP-6
L-RD-1	NP-7
L-RD-2	NP-8
L-RD-3	NP-9
L-RD-4-1	NP-10-1
L-RD-4-2	NP-10-2
L-RD-4-3	NP-10-3
L-RQ-1	NP-20-1
L-RQ-2	NP-20-2

附录 2　GB/T 4879—2016 防锈包装

1　范围

本标准规定了防锈包装等级、一般要求、材料要求、防锈包装方法和试验方法。

本标准适用于防锈包装的设计、生产和检验。

2　规范性引用文件

下列文件对于本文件的应用是必不可少的。凡是注日期的引用文件，仅注日期的版本适用于本文件。凡是不注日期的引用文件，其最新版本（包括所有的修改单）适用于本文件。

GB/T 5048 防潮包装。

GB/T 12339 防护用内包装材料。

GB/T 14188 气相防锈包装材料选用通则。

GB/T 16265 包装材料试验方法相容性。

GB/T 16266 包装材料试验方法接触腐蚀。

GB/T 16267 包装材料试验方法气相缓蚀能力。

GJB 145A—1993 防护包装规范。

GJB 2494 湿度指示卡规范。

BB/T 0049 包装用矿物干燥剂。

3　防锈包装等级

3.1　应根据产品的性质、流通环境条件、防锈期限等因素进行综合考虑来确定防锈包装等级。

3.2　防锈包装等级一般分为1级、2级、3级，见表1。对防锈包装有特殊要求时，可按特殊要求进行。

表1　防锈包装等级

等级	条件		
	防锈期限	温度、湿度	产品性质
1级包装	2年	温度大于30℃，相对湿度大于90%	易锈蚀的产品，以及贵重、精密的可能生锈的产品
2级包装	1年	温度在20～30℃之间，相对湿度在70%～90%之间	较易锈蚀的产品、以及较贵重、较精密可能生锈的产品
3级包装	0.5年	温度小于20℃，相对湿度小于70%	不易锈蚀的产品

注：1. 当防锈包装等级的确定因素不能同时满足本表的要求时，应按照三个条件的最严酷条件确定防锈包装等级。亦可按照产品性质、防锈期限、温湿度条件的顺序综合考虑，确定防锈包装等级。

　　2. 对于特殊要求的防锈包装，主要是防潮要求更高的包装，宜采用更加严格的防潮措施。

4　一般要求

4.1　确定防锈包装等级。并按等级要求包装，在防锈期限内保障产品不产生锈蚀。

4.2　防锈包装操作过程应连续，如果中断应采取暂时性的防锈处理。

4.3　防锈包装过程中应避免手汗等污染物污染产品。

4.4　需进行防锈处理的产品，如处于热状态时，为了避免防锈剂受热流失或分解，应冷却到接近室温后再进行处理。

4.5　涂覆防锈剂的产品，如果需要包敷内包装材料时，应使用中性、干燥清洁的包装材料。

4.6　采用防锈剂防锈的产品，在启封使用时，一般应除去防锈剂。产品在涂覆或除去防锈剂会影响产品性能时，应不使用防锈剂。

4.7　防锈包装作业应在清洁、干燥、温差变化小的环境中进行。

5　材料要求

5.1　产品使用的防锈材料，其质量应符合有关标准的规定。

5.2　干燥剂一般使用矿物干燥剂。矿物干燥剂应符合 BB/T 0049 的规定。

5.3　气相防锈包装材料应符合 GB/T 14188 的有关规定。

5.4　防护用内包装材料应符合 GB/T 12339 的有关规定。

5.5　防锈包装材料除应进行有关试验外，相容性试验应按 GB/T 16265 的规定，接触腐蚀试验应按 GB/T 16266 的规定，气相缓蚀能力试验应按 GB/T 16267 的规定。

5.6　必要时应采用湿度指示卡、湿度指示剂或湿度指示装置，并应尽量远离干燥剂。湿度指示卡应符合 GJB 2494 的有关规定。

6　防锈包装方法

6.1　产品应根据下列条件，确定防锈包装的方法：

　　（1）产品的特征与表面加工的程度；

　　（2）运输与贮存的期限；

　　（3）运输与贮存的环境条件；

　　（4）产品在流通过程中所承受的载荷程度；

　　（5）防锈包装等级。

6.2　防锈包装分为清洁、干燥、防锈和包装四个步骤：

　　（1）清洁。应除去产品表面的尘埃、油脂残留物、汗渍及其他异物。可选用 A.1 的一种或多种方法进行清洗。

　　（2）干燥。产品的金属表面在清洗后，应立即进行干燥。可选用 A.2 的一种或多种方法进行干燥。

　　（3）防锈。产品的金属表面在进行清洗、干燥后，根据需要进行防锈处理，可选用 A.3 的一种或多种方法相结合进行防锈。

　　（4）包装。产品金属表面在进行清洗、干燥、防锈处理后，进行包装。包装可选用 A.4 一种或多种方法相结合进行，亦可与 GB/T 5048 的有关防潮包装方法相结合进行防锈包装。

7　试验方法

7.1　防锈包装按 GJB 145A—1993 中的周期暴露试验 A 的规定进行。1 级包装可选择 3 个周期暴露试验，2 级包装可选择 2 个周期暴露试验，3 级包装可选择 1 个周期暴露试验。

7.2　周期暴露试验后，启封检查内装产品和所选材料有无锈蚀、老化、破裂或其他异常情况。

附录 A
（资料性附录）
常用防锈包装方法

A.1 清洗

常用的清洗方法见表 A.1。

表 A.1 清洗方法

代号	名称	方　法
Q1	溶剂清洗法	在室温下，将产品全浸或半浸在规定的溶剂中，用刷洗、擦洗等方式进行清洗。大件产品可采用喷洗。洗涤时应注意防止产品表面凝露
Q2	清除汗迹法	在室温下，将产品在置换型防锈油中进行浸洗、摆洗或刷洗，高精密小件产品可在适当装置中用温甲醇清洗
Q3	蒸汽脱脂清洗法	用卤代烃清洗剂，在蒸汽清洗机或其他装置中对产品进行蒸汽脱脂。此法适用于除去油脂状的污染物
Q4	碱液清洗法	将产品在碱液中浸洗、煮洗或喷洗
Q5	乳剂清洗法	将产品在乳剂清洗液中浸洗或喷淋清洗
Q6	表面活性剂清洗法	制品在离子表面活性剂或非离子表面活性剂的水溶液中浸洗、泡刷洗或压力喷洗
Q7	电解清洗法	将产品浸渍在电解液中进行电解清洗
Q8	超声波清洗法	将产品浸渍在各种清洗溶液中，使用超声波进行清洗

A.2 干燥

常用干燥方法见表 A.2。

表 A.2 干燥方法

代号	名称	方　法
G1	压缩空气吹干法	用经过干燥的清洁压缩空气吹干
G2	烘干法	在烘箱或烘房内进行干燥
G3	红外线干燥法	用红外灯或远红外线装置直接进行干燥
G4	擦干法	用清洁、干燥的布擦干，注意不允许有纤维物残留在产品上
G5	滴干、晾干法	用溶剂清洗的产品，可用本方法干燥
G6	脱水法	用水基清洗剂清洗的产品，清洗完毕后，应立即采用脱水油进行干燥

A.3 防锈

常用防锈方法见表 A.3。

表 A.3　防锈方法

代号	名称	方　法
F1	防锈油浸涂法	将产品完全浸渍在防锈油中，涂覆防锈油膜
F2	防锈油脂刷涂法	在产品表面刷涂防锈油脂
F3	防锈油脂充填法	在产品内腔充填防锈油脂，充填时应注意使内腔表面全部涂覆，且应留有空隙，并不应泄漏
F4	气相缓蚀剂法	按产品的要求，采用粉剂、片剂或丸剂状气相缓蚀剂，散布或装入干净的布袋或盒中。或将含有气相缓蚀剂的油等非水溶液喷洒于包装空间
F5	气相防锈纸法	对形状比较简单而容易包扎的产品，可用气相防锈纸包封，包封时要求接触或接近金属表面
F6	气相防锈塑料薄膜法	产品要求包装外观透明时采用气相防锈塑料薄膜袋热压焊封
F7	防锈液处理法	可以采用浸涂或喷涂，然后进行干燥

A.4　包装

常用的包装方法见表 A.4。

表 A.4　包装方法

代号	名称	方　法	适用防锈等级
B1	一般包装	制品经清洗、干燥后，直接采用防潮、防水包装材料进行包装	3 级包装
B2		防锈油脂包装	
B2-1	涂覆防锈油脂	按 F1 或 F2 的方法直接涂覆膜或防锈油脂。不采用内包装	3 级包装
B2-2	防锈纸包装	按 F1 或 F2 的方法涂防锈油脂后，采用耐油性、无腐蚀内包装材料包封	3 级包装
B2-3	塑料薄膜包装	按 F1 或 F2 的方法涂覆防锈油脂后，装入塑料薄膜制作的袋中，根据需要用黏胶带密封或热压焊封	1 级包装 2 级包装
B2-4	铝塑薄膜包装	按 F1 或 F2 的方法涂覆防锈油脂后，装入铝塑薄膜制作的袋中，热压焊封	1 级包装 2 级包装
B2-5	防锈油脂充填包装	对密闭内腔的防锈，可按 F3 的方法进行防锈后，密封包装	1 级包装
B3		气相防锈材料包装	
B3-1	气相缓蚀剂包装	按照 F4 的方法进行防锈后，再密封包装	1 级包装 2 级包装
B3-2	气相防锈纸包装	按照 F5 的方法进行防锈后，再密封包装	3 级包装
B3-3	气相防锈塑料薄膜包装	按照 F6 的方法进行防锈时即完成包装	
B3-4	气相防锈油包装	制品内腔密封系统刷涂、喷涂或注入气相防锈油	3 级包装
B4		密封容器包装	

代号	名称	方　法	适用防锈等级
B4-1	金属刚性容器密封包装	按 F1 或 F2 的方法涂覆防锈油脂后，用耐油脂包装材料包扎和充填缓冲材料，装入金属刚性容器密封，需要时可作减压处理	
B4-2	非金属刚性容器密封包装	将防锈后的制品装入采用防潮包装材料制作的非金属刚性容器，用热压焊封或其他方法密封	1 级包装 2 级包装
B4-3	刚性容器中防锈油浸泡的包装	制品装入刚性容器（金属或非金属）中，用防锈油完全浸渍，然后进行密封	
B4-4	干燥剂包装	制品进行防锈后，与干燥剂一并放入铝塑复合材料等密封包装容器中。必要时可抽取密封容器内部分空气	
B5		可剥性塑料包装	
B5-1	涂覆热浸型可剥性塑料包装	制品长期封存或防止机械碰伤，采用涂覆热浸可剥性塑料包装。需要时，在制品外按其形状包扎无腐蚀的纤维织物（布）或铝箔后，再涂覆热浸型可剥性塑料	1 级包装 2 级包装
B5-2	涂覆溶剂型可剥性塑料包装	制品的孔穴处充填无腐蚀性材料后，在室温下一次涂覆或多次涂覆溶剂型可剥性塑料。多次涂覆时，每次涂覆后应待溶剂完全挥发后，再涂覆	
B6	贴体包装	制品进行防锈后，使用硝基纤维、醋酸纤维、乙基丁基纤维或其他塑料膜片作透明包装，真空成型	2 级包装
B7	充气包装	制品装入密封性良好的金属容器、非金属容器或透湿度小、气密性好、无腐蚀性的包装材料制作的袋中，充干燥空气、氮气或其他惰性气体密封包装。制品可密封内腔，经清洗、干燥后，直接充气密封	1 级包装 2 级包装

附录 3　　GB 11372—1989 防锈术语

1　主题内容和适用范围

本标准规定了金属制品防锈专业在科研、生产中常见的专用术语和定义。

本标准适用于金属制品在加工过程、贮存运输中的防锈。本标准不包括非专用的术语。

2　一般术语

2.1　锈（rust）

钢铁在大气中因腐蚀而产生的以铁的氢氧化物和氧化物为主的腐蚀产物。

2.2　暂时性防锈（简称防锈）（temporary rust prevention）

防止金属制品在贮运过程中锈蚀的技术或措施。

2.3　暂时性防锈材料（temporary rust preventives）

为防止金属制品在贮运过程中锈蚀而使用的对金属起防锈作用的材料。在制品投入使用时，此种材料是需要去除的。

2.4　工序间防锈（rust prevention during manufacture）

2.5 中间库防锈 (rust prevention in interstore)

金属制品在加工过程中，在制品贮存时的防锈。

2.6 油封防锈 (slushing)

涂防锈油脂对金属制品防锈。

2.7 封存包装 (防锈包装) (preservation and packaging, rust prevention packaging)

应用和使用适当保护方法，防止包装品锈蚀损坏，包括使用适当的防锈材料，包覆、裸包材料，衬垫材料，内容器，完整统一的标记等，只是不包括运输用的外部容器。

2.8 防锈材料的适用期 (service life of rust preventive)

防锈材料在一定储存条件下，保持其有效防锈能力的期限。

2.9 防锈期 (rust-proof life)

在一定贮运条件下，防锈包装或防锈材料对金属制品有效防锈的保证期。

2.10 封存期 (preservation life)

在一定贮运条件下，防锈包装件的有效防锈的保证期。

2.11 人工海水 (synthetic seawater)

在试验室配制的、与海水具有相似作用的盐水，用于模拟天然海水腐蚀的试验。

2.12 人工汗液 (synthetic perspiration)

在试验室配制的，与人汗成分近似的液体。用于模拟人汗腐蚀的试验。

2.13 油斑腐蚀 (oil stain corrosion)

金属表面的油层，受光、热和潮湿的作用劣变而对金属表面产生的腐蚀。通风和日光照射条件下，在金属表面常呈光滑花纹状腐蚀，称为干性油斑腐蚀，潮湿大气中常呈光滑彩虹状腐蚀，称为湿性油斑腐蚀。

2.14 防锈剂的载体 (vehicle of rust preventer)

用作防锈剂的附着体的基材，如防锈原纸、塑料薄膜、矿油等。

2.15 缓蚀性 (rust inhibition)

防锈材料的防锈性能。

2.16 亲水表面 (hydrophilic surface)

易被水润湿的表面，在防锈技术中系指金属用水系材料加工、清洗、防锈的金属表面。

2.17 憎水表面 (hydrophobic surface)

不被水润湿的表面，在防锈技术中系指金属用油系材料加工、清洗，防锈的表面，或被油脂污染的金属表面。

2.18 防锈油脂中的机械杂质 (mechanical impurities in rust preventive oils)

防锈油脂或添加剂中的固体微粒和不溶于溶剂中的物质。此物质会使机械润滑部位受阻或损伤。

2.19 气相防锈性 (volatile inhibition)

物质不直接涂覆于金属表面，而其挥发性气体对金属表面能起防锈作用的性能。

2.20 气相防锈材料的诱导期 (induction period of volatile rust preventive materials)

在气相防锈材料防锈的密闭空间内，气相缓蚀剂开始挥发至起防锈作用所需的时间。

2.21 启封（unpackaging）

开启封存包装，使金属制品投入使用，包括拆去包装器材，去除防锈材料等。

3 防锈用材料

3.1 防锈用缓蚀剂（防锈剂、缓蚀剂）（rust inhibitor，corrosion inhibitor）

在基体材料中添加少量即能减缓或抑制金属腐蚀的添加剂。

3.2 防锈材料中的添加剂（additives in rust preventives）

在防锈材料中少量添加以获得所需要的性能或技术指标的物质。

3.3 油溶性缓蚀剂（oil soluble rust inhibitor）

能溶于油的防锈缓蚀剂。

3.4 水溶性缓蚀剂（water soluble rust inhibitor）

能溶于水的防锈缓蚀剂。

3.5 气相缓蚀剂（气相防锈剂、挥发性缓蚀剂）（vapour phase inhibitor（VPI），volatile corrosion inhibitor（VCI））

在常温下具有挥发性，且挥发出的气体能抑制或减缓金属大气腐蚀的物质。

3.6 防锈材料（rust preventives）

用于防锈的材料，常常是使用某种载体加有防锈作用的缓蚀剂制成，有时直接使用缓蚀剂。

3.7 防锈水（aqueous rust preventive）

具有防锈作用的水液。

3.8 防锈油（rust preventive oil）

用于金属制品防锈或封存的油品。

3.9 防锈脂（petrolatum type rust preventive）

以矿物脂为基体的防锈油料。

3.10 热涂型防锈脂（petrolatum type rust preventive，hot dipping）

以矿物脂为基体的防锈油料，需加热使用。

3.11 溶剂稀释型防锈油（solvent cut back rust preventive oil）

用溶剂稀释以便于涂覆的防锈油料。

3.12 乳化型防锈油（rust preventive emulsion）

用于防锈的水乳化液。

3.13 置换型防锈油（displacing type rust preventive oil）

防止因手汗而使金属锈蚀的油料。

3.14 脱水防锈油（dewatering rust preventive oil）

能置换脱除金属表面的水的防锈油。

3.15 硬膜防锈油（hard film rust preventive oil）

涂覆在金属表面后形成硬膜的防锈油料。

3.16 软膜防锈油（soft film rust preventive oil）

涂覆在金属表面后形成软膜的防锈油料。

3.17 油膜防锈油（oil film rust preventive oil）

涂覆在金属表面后形成油膜的防锈油料。

3.18　防锈润滑油（rust preventive lubricating oil）

具有防锈性的润滑油。

3.19　防锈润滑脂（rust preventive grease）

具有防锈性的润滑脂。

3.20　防锈切削液（rust preventive cutting fluid）

具有防锈性的切削液体。

3.21　防锈切削乳化液（rust preventive cutting emulsion）

具有防锈性的乳化切削液。

3.22　防锈切削水（aqueous rust preventive cutting fluid）

具有防锈性的切削水溶液。

3.23　防锈切削油（rust preventive cutting oil）

具有防锈性的切削油。

3.24　防锈极压乳化液（rust preventive EP cutting emulsion）

具有防锈性的极压乳化液。

注：EP 是 extreme pressure 的缩写。

3.25　防锈极压切削油（rust preventive cutting oil）

具有防锈性的极压切削油。

3.26　可剥性塑料（strippable plastic coating）

在金属制品表面涂覆形成的塑料膜，具有防锈及防机械损伤的性能，启封时简易，剥下即可。

3.27　热熔型可剥性塑料（strippable plastic coating, hot dipping）

需热熔，热浸涂覆的可剥性塑料。

3.28　溶剂型可剥性塑料（strippable plastic coating, solvent cut back）

含溶剂的可剥性塑料，冷涂后待溶剂挥发即成膜。

3.29　气相防锈材料（volatile rust preventive material）

具有气相防锈性能的防锈材料。

3.30　气相防锈粉剂（volatile rust preventive powder）

粉状气相防锈材料，常常即是气相缓蚀剂本身。

3.31　气相防锈片（volatile rust preventive pills）

以气相缓蚀剂为主的配料压制成片状的一种气相防锈材料。

3.32　气相防锈水剂（aqueous volatile rust preventive）

具有气相防锈性的水溶液。

3.33　气相防锈油（volatile rust preventive oil）

具有气相防锈性的防锈油。

3.34　气相防锈纸（volatile rust preventive paper）

含浸或涂覆气相缓蚀剂的纸。

3.35　气相防锈透明膜（volatile rust preventive film, transparent）

含有气相缓蚀剂的塑料薄膜，透明，并可热焊封。

3.36　气相防锈压敏胶带（volatile rust preventive adhesive tape pressed type）

　　具有气相防锈性的压敏胶带。

3.37　气相防锈干燥剂（desiccant，VPI treated）

　　吸附了气相防锈剂的干燥剂。

3.38　防锈包装用包装材料（packing materials used in preservation packaging）

　　金属制品防锈包装用的各种材料，包括粘胶剂、袋子、容器、封套、屏蔽材料、裸包材料、干燥剂、湿度指示剂等。

3.39　防锈包装用屏蔽材料（barrier material used in preservation packaging）

　　防锈包装中用于裸包、屏蔽的材料。

3.40　防锈原纸（non-corrosion kraft used in rust prevention）

　　无腐蚀的牛皮纸，用于包装或用于制作防锈纸。

3.41　中性蜡纸（neutral waxed paper）

　　无腐蚀性的，一面涂有蜡以防水的纸。

3.42　苯甲酸钠纸（sodium benzoate paper）

　　含浸或涂有苯甲酸钠的防锈纸。

3.43　防锈包装用符合薄膜（laminated film used in preservation packaging）

　　数种屏蔽材料叠合的纸膜，如聚乙烯薄膜纸、铝塑薄膜纸等。

3.44　防锈包装用缓冲材料（cushioning material in preservation packaging）

　　防锈包装时用于衬垫以防震动的材料。

3.45　防锈包装用干燥剂（desiccant used in preservation packaging）

　　防锈包装中用以吸潮的物质。

3.46　防锈包装用胶黏剂（adhesive used in preservation packaging）

　　防锈包装中用于胶黏封口或粘贴标记的物质。

3.47　变色硅胶（silica geltreated with cobalt chloride）

　　干燥时与吸湿后显示不同颜色的硅胶。

3.48　湿度指示剂（humidity indicating）

　　安放在包装空间内指示临界湿度的物质。

3.49　湿度指示卡（humidity indicating card）

　　安放在包装空间内指示临界湿度的卡片。

4　防锈处理

4.1　清洗（cleaning）

　　除去金属制品表面污物，包括油脂、机械杂质、锈、氧化皮等的过程，是防锈处理的第一道工序。

4.2　涂抹（smearing of rust preventive oil）

　　用手工涂敷防锈油脂。

4.3　浸涂防锈（applying preventives by dipping）

　　制品在防锈油或防锈液中浸入后取出。

4.4　浸泡防锈（immersion in liquid preventives）

制品浸泡在防锈油或防锈水中以防锈。

4.5 热涂防锈 （rust prevention by applying hot prevention material）

在加热熔融的防锈脂中进行浸涂。

4.6 冷涂防锈 （rust prevention by applying cold prevention material）

将制品在室温下直接浸涂防锈油或防锈液。

4.7 喷涂防锈 （rust prevention by applying liquid material）

将具有流动性的防锈材料，喷涂到金属制品需防锈的面上。

4.8 喷淋防锈 （protection by spraying aqueous preventives）

将防锈水喷淋到金属制品上以防锈，一般用于大量工件中间库防锈。

4.9 内包装 （interior package）

直接或间接接触产品的内层包装，在流通过程中主要起保护产品、方便使用、促进销售的作用。

4.10 外包装 （exterior package）

产品的外部包装，在流通过程中主要起保护产品、方便运输的作用。

4.11 单元包装 （unit package）

将若干个产品包装在一起，作为一个销售单元的包装。

4.12 茧式包装 （cocoon package）

在整台产品周围作网喷塑料似茧以封存防锈。

4.13 泡状包装 （blister package）

用透明膜做成与物品相似的坚固泡状膜，边缘做成法兰，封入物品后，将法兰固紧在底板上。

4.14 贴体包装 （skin package）

包装的透明膜紧贴在物品周围，通过抽真空，将膜似皮肤一样紧贴在制品表面，形成保护层。

4.15 防水包装 （water proof （water resistant） barrier packaging）

使用防水材料制作的袋子、封套或容器包装制品，然后封口。金属制品需要时使用防锈材料防锈。

4.16 防湿包装 （water-vapor proof barrier packaging）

使用防水材料制作的袋子、封套或容器包装制品，然后封口。包装内一般使用计算数量的干燥剂，以保持包装内有低的相对湿度。

4.17 环境封存 （preserved in controlled atmosphere）

除去包装空间内致锈的因素，以保证金属制品不锈蚀。

4.18 干燥空气封存 （preserved in dry atmosphere）

用降低包装空间内相对湿度的方法，以保护金属制品。

4.19 充氮封存 （preserved in nitrogen）

用干燥纯净的氮气充于包装空间内，以保护金属制品。

4.20 收缩包装 （shrink packaging）

物品用透明膜包裹，通过加热使膜收缩而紧贴于物品上的包装。

5 试验方法

5.1 防锈性能试验（test for rust preventing ability）
评价防锈材料防锈性能的试验。

5.2 人汗防止性试验（synthetic perspiration prevention test）
考察置换型防锈油涂覆金属制品上后，能抑制因裸手持取制品而致锈蚀的能力的试验。

5.3 人汗置换性试验（synthetic perspiration displacement test）
考察置换型防锈油置换金属制品上手汗因而防止手汗锈蚀的性能的试验。

5.4 人汗洗净性试验（synthetic perspiration cleaning test）
考察置换型防锈油对金属制品上所粘手汗的清洗能力的试验。

5.5 防锈材料的湿热试验（humidity cabinet test for rust preventives）
在试验室用加速方法评价防锈材料在湿热条件下防锈性能试验。

5.6 防锈材料的盐雾试验（salt spray test for rust preventives）
在试验室用喷盐水的方法模拟海洋环境评价防锈材料防锈性能的试验。

5.7 防锈材料的老化试验（accelerated weathering test for rust preventives）
在试验室用人工光源及淋水模拟日晒雨淋，强化气候老化作用，以评价防锈材料防锈及耐候性能的试验。

5.8 防锈材料的百叶箱试验（shed storage exposure test for rust preventives）
防锈试样或防锈包装试样在百叶箱中较长时间放置，以评价其耐锈蚀破坏性能的试验。

5.9 防锈材料的现场暴露试验（field exposure test for rust preventives）
防锈试样置于使用现场，以评价防锈材料在使用条件下耐锈蚀破坏性能的试验。

5.10 防锈材料的室外暴露试验（outdoor exposure test for rust preventives）
防锈试样置于一定条件的大气暴露站暴露，以评价防锈材料的耐锈蚀破坏性能的试验。一般只用于防锈性很强的材料。

5.11 加速凝露试验（accelerated condensation test）
使防锈试样与环境温度保持较大温差，试样表面凝露加强而使腐蚀加速进行的湿热试验。

5.12 防锈材料的间浸式试验（alternate immersion test for rust preventives）
将试样在腐蚀溶液中浸渍，经规定的时间后，取出晾干，反复进行到规定的周期，考察试样腐蚀、生锈、变化等情况的试验。

5.13 防锈材料的盐水浸渍试验（salt water immersion test for rust preventives）
防锈试样浸泡在氯化钠溶液中，考察防锈膜层抗盐水腐蚀能力的试验。

5.14 静力水滴试验（static water drop test）
检测防锈油品抗静力水滴腐蚀性的试验，常用于油溶性缓蚀剂的筛选。

5.15 水置换性试验（water displacement test）
考察防锈油料置换金属表面上附着水分，以防止锈蚀的试验。

5.16 防锈脂的低温附着性试验（low temperature adhesion test for petrolatum type rust preventive）

考察防锈脂在低温时在金属表面附着性能的试验。

5.17　防锈脂的流失性试验（flow point test for petrolatum type rust preventive）

考察防锈脂在立面上涂覆时，在高温下是否流失的试验。

5.18　防锈材料的腐蚀性试验（corrosiveness test for rust preventive）

考察防锈材料对金属材料侵蚀性的试验。

5.19　气相防锈能力试验（vapor inhibitability test）

考察气相防锈材料的气相防锈效果的试验。

5.20　气相防锈材料与有色金属的适应性试验（test of compatibility with non-ferrus metals）

考察气相防锈材料对有色金属适应性试验。

5.21　气相防锈材料与包装材料的适应性试验（test of compatibility with barrier materials）

考察气相防锈材料与包装材料（一般指塑料膜）的适应性的试验。

5.22　防锈材料的筛选试验（sieve test for rust preventives）

从大量的防锈材料中粗选较好的材料所使用的简单的试验。

5.23　热焊封试验（heat-sealing test）

对于可热焊封的包装材料，热焊封后检验在一定负荷下焊缝是否分离的试验。

5.24　防锈材料的贮存稳定性试验（storage stability test for rust preventive）

防锈材料在规定的条件下贮存后，考察其质量性能变化的试验。

5.25　防锈油脂的氧化安定性试验（antioxidation test for petrolatum type preventives）

防锈油脂试样在规定氧气压力和温度的氧弹中氧化，在规定的时间间隔，评定其氧化后稳定性的试验。

5.26　防锈油脂的叠片腐蚀试验（sandwich test for rust preventive oils）

考察涂有防锈油脂的试片重叠面的防护性能的试验。

5.27　防锈试验中的锈蚀评级（the rust grade evalution in rust prevention test）

对于防锈试验中试验样品锈蚀情况的评价分级。

5.28　漏洩试验（leakage test for preservation package）

考察防锈包装件密封性的试验。

5.29　防锈包装件的循环暴露试验（cyclic exposure test）

考察防锈包装件经过热、冷、水淋等周期循环暴露试验后，其中的制品是否受保护，不锈蚀的试验。

附录 4　GB/T 14165—2008 金属和合金大气腐蚀试验现场试验的一般要求

1　范围

本标准规定了在大气条件下金属和金属覆盖层静态试验的一般要求，可在敞开或遮蔽条件下进行试验。

本标准也适用于室内试验。

2　规范性引用文件

下列文件中的条款通过本标准的引用而成为本标准的条款。凡是注日期的引用文件，其随后所有的修改单（不包括勘误的内容）或修订版均不适用于本标准，然而，鼓励根据本标准达成协议的各方研究是否可使用这些文件的最新版本。凡是不注日期的引用文件，其最新版本适用于本标准。

GB/T 11377 金属和其他无机覆盖层储存条件下腐蚀试验的一般规则（GB/T 11377—2005，ISO 4543：1981，IDT）。

GB/T 16545—1996 金属和合金的腐蚀　腐蚀试样上腐蚀产物的清除（GB/T 16545—1996，eqv ISO 8407：1991）。

GB/T 19292.3 金属和合金的腐蚀　大气腐蚀性污染物的测量（GB/T 19292.3—2003，ISO 9225：1992，IDT）。

GB/T 19292.4 金属和合金的腐蚀　大气腐蚀性　用于评估腐蚀性的标准试样的腐蚀速率的测定（GB/T 19292.4—2003，ISO 9226：1992，IDT）。

ISO 4221 空气质量　环境大气中二氧化硫质量浓度的测定　钍试剂分光光度法。

ISO 4226 空气质量　概况　计量单位。

ISO 4540 金属覆盖层　相对基体为阴极覆盖层　腐蚀试验后电镀试样的评定。

ISO 6879 空气质量　空气测定方法的使用特点和相关概念。

ISO 8403 金属覆盖层　相对基体为阳极性覆盖层　腐蚀试验后试样的评定。

3　试样要求

3.1　试样类型

3.1.1　平板试样

一般选用矩形平板试样，易于称重和测量，并且形状简单便于固定在试验架上。适宜的尺寸为 150mm×100mm，如果能准确地评价，试样尺寸可以更大。试样厚度应足以确保试样能经受预期的试验周期的腐蚀减薄，还应考虑某些材料的力学效应和晶间腐蚀的可能性，最适宜的厚度为 1~3mm。

带有金属覆盖层的试样表面积应尽可能大，任何情况下都不应小于 $50cm^2$（5cm×10cm）。如果涂镀件的面积小于 $50cm^2$，可将同类试样组合而达到所要求的最小面积。但获得的结果不宜与按规定最小面积专门制备的试样进行比较。

3.1.2　形状不规则试样

如有必要，螺栓、管材、棒材，甚至组件可以进行试验。

如果只对管状试样的外表面进行腐蚀试验，管的端部应当密封。

复杂的试样，例如组合件，可能存在缝隙、积水、焊缝和不同金属，因此有必要考虑这些因素对组合件耐蚀性的影响。还应注意组合件的放置，以模拟预期的使用情况。

3.1.3　焊接试样

为了揭示焊缝金属和母材的金相组织或成分的差异引起的焊接区域选择性腐蚀倾向，对焊接件进行大气腐蚀试验。焊缝应在试样的中部，与长边平行，如果有技术要求，也可与长边垂直。

3.2　试样制备

因为大气腐蚀试验可能要进行许多年，应确保试样被清楚标识和认真记录数据。通常从大的金属料上切取试样，并去除毛刺。这些操作可能会造成试样表面损伤，对于某些金属，甚至会造成冶金状态的明显变化（例如剪切或切割边的加工硬化）。应避免表面损伤，除非规定评价加工硬化的效果，否则应通过机械加工清除。其他操作，如火焰切割、锯和研磨也会造成类似损伤。当试验结果要与使用性能比较时，暴露的试样表面状况应与使用状况下的一致或相似。对于所有其他目的，表面处理需要明确说明。

表面处理涉及脱脂除油和去除氧化皮，脱脂除油可用有机溶剂或碱液，去除轧制氧化皮、热处理氧化皮或锈可采用机械或化学方法。各种金属去除氧化皮的方法可参照 GB/T 16545—1996 的表1和表2。

对于金属覆盖层和无机覆盖层，必须避免清洗方法侵蚀试样表面。

3.3 搬动

暴露前的试样清洗后，应尽量减少搬动。在最后搬动操作中要戴清洁的手套。

3.4 试样标记

标记试样使之不会在暴露期间发生混淆。标记号应在整个暴露期间清晰耐久，并且对试样标记区域不必进行视觉评定，对试验结果不会产生影响。

试样可打上合适的数字进行标记。对于金属，可用缺口或打孔进行标记。只要能满足清晰和耐久的要求，可使用其他标记方法。

有不同的推荐标识方法。对于金属覆盖层，首选方法是在涂镀保护层前进行定位缺口编码标识。

标识影响的区域应最小化。建议制定翔实的试样类型、暴露数据和暴露架上位置示意图。

3.5 试样数量

在每个暴露时间间隔，用于预期评价的每种类型的试样数量不少于3个。

对于简单的比较试验项目，3个试样已足够。但根据统计学要求，更复杂的项目需要更多的试样数量。

3.6 对比试样和参比试样

在试验项目中，为了满足对比和参照的要求，需要额外试样。

3.6.1 对比试样

对比试样与暴露试样相同，储存在无腐蚀的条件下（见3.7）。用来确定暴露试样试验后物理和力学性能的变化。

3.6.2 参比试样

当试验新的或改进的材料时，用原有（已知）的材料作为参比试样进行比较，参比试样和暴露试验一起进行暴露试验。

3.7 存储

暴露试验前试样和对比试样的存储应避免机械损伤和与其他试样接触。存储室可控制温度，且相对湿度不大于65%。特别敏感的试样可储存在干燥器或有干燥剂的塑料袋中（见 GB/T 11377）。

3.8 试样数据记录

对于每一系列的试样，需要记录评价腐蚀效果的数据（见第8章），这些记录应包括：

（1）无覆盖层试样

——化学成分；

——质量；

——形状和尺寸；

——表面加工情况；

——热处理；

——基本物理性能（力学、电或物理化学）和表面粗糙度；

——试验前试样表面初始状态（对于金属，在大气条件下长期暴露可能改变它们的结构）；

——试样的制备法；

——金属表面处理方法；

——符合相关标准或牌号的金属规范；

——制造试样的中间产品规范。

（2）有覆盖层试样

——基体金属说明；

——涂镀前表面处理方法；

——涂镀工艺和涂镀材料的说明；

——覆盖层厚度；

——覆盖层基本性能（即孔隙率、硬度、延展性等），包括评价性能的试验方法。

（3）部件或零件

——性能的基本技术数据（即厚度、孔隙率、硬度、延展性等），评价性能的试验方法及试验前性能的初始值。

试验前应目视检查试样状态，必要时拍照记录。小心保存记录结果。

4　大气腐蚀试验场

4.1　放置方式分类

建议大气腐蚀试验场提供两种设施：

（1）敞开暴露，即直接暴露在整个大气条件和大气污染物环境中；

（2）遮蔽暴露，即在遮蔽下或局部封闭的空间内，避免了大气沉降物和阳光照射，例如百叶箱，百叶箱的侧壁也对试样提供了保护。

由于可采用不同的遮蔽暴露方式，有必要对遮蔽物和暴露试样的方式详细说明。不同遮蔽方式下获得的结果不宜进行对比。

4.2　试验场要求

选择的试验场应保证试验场地能暴露在气候环境的全部影响下，试验场附近存在的房屋、建筑物、树和某些地理形貌，如河流、湖泊、山或洞穴，可能对风、污染源或阳光产生不希望的遮蔽或暴露。

除非试验场附近的这些人造物和自然环境是试验项目所需要的，否则应避免或者在报告中注明它们的存在。生长缓慢的灌木和植物的存在也影响试验场温度和湿度的分布，因此宜去除或控制其高度不超过 0.2m，也可把试样架放置在排水良好的地面或沙砾、混凝土铺砌的地基上。

如果在试样架附近用化学物质控制植物生长，应防止化学物质与任何试样发生接触，并采取安全防范措施。

如果遮蔽条件下进行大气腐蚀试验，应采取合适的措施，避免对相邻的敞开暴露的试样产生任何不必要的影响。

4.3　试验场位置

试验场的位置应代表材料预期的使用环境。

可划分为两类试验场：

（1）永久试验场，代表区域气候条件，广义上分为工业、乡村、城市和海洋性气候；

（2）临时试验场，仅在预定的时间内，进行特殊的腐蚀试验。

试验场的位置应能定期观察试样，并记录或评价第 5 章中规定的环境因素。最好在气象站或其附近设立大气暴露试验站。试验站位置应主要根据环境因素和检查的便利性来选择。

4.4　试验场的安全措施

大气腐蚀试验场应能提供足够的安全保障，防止偷盗、损坏或其他形式的干扰。

应当注意安全墙不能影响试验，例如，不能使一些试样比其他试样受到更多的遮蔽或被积雪掩埋。

4.4.1　暴露架

试样架用于安全地固定试样，不会使试样遭受明显损坏或影响试样的腐蚀。试样架的设计应保证全部或部分暴露在大气环境中。

只要有足够的强度和耐久性，可选用金属部件或木材制作暴露架。根据需要可在经适当处理并涂底漆的金属表面涂漆。暴露架也可用有适当保护和处理的木材制造。

对下面设计要求的实践认识取决于当地可用的资源和材料。

设计的暴露架应使试样的上表面和下表面暴露的面积尽可能地大，目的在于根据试验要求能评价朝天和朝地暴露面的差别。另外，暴露架的结构组件不应遮蔽试样。

在暴露架上固定试样的方法应能防止试样间相互接触、遮蔽或彼此影响，也能使试样与试样架间完全电绝缘。可使用带有固定孔洞的开槽的陶瓷绝缘体或惰性的、耐久的塑料材料制成的类似装置，也可使用带有电绝缘套筒或垫圈的螺栓或螺钉。试样与其固定装置的接触面积应尽可能小。

试样架也应设计成试样朝上面与水平面成 45°（30°也可以），或按试验要求的其他方向暴露。

试验架的设计应能使试样不受试样架和其他试样上的流落的雨水或地面飞溅的水滴的影响。试验场中安装的暴露架也许会引起雪的局部堆积，因此有必要要求距离地面最小的试样暴露高度。选用的最小高度应能防止雨水飞溅和积雪掩埋，应不小于 0.75m。

试样架的承载能力应为装满试样和风雨施加的最大静态载荷。试样架应牢固固定在地面上，在强风中试样不应移动或脱落。

为了方便实际使用，可把试样尺寸标准化或限定在一定范围内，这样简化了暴露架的设计和试样的固定方法。

为了让大气腐蚀产物和污染物积累，防止被雨水冲刷掉，应在遮蔽条件下进行暴露试验。暴露于大气介质中的程度决定遮蔽暴露架的具体设计。

4.4.2　遮蔽暴露的遮蔽物

当在伞状遮蔽物下进行暴露试验，试样也应放在试验架上。

通常的遮覆材料可用于建造伞状屋顶。屋顶应倾斜以便能排水，并能防止屋顶的雨水滴落和地面上水的飞溅影响试样。屋顶也能提供一定的遮蔽程度，防止阳光对试样的照射。屋顶距地面的最大高度和超出试样架边缘的范围不大于3m。

4.4.3　封闭暴露试验箱

百叶箱的设计与标准的气象试验箱相同，能防止沉降、阳光照射和风，但应保持与外面有空气流动。箱壁和门的外面应涂成白色。

百叶箱应是软百叶型，固定而且坚固，箱内和外面大气能进行空气交换，雨雪仅能少量进入箱内。箱距离地面至少0.5m。

百叶箱的内部尺寸应适合一定数量的试样放置在箱内的架子上。试样架的设计和试样的定位应能保证试样间的空气自由流通，防止在箱内的偏角处特殊微气候的形成。

百叶箱应放置在试验场的空旷区域中。如果在同一个试验场放置一个以上的百叶箱，箱之间的距离应能保证不影响彼此箱内的气候条件。建议箱之间最小距离应是箱高度的两倍。

5　试验场特征

为了进一步评价腐蚀测量结果，需要描述试验场的大气条件。可根据GB/T 19292.4直接测量标准试样的腐蚀速率来描述，对于永久试验场，可通过测量或从其他来源收集大气数据来描述。

如果采用其他来源的大气数据，应说明来源及试验场的大致距离。

表征大气条件的环境数据：

——气温，℃；

——大气相对湿度，%；

——沉降量，mm/d；

——日照强度和持续时间；

——根据GB/T 19292.3测量二氧化硫沉降率，$mg/(m^2 \cdot d)$ 或 mg/m^3；

——根据GB/T 19292.3测量氯化物沉降率，$mg/(m^2 \cdot d)$，一般仅针对海洋气候试验场。

附录A给出了这些因素的建议检测频率。

其他因素，如沉降持续时间、实际湿润时间、风向和风速、雨水、pH值、气体和颗粒污染物的量，按规定的试验要求收集或测量。

根据GB/T 16545—1996，去除腐蚀产物后，测量标准试样的腐蚀率。

根据ISO 4226和ISO 6879表征试验场大气条件，根据ISO 4221测量浓度，根据GB/T 19292.3测量沉降物。

6　试样放置要求

按以下方式放置试样：

——各个试样不与试验条件下影响其腐蚀的任何材料接触；

——腐蚀产物和含有腐蚀产物的雨水不能从一个试样表面滴落到另一个试样上；

——便于观察试样表面；

——便于取样；

——防止试样脱落（例如风的作用）、意外污染或损伤；

——所有试样暴露在同样条件下，各个方向的空气能均匀流通；

——对于敞开暴露，一般在北半球试样面朝南，在南半球试样面朝北，但应考虑腐蚀源的方向（例如海洋）；除非有其他规定或协议，试样最好与地平面成 45°（也可以 30°）；

——除非有其他规定或协议，遮蔽暴露的试样最好与地面成 0°、30°、45°、60° 或 90°；

——试样可随意放置在试样架整个有效范围内进行暴露。

7 试验程序

7.1 试验持续时间

暴露的总时间和季节取决于试样的类型和试验目的。由于大气腐蚀过程相对缓慢，根据试验金属或覆盖层的耐蚀性，建议暴露试验计划可安排为 1 年、2 年、10 年或 20 年。在某些情况下，整个暴露时间可少于 2 年。

应当注意，特别是短期暴露的结果取决于暴露开始的季节，因此建议在腐蚀性最高的时期（通常为秋季或春季）开始暴露。

7.2 定期观测检查

应定期观察试样，看是否需要移动，对任何明显的外观变化或不寻常特征的出现应说明或拍照。应观察试样正反两面，以发现腐蚀作用的任何差别。

记录应包括：任何腐蚀产物的颜色、结构和均匀性，及它们附着性、随暴露时间的延长与表面的剥离倾向。

定期检查也能较早地对改进金属或合金的冶金或化学特性提供意见，从而安排材料开发设计。应核对试样，以证实标记仍是清晰的（见 3.4）。定期观察也有益于试验场的安全、仪器运行和设施的维护。

7.3 结果评价

通过目测、金相检查、失重、材料力学性能或行为特征（如反射率）的变化进行结果评价。

建议采用彩色照相记录试样的外观。

应按 7.1 中所述在试验方案中制订的时间间隔进行腐蚀效果评价，适当时可与对比试样比较。试样评定应在暴露周期完成的 3 个月内进行。在这个时间内，试样应按 3.7 的要求存放。除非有其他规定，对于金属覆盖层，应根据 ISO 4540（相对基体为阴极性金属覆盖层）或 ISO 8403（相对基体为阳极性金属覆盖层）对暴露试样进行评级。

在测定金属试样失重前，应按 GB/T 16545—1996 中方法进行清洗。

8　试验报告

试验报告应包含以下内容：

（1）试样的数据，包括试样暴露的倾斜角度和朝向；

（2）试验场的描述（见第 5 章）；

（3）参比试样和试验试样的数量；

（4）暴露、取出和评价的日期；

（5）试样初始性能及制备（见 3.8）；

（6）每次评价中表面外观变化的定性描述，如可能，附上试验前、试验期间和试验后的照片；

（7）定性评价腐蚀结果，失重、金相观察、物理性能变化、坑的深度、密度和分布或其他评价方法。

应用一些约定的图表形式清晰描述评价方法和结果。

试验报告也可讨论可能影响试验结果的任何问题。

试验报告也可包括主要结果的概要。

附录 A
（规范性附录）
表征大气条件的环境因素

环　境　因　素	测量种类和次数	结果的表示
大气湿度/℃	连续或每天至少三次	月或年平均
相对湿度/%	连续或每天至少三次	月或年平均
润湿时间（温度>0℃，RH>80%）/h	—	每月或每年的时间
降水量/mm · d^{-1}	月	每月或每年的量
空气污染		
SO$_2$浓度/mg · m^{-3}	连续或按月	月或年平均
或		
SO$_3$沉降速率/mg · (m^2 · d)$^{-1}$	连续或按月	月或年平均
氧化物沉降速率/mg · (m^2 · d)$^{-1}$	连续或按月	月或年平均

附录 5　GB/T 14188—2008 气相防锈包装材料选用通则

1　范围

本标准规定了气相防锈包装材料的选择和使用要求。

本标准适用于金属材料及其制品（以下简称制品）进行气相防锈包装时，对气相防锈包装材料的选用。

2　规范性引用文件

下列文件中的条款通过本标准的引用而成为本标准的条款。凡是注日期的引用文件，其随后所有的修改单（不包括勘误的内容）或修订版均不适用于标准，然而，鼓励根据本标准达成协议的各方研究是否可使用这些文件的最新版本。凡是不注日期的引用文件，其最新版本适用于本标准。

GB/T 16267 包装材料试验方法气相缓蚀能力。

JB/T 5520 干燥箱技术条件。

3　主要类型

3.1　气相防锈纸
在防锈原纸中加入气相缓蚀剂（volatile corrosion inhibitor，VCI）而构成。

3.2　气相防锈塑料薄膜
用聚烯烃类树脂作基材，加入 VCI 并经熔融、挤吹而成的塑料薄膜。

3.3　气相防锈剂
以 VCI 添加辅料制成不同剂型并以固态形式使用的气相防锈材料。

4　选用要求

4.1　选择依据
应根据制品的防锈包装要求，从附录 A 中选用适合的气相防锈包装材料。

4.2　材料质量
选用的气相防锈包装材料质量，应符合相应的产品标准要求。使用单位可根据需要确定并验证其入厂指标。

4.3　贮存和环境条件

4.3.1　贮存
密封包装好的气相防锈包装材料及其包装制品，应贮存在阴凉干燥的库房中。使用时打开。在连续使用过程中，亦应保存在密闭、自密封容器中。如无自密封包装容器，含有 VCI 的一面在空气中暴露的时间不应大于 8h。如果这种包装受到破坏或经日晒、风吹、雨淋，酸、碱、盐类物质的污染，应按 GB/T 16267 重新检验气相缓蚀能力，合格后方可使用。

4.3.2　环境条件

4.3.2.1　温度
气相防锈包装材料及其包装的制品，贮存环境温度应低于 65℃。

4.3.2.2　相对湿度
气相防锈包装材料及其包装的制品，贮存环境相对湿度应低于 85%。

4.3.2.3　光照
气相防锈包装材料及其包装的制品，应避免阳光照射。不可避免时，应用遮光材料将其遮蔽。

4.3.2.4　气流
气相防锈包装材料及其包装的制品，在有强气流的场合，不仅要很好地密封，而且应外加屏蔽。

4.3.2.5　酸及其蒸气

采用气相防锈包装的制品，包装前不得使用含有盐酸的金属清洗剂及任何含硫的化合物的溶剂清洗。

气相防锈包装材料及其包装的制品，不能贮存在含盐酸、氯化氢、硫化氢、二氧化硫或其他酸蒸汽的工业烟气中。

4.4　使用限制

4.4.1　基本要求

除非另有说明和验证数据，气相防锈包装材料，不能用于保护光学装置和高爆炸性物质以及与其相连的发射器的产品上。

涂有防腐剂或润滑剂保护的精密活动部件的组合件，如用气相防锈包装材料包装贮运后，影响制品性能及技术要求者不能使用。

气相防锈包装材料不能用于包装食品。

4.4.2　用于有色金属材料

4.4.2.1　气相防锈包装材料在同铝及其合金以外的有色金属直接接触前，应按附录 B 进行适应性试验，合格后方可使用。

4.4.2.2　含有锌、锌板、镉、镉板、锌基合金、镁基合金、铅基合金及其他含有大于30%的锌或大于9%的铅的合金（包括焊料）及其制件，当这些材料或它们经过其他方法处理或屏蔽后，采用气相防锈包装材料包装前，应按附录 B 进行适应性试验，合格后方可使用。

4.4.3　用于非金属材料

气相防锈包装材料包装含有塑料、橡胶、油料、涂料等非金属材料的零部件、组合件，使用前应按附录 B 进行适应性试验，合格后方可使用。

4.4.4　同一包装中使用不同气相防锈包装材料

在同一包装中使用不同气相防锈包装材料时，应按附录 B 进行适应性试验，合格后方可使用。

4.4.5　与润滑剂的联合使用

当气相防锈包装材料用于含有润滑剂的组合件时，应按附录 B 进行适应性试验，合格后方可使用。用气相防锈包装材料包装组合件之前，应除去组合件上多余的油脂，如果是分散均匀并结合到基体的黏结剂或固定润滑剂则不用除去。

5　使用要求

5.1　用量

气相防锈包装材料的用量取决于密封程度、环境条件和制品材质等因素。一般情况下，气相防锈纸或气相防锈塑料薄膜的使用面积不小于被包装制品的表面积。采用粉状、结晶状气相防锈材料或其他多孔载体吸附的气相防锈材料，在密封包装体积内，VCI 有效含量不少于 $35g/m^3$。

5.2　清洁与干燥

制品使用气相防锈包装材料包装前，应清洁干燥。

在防锈包装过程中，不应赤手接触制品，当不能采用机械化或半机械化程序完成包装时，其清洗工序最好采用含 5% ~ 10% 除指纹型防锈油或脱水防锈剂的溶剂汽油或煤油清洗。

5.3　使用方法

5.3.1　使用气相防锈纸、气相防锈塑料薄膜及其所制作的袋、带、封套等，一般情况应将零件包裹。含有 VCI 的一面应面向金属。当直接使用气相防锈纸或气相防锈塑料薄膜作包装袋时，袋中空气应尽可能地少，并将开口处密封。

5.3.2　使用气相防锈剂时，可用挂袋方式使缓蚀剂蒸汽到达金属表面。也可采用喷射、雾化方式把气相防锈粉直接喷入密封容器内，然后立刻将容器密封。

5.3.3　在制品与气相防锈包装材料之间不应有其他材料。允许采用溶剂稀释型、除指纹型防锈油或脱水防锈油清洗干燥后残留的微量油膜和有保护作用的钝化膜。

5.3.4　被防锈的制品表面应该在气相防锈包装材料的 300mm 距离之内。

5.3.5　所有的气相防锈包装都应密封。

5.3.6　气相防锈包装材料对使用要求另有说明时，可按其说明适用。

5.3.7　气相防锈包装材料用于层层堆置的金属制品时，应放置于每层之间。用于带有隔离板的纸箱，除在纸箱内壁衬气相防锈包装材料外，每层隔离板上下表面均需衬气相防锈包装材料。

5.3.8　为了防止制品或密封包装破损，采用衬垫和缓冲材料衬垫在突出锐角及边缘，衬垫的地方要紧密围绕制品。若使用气相防锈缓冲材料对接触的制品有影响时，应用铝箔或其他屏蔽材料将制品和气相防锈缓冲材料隔开。

5.3.9　密封部件如气缸、齿轮箱等，应在其内施加气相防锈材料，如气相防锈油，并立即密封。对于具有较小的通孔的构件，孔深度大于 150mm 时，应将气相防锈材料嵌入孔内，需要保护的部位距离气相防锈材料不超过 300mm。保护密封部件和盲孔构件内部，气相防锈材料的最低用量应符合 5.1 要求。必要时在构件上用标签或其他形式注明"在气相防锈材料除去前不得使用"。

5.3.10　当制品涂有工作用油时，需要在气相防锈包装材料和外包装材料之间添加防油阻隔材料，以防止外包装被油浸透。也可以直接采用具有气相防锈和阻隔双重性能的气相防锈包装材料。

5.3.11　采用气相防锈包装材料的包装内，一般不需要放干燥剂。但在不能满足以上使用条件或有特殊要求时，可适当放入干燥剂，以防止在气相防锈包装材料诱导期内金属的锈蚀。

5.3.12　对于一般产品，拆除气相防锈包装材料即可。对于精密活动部件，表面有粉状或晶体沉积物而又不需要继续存放时，可用酒精类溶剂去除。

附录 A
（资料性附录）
常用气相防锈包装材料

表 A.1　常用气相防锈包装材料

分类	名称	结　　　构	特性用途
纸类	气相防锈纸	防锈原纸内含浸 VCI	适用于汽车配件、工具量具、机械、武器装备、电子电器产品等轻型纸品的防锈包装
	履膜气相防锈纸	复合塑料防锈原纸内含浸 VCI	适用于汽车配件、工具量具、机械、武器装备、电子、电器产品等轻型纸品的防锈、防潮包装
	增强型气相防锈纸	防锈原纸内含浸 VCI，并通过塑料复合织物增强层	强度优、防水性好，适于冶金制品、重型机械、汽车配件、武器装备等重、大型制品防锈包装
	气相防锈瓦楞纸板	防锈瓦楞纸板内含浸 VCI	有缓冲和防锈双重功能，适用作防锈包装箱、垫板或隔板
	气相防锈板纸	防锈原纸（板纸）内含浸 VCI	较厚、挺度大，可做钢卷内芯防锈纸、包装箱、垫板或隔板
膜类	气相防锈塑料薄膜	聚烯烃塑料膜内含 VCI	可自作密封包装层，用于机床、汽配、仪器仪表、电器等防锈包装
	抗静电气相防锈塑料薄膜	含有 VCI 和抗静电剂的聚烯烃塑料膜	电子元器件、线路板、电控设备等封存包装
	增强型气相防锈塑料薄膜	气相防锈塑料膜复合织物增强层	冶金制品、重型机械、武器装备等重大型制品防锈包装
	气相防锈拉伸薄膜	拉伸塑料膜内含有 VCI	用于自动化和贴体防锈包装
	气相防锈热收缩膜	热收缩塑料薄膜内含有 VCI	用于通过加热制成茧式包装
	增强型铝塑复合气相防锈塑料薄膜	含有 VCI 的塑料膜与镀铝膜、织物增强层多层复合膜	强度高，阻隔性好，适用于大型、精密机电产品、武器装备采用气相防锈和真空干燥的综合包装
剂类	气相防锈粉	VCI 与辅料混合的粉末	装入小袋，悬挂于封闭包装空间防锈或局部增强防锈
	气相防锈片（丸）	VCI 与辅料经加工成型的小片或小丸	装入小袋，置于密闭包装内防锈或局部增强防锈
	可喷型气相防锈粉	VCI 与辅料混合的极细粉末	直接喷撒于管道或容器内腔防锈
缓冲类	气相防锈泡沫	片状聚氨酯泡沫内含浸 VCI	衬垫、缓冲及尖锐部位防锈保护
	气相防锈珍珠棉	珍珠棉（PE 发泡料）内含 VCI	有缓冲、减震、包裹功能，宜用于电子元器件、仪器仪表的防锈包装
	气相防锈气泡垫	塑料气泡垫内含有 VCI	衬垫、缓冲及尖锐部位防锈保护

分类	名称	结　　构	特性用途
布类	气相防护布	布、膜复合层中加入 VCI 和多种功能添加剂	需兼具多种特殊性能的遮盖、屏蔽、长期封存防锈
液类	水基气相防锈液	水中溶入 VCI 等缓蚀剂及助剂	机械加工工序间短期防锈、清洗防锈处理液、管道或内腔防锈液、试压液
	气相防锈油	矿物油中溶入 VCI 及接触型缓蚀剂	有防锈与润滑；气相防锈与接触防锈多功能，用于减速箱等封闭系统防锈
其他	气相防锈棒	棒状基材中加入 VCI，棒端有活连接	各种火炮、战车身管内腔及管状零件内腔防锈
	气相防锈发散体	盒形基体中加入 VCI，底面可粘贴	粘于任何部位之表面，增加局部气相防锈能力

附录 B

（规范性附录）

适应性试验方法

B.1　试验目的

通过模拟制品的试剂防锈包装要求，在指定环境条件下进行气相防锈包装材料与制品表面接触和非接触加速腐蚀试验，以检测气相防锈包装材料与制品的适应性。

B.2　包装试验体

一个有代表性的包装单元，密封性能好。

B.3　试验件

包装试验体内的试验件应是真实的制品，其形状、大小，取决于试验仪器的大小。若不能选取真实的制品，可用同种材料、同样表面处理工艺制备的试片代替。

B.4　试验仪器、材料

（1）干燥箱；

（2）干燥器：内有可吊挂包装试验体的结构；

（3）甘油水溶液：24℃时，其质量分数为 35%；

（4）根据实际防锈包装要求，选取所需的气相防锈包装材料；

（5）粘胶带：保证包装密封。

B.5　试验过程

（1）按照实际防锈包装要求，组装包装试验体，并用粘胶带做好密封；

（2）干燥器内加入甘油水溶液，使其深度达 10mm，在 60℃下形成 90% 相对湿度空间；

（3）把包装试验体吊挂于干燥器内，试验体下端离液面高度应为 10mm；

（4）在干燥器磨口处涂抹少量真空密封油膏，盖上盖，并用医用胶布在三处固定盖子；

（5）把试验容器放入已加热到 60℃±2℃ 的烘箱内，并保温 72h 至试验期满。

B.6　试验结果评定

取出包装试验体，拆开包装，观察试验件（若其表面涂有防锈油或其他暂时性涂层，应把它们清除后再观察）和其他防锈包装材料的变化：

（1）金属试验件表面应无明显变色和锈蚀；

（2）气相防锈包装材料应无明显剥离；

（3）塑料、橡胶等非金属材料应没有分层、脆化、变形、变色或龟裂现象；

（4）表面虽有轻微的沉积物，但可用乙醇去除。

符合上面各项规定的，认为是适应的。

附录 6　GB/T 19532—2004 包装材料气相防锈塑料薄膜

1　范围

本标准规定了气相防锈塑料薄膜（以下简称 VCIF）的分类、技术要求、试验方法、检验规则、标识、包装、运输与贮存。

本标准适用于气相防锈塑料薄膜的生产、检测及使用。

2　规范性引用文件

下列文件中的条款通过本标准的引用而成为本标准的条款，凡是注日期的引用文件，其随后所有的修改单（不包括勘误的内容）或修订版均不适用于本标准，然而，鼓励根据本标准达成协议的各方研究是否可使用这些文件的最新版本。凡是不注日期的引用文件，其最新版本适用于本标准。

GB/T 191 包装储运图示标志（eqv ISO 780：1997）。

GB/T 678—2002 化学试剂乙醇（无水乙醇）（ISO 6353-2：1983，NEQ）。

GB/T 679—2002 化学试剂乙醇（95%）。

GB/T 687—1994 化学试剂丙三醇（nep ISO 6353-3：1987）。

GB/T 699—1999 优质碳素结构钢。

GB/T 2423.4—1993 电工电子产品基本环境试验规程试验　Db：交变湿热试验方法（eqv IEC 68-2-30：1980）。

GB/T 2828.1—2003 计数抽样检验程序　第 1 部分：按接收质量限（AQL）检索的逐批检验抽样计划。

GB/T 4456—1996 包装用聚乙烯吹塑薄膜。

GB/T 6672 塑料薄膜和薄片厚度的测定　机械测量法（GB/T 6672—2001，idt ISO 4593：1993）。

GB/T 6673 塑料薄膜和薄片长度和宽度的测定（GB/T 6673—2001，idt ISO 4592：1992）。

GB/T 8809—1988 塑料薄膜抗摆锤冲击试验方法。

GB/T 11999—1989 塑料薄膜和薄片耐撕裂性试验方法　埃莱门多夫法（eqv ISO 6383-2：1983）。

GB/T 12339—1990 防护用内包装材料。

GB/T 16265—1996 包装材料试验方法　相容性。

GB/T 16266—1996 包装材料试验方法　接触腐蚀。

GB/T 16267—1996 包装材料试验方法　气相缓蚀能力。

GJB 2726—1996 气相防锈剂处理的不透明包装材料规范。

GJB 2748—1996 气相缓蚀剂处理的柔韧性可封合透明阻隔材料规范。

GJB 2493—1995 可热封柔韧性耐油防潮阻隔材料通用规范。

JB/T 6067—1992 气相防锈塑料薄膜技术条件。

QB 1319—1991 气相防锈纸。

SH 0004—1990 橡胶工业用溶剂油。

3　分类

VCIF 按用途、形状和结构进行分类，见表 1。

表 1　分类

类别	分类及代号		
按用途	钢用 G	多金属用[①]T	
按形状	卷状 J	片状 P	袋状 D
按结构	单层 I	双层 II	多层 III

①多金属是指钢、铜、黄铜及铅。

4　要求

4.1　外观

VCIF 表面应平滑、清洁，不应有砂粒、油点。VCIF 不应有穿孔、气泡、撕裂、划伤。

4.2　规格

4.2.1　厚度

VCIF 的厚度范围为 0.05~0.15mm。要求更薄或更厚的 VCIF，由供需双方商定。厚度平均偏差应符合 GB/T 4456—1996 表 3 合格品等级规定。

4.2.2　卷状 VCIF

折径宽度允许偏差应符合 GB/T 4456—1996 表 2 合格品等级规定。

卷状 VCIF 每卷段数和每段长度应符合 GB/T 4456—1996 表 4 合格品等级规定。断头处应加标识。

卷状 VCIF 应牢固地缠绕在卷芯上。卷芯直径为（76±3）mm。卷芯长度为卷材宽度+

10mm。卷芯应为硬质材料，吊运卷材时，卷芯不应弯曲。

　　卷状 VCIF 应防止松散。

4.2.3　片状 VCIF

　　当需方要求以片状 VCIF 供货时，其长度和宽度应指明，其尺寸偏差应符合 GB/T 4456—1996 表 2 合格品等级规定。

　　片状 VCIF 应整齐堆放，防止皱褶。

4.2.4　袋状 VCIF

　　当需方要求以袋状 VCIF 供货时，应指明是两维（长×宽×深）立体式及其规格尺寸。其尺寸偏差不大于±2.0%。

4.2.5　其他

　　其他形状 VCIF 由供需双方商定。

4.3　防锈性能

　　VCIF 的防锈性能应符合表 2 要求。

表 2　VCIF 的防锈性能要求

项　目	要　求	
	钢用	多金属用①
气相缓蚀性能力（VIA）	钢片的磨光表面无腐蚀、浸蚀，蚀点数≤5 个，蚀点大小≤0.5mm²	
消耗后的 VIA	钢片的磨光表面无腐蚀、浸蚀，蚀点数≤5 个，蚀点大小≤0.5mm²	
气相防锈甄别试验	7 周期合格	钢、黄铜 7 周期合格
接触腐蚀	无腐蚀、点蚀、浸蚀	钢、铝无腐蚀、点蚀、浸蚀
与钢的相容性		无点蚀、浸蚀及重度变色
交变湿热试验	钢 9 周期合格	钢 9 周期合格、黄铜 7 周期合格
长期防护性	钢片无锈蚀	

　　①通用类试片采用钢、黄铜和铝。对黄铜、铅以外的有色金属和镀层，可参照表 2 规定项目进行试验，技术指标由供需双方商定。

4.4　物理性能

　　VCIF 的物理性能应符合表 3 要求。

表 3　VCIF 的物理性能要求

项　目		要　求
透明度	（1）交接状态； （2）（65±2）℃老化 12d 后	文字清晰易读
焊缝强度	（1）交接状态，在室温下焊缝分离长度； （2）在（70±2）℃老化 12d 后焊缝分离长度	≤50%
焊缝和材料的耐水性		耐水不渗漏
戳穿强度/J		≥0.5
撕裂强度/mN		≥195
低温柔软性		无分层、龟裂或撕裂
耐油性		无渗漏、膨胀、分层、催化

续表3

项　目		要　求
抗黏附性		无黏结，分层或破裂
标识耐水性		标识应清晰易读
一年期贮存稳定性	（1）VIA试验；	钢片的磨光表面无腐蚀、浸蚀；蚀点数≤5个，蚀点大小≤0.5mm²
	（2）焊缝强度分离长度	≤50%

4.5　标识

4.5.1　标识的内容及要求

合同或订单对标识有要求时，应符合 GJB 2748 的规定，特殊情况由供需双方商定。

4.5.2　标识卡

合同或订单有要求时，每卷、每件 VCIF 应带有标识卡，卡上应标有如下标识，产品名称、分类及代号。

4.5.3　标识卡形式与代号

VCIF 的产品标识卡可用图 1 的形式和代号表示。

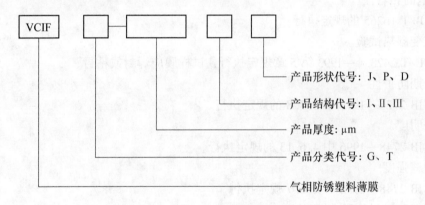

图1　VCIF 产品标识卡形式与代号

例如：标识卡为：VCIF T-100 Ⅰ D。

示意为：气相防锈塑料薄膜，多金属用，厚 100μm，单层，袋状。

5　检验方法

5.1　取样及预处理

5.1.1　取样方法

从卷状产品中取样，应去掉最外两层，裁取约 2m² 试样，其中一半备用。将试样密封包装。

从片状或袋状产品中取样，应从该包装产品的顶部往下数第四张以下裁取约 2m² 或相当于 2m²（袋状产品）试样，其中一半留作备用。将试样密封包装。

5.1.2　预处理

将取得的试样，保持密封包装状态，置于试验操作的环境中，至少保持 4h，再进行试验。

5.2　外观、颜色的检验

　　在自然光线下目测。

5.3　厚度

　　按 GB/T 6672 的规定执行。

5.4　长度及宽度

　　按 GB/T 6673 的规定执行。

5.5　气相缓蚀能力（VIA）试验

　　按附录 A 执行。

5.6　消耗后的 VIA 试验

　　按附录 A 执行。

5.7　气相防锈甄别试验

　　按 QB 1319—1991 附录 A 的规定执行。

5.8　接触腐蚀

　　按 GB/T 16266 的规定执行。采用的试片材质依据试验所要求的金属材质而定。

5.9　与铜的相容性

　　按 GB/T 16265 的规定执行。

5.10　交变湿热试验

　　按 GB/T 2423.4—1993 第 5 章规定执行，试样膜应焊封或粘封。

5.11　长期防护性

　　按 GJB 2726—1996 中 4.7.8 的规定执行。

5.12　透明度

　　按 GJB 2748—1996 中 4.6.13 的规定执行。

5.13　焊缝强度

　　按 GJB 2748—1996 中 4.6.7 规定执行。

5.14　焊缝和材料的耐水性

　　按 GB/T 12339—1990 附录 E 中第一种 B 级材料的试验方法执行。

5.15　戳穿强度

　　按 GB/T 8809 的规定执行，冲头直径为 3mm。

5.16　撕裂强度

　　按 GB/T 11999 规定执行。

5.17　低温柔软性

　　按 GB/T 12339—1990 附录 C 第一种 B 级材料的试验方法执行。

5.18　耐油性

　　按 JB/T 6067—1992 中 5.9 规定执行。

5.19　抗黏结性

　　按 GB/T 12339—1990 附录 F 第一种 B 级的规定执行。

5.20　标识耐水性

　　按 GJB 2493—1995 附录 A 规定执行。

5.21　一年期贮存稳定性

按 GJB 2748—1996 中 4.6.16 规定执行。

6　检验规则

6.1　检验分类

产品检验分为两类：

（1）鉴定检验（或称型式试验）；

（2）出厂检验。

6.2　鉴定检验

鉴定检验项目为第 4 章所列内容。有下列情况之一时，需进行鉴定检验：

——新产品投产鉴定时；

——原材料、工艺、配方发生重大变化；

——因故停产半年后，重新恢复生产时；

——出厂检验结果与上次鉴定检验结果有较大差异时；

——国家质量监督机构提出要求时。

6.3　出厂检验

出厂检验项目为 4.1、4.2、4.3 中的气相缓蚀能力和 4.5.3 所列内容。

6.4　抽样

产品检验抽样按 GB/T 2828.1 规定的二次正常抽样方案抽取，见表 4。以一次交货为一批。每批数量不应多于半年的使用量。

6.5　判定规则

6.5.1　合格项的判定

产品的各项指标检验，若样本单位的检验结果符合表 4 规定，则判为合格。如有一项不合格时，应在原批中加倍取样对不合格项目进行复检，复检结果合格，则判该项目合格。

表 4　抽样及判定规则

批量（件、卷）	抽样方法 正常检查二次抽样检查水平 S-3					不合格分类	
	样本大小	B 类不合格品 AQL=4.0		C 类不合格品 AQL=6.5		B 类不合格	C 类不合格
		A_c	R_e	A_c	R_e		
1~15	2	0	1	0	1	气相缓蚀能力试验	除 B 类以外的其他检验项目
16~50	3	0	1	0	1		
51~150	3（6）	0	1	0 1	2 2		
>150	5（10）	0 1	2 2	0 1	2 2		

6.5.2　合格批的判定

抽样方案及批质量判断按表 4 规定。

7　包装

7.1　防护包装

分为精密包装（A 级）和一般包装（B 级）。

7.1.1　精密包装

卷材、片材与成型袋先用聚乙烯薄膜（厚度不低于 $100\mu m$）包装袋裹包并密封，再用具有一定强度和厚度的外层包装。

7.1.2　一般包装

卷材、片材与成型袋先用聚乙烯薄膜（厚度不低于 $80\mu m$）包装袋裹包并密封，再用具有一定强度和厚度的外层包装。

7.2　装箱

7.2.1　A 级

按 7.1.1 规定做完防护包装的 VCIF，应装入具有足够强度和适当大小的外包装箱中，并做好防雨水处理。

7.2.2　B 级

按 7.1.2 规定做完防护包装的 VCIF，按用户要求不需要装箱时，可直接发运。需要装箱时，装入适当的外包装箱，并做好防水处理。

7.3　装箱文件

装箱文件应包括：产品使用说明、质量合格证明及其他需方有要求的文件。

产品使用说明书至少应包括下列内容：

——使用 VCIF 应做到密封性好；

——卷状 VCIF 应竖立放置；

——操作 VCIF 时不要擦拭眼睛；

——操作完后应将手清洗。

7.4　标志

包装箱上注明制造厂名和厂址、产品名称、商标、产品品种及代号、制造日期及生产批号（或编号）。

包装箱上标志应符合 GB/T 191 规定，使用"怕雨""怕晒"标志。

8　运输、贮存与其他

8.1　运输

VCIF 的运输应使用清洁、有篷的运输工具。应防雨、雪和阳光直射。搬运应轻装轻卸，避免破损防护包装层。

8.2　贮存

VCIF 的贮存应不破坏原有的防护包装层，保持密封状态。贮存在干燥、洁净的库房内。避免直接置放在地面和阳光直接照射。不能与化学品共同存放，距热源不少于 1m，距地面不少于 0.1m。

VCIF 应随取随用，一次用不完的，应重新密封保存。

附录 A

(规范性附录)

气相缓蚀剂能力 (VIA) 试验方法

A.1 仪器、器皿和材料

电热鼓风恒温箱(室温~200)℃±2℃;

广口瓶:玻璃,平底,1000mL;

橡皮塞:13 号和 9 号;

铝管:外径 16mm×1.5mm×110mm;

砂纸:氧化铝或金刚砂型,240 号、400 号、600 号及 800 号;

干燥器:玻璃,直径 200~300mm;

硅胶:细孔型;

电镀镊子;

回形针;

电吹风器;

搪瓷杯;

脱脂纱布。

A.2 试剂

无水乙醇,符合 GB/T 678 规定;

95%乙醇,符合 GB/T 679 规定;

丙三醇(甘油),符合 GB/T 687 规定;

溶剂油,符合 SH 0004 规定。

A.3 凹形试片

符合 GB/T 699 要求的 10 号钢,直径 16mm、高 13mm,在其一端中央钻有直径 10mm、深 10mm 底部平坦的孔。另一端面先用磨床加工至粗糙度 R_a 为 0.8μm。使用前,再用粗细砂纸依次打磨至粗糙度 R_a 为 0.4~0.6μm。打磨面不应有凹坑、划伤和锈蚀。用镊子夹持,经纱布分别沾有溶剂油(清洗两遍)、95%乙醇、无水乙醇各擦洗一遍,热风吹干,置于干燥器内冷却、备用。但贮存时间不应超过 24h。否则应重新打磨、清洗。

清洗净后的试片表面,避免裸手接触和被污染。

A.4 试样

试样的抽取及预处理按本标准 5.1 规定,应注意防止试样表面被污染。

A.5 试验装置 (见图 A.1)

(1)在 13 号橡胶端面适当部位分别打直径为 15mm 和 8mm 的通孔,在 9 号塞中心打一直径为 15mm 的通孔。

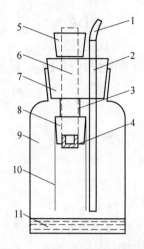

图 A. 1　VIA 试验组装示意图

1—乳胶管 D8mm；2—玻璃管 D8mm；3—隔热胶管 D16mm；4—凹形试片；5, 6—橡胶塞 9 号；

7—铝管 D16mm×1.5mm×110mm；8—橡胶塞 13 号；9—广口瓶；10—VCIF；11—甘油水溶液

（2）把铝管插入 13 号和 9 号胶塞，铝管露出 9 号端面不超出 2mm。

（3）将准备好的试片放在干净的滤纸上，将凹形面压入 9 号塞内，试验面一端露出部分不超过 3mm。再把此塞套入铝管（13 号塞小端面一侧），并使铝管与凹形试片接触。嵌入凹形试片的 9 号塞与 13 号大塞之间露出的铝管外面，套入壁厚不小于 3mm、长度适宜的胶管。在 13 号塞的 8mm 孔中，插入直径 8mm 的玻璃管，上端面的露出长度约为 30mm，再套上长 30mm、内径 7mm 的乳胶管，并用弹簧夹夹结乳胶管口。

（4）切取试样两条（150mm×50mm），用图钉钉在装有试片的胶塞对称的两侧面，有药面朝向试片。试样的下端折转并夹上回形针，使之保持垂直状态，并避免浸入广口瓶底的溶液内。

A.6　空白试验体

试验体中仅装有试片而无气相防锈包装材料或装有未载气相防锈剂的中性包装材料。

A.7　试验程序

A.7.1　气相缓蚀能力（VIA）试验

将试验体安装在广口瓶上。再将广口瓶置于已预热至 40℃±1℃ 电热鼓风恒温箱中，经 3h 后取出，冷却 10min 后，松开弹簧夹，通过乳胶管（可装上小漏斗），向广口瓶内加入 50mL 甘油蒸馏水溶液（它在 20℃±1℃ 环境中的密度应是 1.078g/mL±0.0004g/mL），再夹紧胶管，将广口瓶置于烘箱内。再经 2h 后，取出，迅速向铝管内注满 19℃±1℃ 的水。再放回恒温箱中，过 3h 后取出，倒掉铝管中的水，立即观察试片表面有无锈蚀。需要时，用沾有无水乙醇的脱脂棉轻轻地擦洗表面后再观察。

每次试验用四组试验体，其中一组为空白（对比）。

A.7.2　加速消耗后的 VIA 试验

A.7.2.1　试样加速消耗试验

将试样切成 200mm×400mm 取两片，把四周边焊封。（双层及多层结构膜，应将 VCIF 的挥发面朝内）夹持长边一侧并侧立式吊挂置于 60℃±2℃ 的烘箱中保持一定时间（从 A.7.2.2 选定）。取出后冷却至 VIA 试验环境温度。

A7.2.2　试样加速消耗时间

分为 24h、48h、72h、120h 和 288h。各生产单位自行选择。

A.7.2.3　加速消耗后的 VIA 试验

试验程序按 A.7.1 执行。

A.8　结果评定

——空白试片无锈蚀，试验应重做。

——空白试片已锈蚀，三个试片中若有一片或 2 片不符合本标准表 2 规定，试验应重做。

——三个试片均不符合表 2 规定或重试结果仍有一片不符合表 2 规定，则判定该项目不合格。

附录7　JB/T 4050.1—1999气相防锈油技术条件

1　范围

本标准适用于密封系统内腔金属表面封存防锈用的气相防锈油。

2　引用标准

下列标准所包含的条文，通过在本标准中引用而构成为本标准的条文。在标准出版时，所示版本均为有效。所有标准都会被修订，使用本标准的各方应探讨使用下列标准最新版本的可能性。

JB/T 4050.2—1999 气相防锈油试验方法。

SH 0229—1992 固体和半固体产品取样法。

3　分类

3.1　气相防锈油分为两类：

Ⅰ类——低黏度的；

Ⅱ类——中黏度的。

3.2　气相防锈油每类分为钢材用与通用两种。

用户根据需要，可与生产厂协议生产有关性能与规格的气相防锈油。

4　技术要求

4.1　气相防锈油的技术指标必须符合表 1 的规定。

4.2　气相防锈油应均质，不含杂质沉淀。

4.3　气相防锈油成分中应不含能散发恶臭的物质。

表 1　气相防锈油性能指标

项　目		I		II	
闪点（开口）/℃		115 以上		120 以上	
凝点/℃		−15 以下		−5 以下	
运动黏度 /m²·s⁻¹	38℃	12×10⁻⁶~94×10⁻⁶		95×10⁻⁶~125×10⁻⁶	
	100℃			8.5×10⁻⁶~12.98×10⁻⁶	
挥发失重/%		<17		<5	
黏度变化（38℃）/%		−5~20		−5~20	
沉淀值/mL		0.05 以下		0.05 以下	
碳氢化合物溶解度		不分层		不分层	
防锈性能		钢材质	通用	钢材质	通用
湿热试验（10d）		钢合格	钢、黄铜、铝合格	钢合格	钢、黄铜、铝合格
酸中和性试验		钢合格	钢合格	钢合格	钢合格
水置换性试验		钢合格	钢合格	钢合格	钢合格
气相防锈能力试验		钢合格	钢、黄铜合格	钢合格	钢、黄铜合格
消耗后的防锈能力试验		钢合格	钢、黄铜合格	钢合格	钢、黄铜合格
腐蚀试验（失重，(55±1)℃，168h）　不大于 /mg·cm⁻²		钢 0.1 铝 0.2 铜 1.0	钢 0.1 铝 0.2 铜 0.2 黄铜 0.2 镉 0.2	钢 0.1 铝 0.2 铜 1.0	钢 0.1 铝 0.2 铜 0.2 黄铜 0.2 镉 0.2

5　试验方法

闪点、凝点、黏度、挥发失重与黏度变化、沉淀值与碳氢化合物溶解度、湿热试验、酸中和试验、水置换性试验、气相防锈能力试验、消耗后的气相防锈能力试验、腐蚀试验和试片制备按 JB/T 4050.2 进行。

6　检验规则

6.1　按 SH 0229 取样进行第 5 章的试验，必须符合表 1 规定的指标。

6.2　试验结果如果与本标准规定要求不符。用户应在到货三个月内向生产厂提出书面意见，然后双方从所供油品中加倍采取试样，对第一次试样不符合规定的指标进行复检。复检结果中即使一个油样不符合标准规定，则全批油品列为不合格品，由生产厂负责处理。

6.3　气相防锈油因保管和运输不符合规定，使产品发生质变或质量下降以致不符合本标准的规定应由有关方面负责。

7　包装、标志与贮存

7.1　气相防锈油应采用铁桶密封包装。

7.2　每个气相防锈油包装单位，应明显标出产品名称、种类、净重、生产日期及批号等，并附有产品说明书。

7.3　气相防锈油应密封妥善保存，以防风、雨、雪、酸碱和其他化学物质影响，还应远离热源和避免阳光直接曝晒。

7.4　气相防锈油应随取随用，如果一次用不完的油，应重新密封保存。从出厂日期，保管期超过一年的油，应重新进行第 5 章的有关试验，合格后方能使用。

8　其他注意事项

8.1　本标准所规定的气相防锈油，主要是用于密封系统内腔防锈。工作润滑油不属于本标准的范围。

8.2　气相防锈油的用量按内腔空间体积计算，每立方米空间，Ⅰ类油用量不小于 6kg，Ⅱ类油不小于 10kg。

8.3　本标准每类油分为钢材用与通用两种。钢材用只适用于钢铁制件构成的密封内腔的防锈，通用则对钢制铁件与多金属制件构成的密闭内腔都适用。

8.4　不同规格、品种和牌号的气相防锈油不宜混合使用。

附录 8　JB/T 4051.1—1999 气相防锈纸技术条件

1　范围

本标准适用于金属材料及其制品作防锈包装用的气相防锈纸。

2　引用标准

下列标准所包含的条文，通过在本标准中引用而构成为本标准的条文。本标准出版时，所示版本均为有效。所有标准都会被修订，使用本标准的各方应探讨使用下列标准最新版本的可能性。

GB/T 450—1989 纸和纸板试样的采取。

JB/T 4051.2—1999 气相防锈纸试验方法。

SH/T 0217—1992 防锈油脂试片锈蚀度试验法。

3　分类、品种

3.1　气相防锈纸分钢材用和通用两大类。

3.2　气相防锈纸分复合纸与未复合纸两种（以下简称复合纸与未复合纸）。

生产厂可根据用户需要，生产有关规格、性能的气相防锈纸。

4　技术条件

4.1　气相防锈纸的技术条件必须符合表 1 的规定。

表 1　气相防锈纸性能指标

指标名称	规　定	
	通用气相防锈纸	钢用气相防锈纸
气相防锈甄别试验	对钢、黄铜（7 周期）	对钢（7 周期）

续表1

指标名称	规定	
	通用气相防锈纸	钢用气相防锈纸
动态接触湿热试验	对钢、黄铜（7周期），对铝（3周期）	对钢（7周期）
气相缓蚀能力试验	对钢合格	对钢合格

4.2　对黄铜、铝以外的有色金属、镀层或其他表面处理件的制品则需参照 4.1 规定项目进行试验，技术指标可由使用单位与生产厂协商制定。

4.3　气相防锈纸纸面缓蚀剂必须涂布均匀，无漏涂和掉粉现象。

4.4　纸面应平整、清洁，不许有孔洞、破损。

4.5　复合纸复合面应均匀、连续，无脱膜、脱蜡现象。

4.6　未复合气相防锈纸原纸定量及耐折度需符合表 2 的要求。

表 2　未复合气相防锈纸原纸定量和耐折度指标

原纸定量/g·m^{-2}	耐折度/kPa
20	39.23
30	58.84
40	78.46
50	98.07
60	117.68
70	137.30
120	235.37

5　试验方法

　　气相防锈甄别试验、动态接触湿热试验、气相缓蚀能力试验、试验用试片的制备、耐折度试验按 JB/T 4051.2 的规定进行。

6　试验结果评定

6.1　金属试片经防锈试验后，在规定的时间内进行检查，符合下列规定者为合格。

6.2　钢试片在有效试验面积内，空白试验已锈，防锈试片三片均无锈为合格，若其中一片锈蚀，试验重做，重复试验结果仍有一片锈蚀则为不合格。

6.3　黄铜试片在有效试验面积内，防锈试片应无发黑、发绿和严重变色。允许轻微的变色、变暗，用甲醇能擦去的变色可不按腐蚀处理。

6.4　铝试片经防锈试验后无严重变黑或腐蚀堆积物产生，允许轻微变色、变暗。

6.5　湿热试验试片有效试验面积计算按 SH/T 0217 的规定。

6.6　计算气相甄别试验和气相缓蚀能力试验试片有效面积时，距试片边缘 2mm 以内的部分除外。

7　检验规则

7.1　每次进货数量不得多于半年的使用量。

7.2　生产厂应保证所交货的纸张符合本标准的规定。每批产品附有质量合格证书。

7.3　用户有权按本标准规定的检验方法检查其质量是否符合本标准的技术条件规定。如果检查结果与本标准规定不符，则需在到货三个月之内向生产厂提出书面意见，然后双方从加倍的纸中重新采取试样，对第一次不符合规定的项目进行复检，复检结果中即使一件纸不符合本标准规定，则整批纸列为不合格品，由生产厂负责处理。

7.4　纸张试样的采取按 GB/T 450 的规定进行。因保管和运输不符合规定使产品发生质变或质量下降以致不符合本标准的规定，应由有关方面负责。

8　标志、包装、运输和贮存

8.1　卷筒纸应卷在干燥、硬实的纸芯上，断头不超过 3 个。每卷用塑料袋套装密封，再用不低于 $80g/m^2$ 的牛皮纸卷绕 3 层，外用干净麻袋或聚丙烯编织带包扎。

8.2　平板纸用塑料袋包装后放入瓦楞纸箱，每箱质量不大于 50kg 或按协议进行。

8.3　卷筒纸每卷为一件，平板纸每箱为一件，每件应将产品名称、种类、尺寸、净重、生产日期或出厂批号做明显标志，缓蚀剂的涂药面应有标志，或做相应的说明，每件纸必须附有产品使用说明书。

8.4　运输时应使用带篷而洁净的运输工具，搬运时不许将纸从高处扔下。

8.5　气相防锈纸应密封妥善保管，以防风、雨、雪、酸、碱和其他化学物质的影响。还应远离热源，避免地面湿气的影响和阳光直接曝晒。在符合上述规定的保管条件下，从出厂之日起 1 年内防锈性能仍应达到本标准要求。

8.6　气相防锈纸应随取随用。如一次用不完的纸，应重新密封保存。

附录 9　JB/T 6067—1992气相防锈塑料薄膜技术条件

1　主题内容与适用范围

本标准规定了气相防锈塑料薄膜的产品分类、技术要求、试验方法、检验规则、标志、包装、运输、贮存。

本标准适用于金属材料及其制品防锈包装用气相防锈塑料薄膜。

2　引用标准

GB 1040 塑料拉伸试验方法。

GB 2361 防锈油脂湿热试验法。

GB 2828 逐批检查计数抽样程序及抽样表（适用于连续批的检查）。

GB 4456 包装用聚乙烯吹塑薄膜。

GB 4879 防锈包装。

GB 12339 防护用内包装材料。

JB 4051.1 气相防锈纸技术条件。

JB 4051.2 气相防锈纸试验方法。

HG 2-167 塑料撕裂强度试验方法。

3　产品分类

3.1　气相防锈塑料薄膜分钢用和通用两大类。

3.2　气相防锈塑料薄膜每类分加热密封性（Ⅰ型）和加压（压敏）密封型（Ⅱ型）两种。

4　技术要求

4.1　气相防锈塑料薄膜应厚度均匀、平整、表面干净，各项技术指标应符合表1规定。

4.2　形状、厚度

气相防锈塑料薄膜成卷供应。薄膜厚度（0.10±0.02）mm。也可按供需双方订货合同规定。

4.3　对黄铜、铝以外的有色金属、镀层或经其他表面处理的制品可参照表1规定项目进行试验，技术指标可由供需双方协商确定。

表1　气相防锈塑料薄膜性能指标

指标名称	指　　标	
	通用	钢用
防锈性能： 气相防锈甄别试验	钢、黄铜　7周期合格	钢　7周期合格
湿热试验	钢、黄铜　7周期合格 铝　3周期合格	钢　7周期合格
	Ⅱ型应易剥离，无胶转移现象	
气相缓蚀能力	钢合格	
热老化性	形状、材质无变化	
透明度	76mm距离5号字清楚易读	
封合强度/N·15mm^{-1}	>2.94，分离不超过50%	
低温柔软性	形状、材质无变化	
封合处耐油性	无污染	
封合处耐水性	无污染	
粘合性	形状无变化	
撕裂度/mN（min） （弱方向）	1570 （160）	
抗张强度/kN·m^{-1}（min） （弱方向）	0.52 （0.8）	

注：一周期为24h。

5　试验方法

5.1　取样及预处理

按GB 4456中第2.1/2.2条规定。

5.2　试验用金属试片的制备及试验结果的评定

按 JB 4051.2 中第 1 章及 JB 4051.1 中第 4 章的规定。

5.3　气相防锈甄别试验

按 JB 4051.2 中第 2 章规定。

5.4　湿热试验

5.4.1　本方法系在高温高湿条件下，试验气相防锈塑料薄膜对接触金属的防锈性能。

5.4.2　试片规格与制备方法

试片规格：三块 50mm×50mm×(3~5)mm 规格的 45 钢、H62 黄铜、LY12 铝试片。

制备方法：按 JB 4051.2 中第 1 章规定。

5.4.3　试验设备

湿热试验箱：符合 GB 2361 的规定。

5.4.4　试验操作

将制备好的试片装入由气相防锈塑料薄膜制成的 70mm×70mm（内部尺寸）小袋中，用手将多余的气体从袋中排出，焊封袋子。然后用尼龙丝按十字形捆好，记下试片编号，用吊钩将试片挂入湿热试验箱中进行试验，试验按 GB 2361 规定的条件和方法进行。

至规定周期后用无水乙醇清洗并吹干检查试验结果。

5.5　气相缓蚀能力试验

按 JB 4051.2 中第 4 章规定。

5.6　热老化性试验

按 GB 12339 中第 5.11 条第 1 种 B 级材料规定。

5.7　透明度试验

气相防锈塑料薄膜按 5.1 条取样和预处理。将印有 5 号字体的物件与气相防锈塑料薄膜保持 76mm 距离，用手展开薄膜，透过薄膜观察字体。字迹应清晰易读。

在（59±1）℃下，老化 12d 后，重复上述试验，透明度应无变化。

测试装置见图 1。

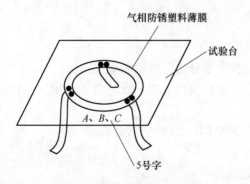

图 1　透明度试验测试装置

5.8　封合强度试验方法

5.8.1　取样及预处理按 5.1 条规定。

5.8.2　试样的制备

将用于试样的薄膜处理面朝内对折，折痕平行于长轴，沿开口或未折的长度方向封合，封合压力应大于 2.88MPa。加热密封型薄膜焊缝宽度应大于 3mm，加压（压敏）密封型薄膜封合宽度应大于 12mm。然后沿封口垂直方向裁取三块试样，其尺寸：宽度为 25mm，长度为 70mm（从封口边起）。

5.8.3　试验操作

将选定的试样揭开，一端固定在支架上，另一端自由垂下，以 0.5kg 的重荷轻轻地夹挂于下端，5min 后检查封合处分离程度。三块试样封合处分离均不超过 50% 为合格。

在（59±1）℃下老化 12h 后，重复上述试验，封合强度应无变化。

5.9　封合处耐油性试验方法

5.9.1　试样的制备

将按 5.2 条中规定处理好的三块试片（45 钢，50mm×50mm×3mm），在符合 GB 4879 表 B5 的 2 号润滑油中浸渍 1min，取出后沥干 1h，然后将钢片分别装入由气相防锈塑料薄膜制成的小袋（75mm×125mm，内部尺寸）中。钢片装入小袋后，用手将多余的气体从袋中排出，封合袋子，用白色滤纸包装并用夹子夹紧。

5.9.2　试验操作

把包装好的袋子吊于（65±1）℃恒温箱中经 72h 后取出袋子，用肉眼观察白色滤纸上有无渗油。

5.10　低温柔软性试验方法

按 GB 12339 中第 5.12 条第 1 中 B 级材料规定。

5.11　封合处透水性试验方法

按 GB 12339 中第 5.15 条第 1 中 B 级材料规定。

5.12　粘合性试验方法

按 GB 12339 中第 5.16 条第 1 中 B 级材料规定。

5.13　撕裂度试验方法

按 HG 2-167 规定。

5.14　抗张强度试验方法

按 GB 1040 规定。

6　检验规则

6.1　气相防锈塑料薄膜检验类型分出厂检验和型式检验。

6.2　检验按 GB 2828 规定。单位为件。以一次交货为一批，每批进货数量不得多于半年的使用量。

6.2.1　出厂检验的抽样方案按 GB 12339 中表 3 规定。

6.2.2　出厂检验应包括：

（1）气相缓蚀能力试验；

（2）湿热试验；

（3）透明性试验；

（4）封合强度试验。

6.3　型式检验按 GB 12339 中第 6.3 条规定。

6.4　本标准第 4 章所列项目为型式检验内容。

6.5　生产厂或供货单位应保证生产的气相防锈塑料薄膜符合本标准的要求，每件产品交货时应附有一份产品合格证。

6.6　用户有权检验产品质量。如检查结果与标准不符，应在到货后 3 个月内或按合同规定通知生产厂共同复检，然后双方对不合格项目加倍复验，若再不合格，则判为该批产品不合格。

7　标志、包装、运输、贮存

7.1　标志、包装按 GB 12339 中第 7.1、7.2 条规定。

7.2　运输时应使用清洁、带篷的运输工具。搬运时应轻装轻卸。防止日晒雨淋。

7.3　气相防锈塑料薄膜应密封妥善保管，贮存于干燥、清洁的库房里，不能与酸、碱或其他化学物质共贮存，距热源不少于 1m，离地面不少于 0.3m。

7.4　气相防锈塑料薄膜应随取随用。如一次用不完的薄膜，应重新密封保存。从生产日起，保管期超过一年的薄膜，按 6.2.2 条进行试验，合格后方能使用。

附录 10　JB/T 6068—1992气相防锈材料使用方法

1　主题内容与适用范围

本标准规定了使用气相防锈材料对金属制品进行防锈包装的方法。

2　引用标准

GB 2361 防锈油脂湿热试验方法。

GB 4879 防锈包装。

GB 12339 防护用内包装材料。

JB 4051.1 气相防锈纸技术条件。

JB/T 6067 气相防锈塑料薄膜技术条件。

JB/T 6071 气相防锈剂技术条件。

QB 868 气相防锈纸。

3　气相防锈剂的应用技术与方法

3.1　粉（片）剂法

将气相防锈剂粉末撒布或喷射于被防护制品上，或装入纱布袋、纸袋内或压成片分置于被防护制品的四周。在密封包装中其有效作用距离随气相防锈剂的蒸气压而定。一般有效距离应小于 300mm。其使用量每立方米包装空间应不少于 35g。

3.2　气相防锈剂处理载体材料法

将气相防锈剂涂（或浸）于纸、布、聚合薄膜等载体材料上，经干燥后制成气相防锈纸、气相防锈胶带、气相防锈塑料薄膜等置于密封包装箱内，并将气相防锈剂处理面面向制品，要求接触或接近制品表面，如离金属制品表面超过 300mm 的部位应与气相防锈剂并用。整个包装应密封。

使用气相防锈剂处理材料包封制品时，其使用面积至少应等于包装容器的内表面积。

3.3　溶液法

将气相防锈剂溶于水或有机溶剂中（如乙醇），然后浸涂于金属制品表面。当溶剂挥发后，密封包装。在实际应用中，也可把气相防锈剂溶液浸渍于包装箱的内衬板上。

4　气相防锈材料的要求与保管

4.1　材料要求

使用的气相防锈材料必须符合 JB 4051.1 或 QB 868、JB/T 6071、JB/T 6067 的规定。

4.2　材料的保管

4.2.1　备用的气相防锈材料应密封贮存于阴凉干燥的地方。同时，必须防止风、雨、雪、酸、碱和其他化学物质的影响。还应远离热源，避免地面湿气的影响和阳光直接暴晒。

4.2.2　在连续包装作业时，气相防锈材料置于自动密封式容器中，或使用密封柜、箱、槽等类似的容器，尽量减少气相防锈材料直接暴露于空气中的时间。

4.2.3　气相防锈材料应随取随用。如一次用不完，应重新密封保存。

4.2.4　不能使用有孔洞、破损或污染等影响使用性能的气相防锈材料。

4.2.5　从出厂之日起贮存期超过一年的气相防锈材料，必须按相应标准中规定的防锈性能进行复验，合格后才能使用。

5　对内包装物及环境的要求

5.1　前处理

金属制品在进行防锈之前，必须按 GB 4879 中第 2.3 和 2.4 条进行清洗及干燥处理。

当使用碱性脱脂剂和含氯化碳氢系化合物（如三氯乙烯等）进行清洗时，应防止残留的碱性物质和氯化物对气相防锈材料的影响。

5.2　环境温度、湿度及 pH 范围

气相防锈材料应在 60℃ 以下，相对湿度不大于 85%，近中性（pH6~8）条件下使用。

5.3　缓冲材料

应使用无腐蚀性的缓冲材料，金属制品不能与木材、石棉、毛、麻、纸屑等缓冲材料或填充材料直接接触。应使用符合 GB 12339 要求的铝箔或聚乙烯薄膜或其他适当的屏蔽材料，将制品和气相防锈材料与缓冲材料或填充材料隔离开，以防缓冲材料或填充材料散发的湿气和腐蚀性气体的影响。如气相防锈材料本身具有屏蔽能力，也可不再另行使用屏蔽材料隔离。

若制品有突出部位或锐利边角会损伤防锈包装材料时，应另行包扎或垫衬。

5.4　有色金属

对黄铜、铝以外的有色金属、镀层或其他表面处理件的制品需按第 6 章规定进行适应性试验。确定无影响的才能与气相防锈材料一同包装。

5.5　非金属材料

对带有非金属材料，如硅胶、塑料、涂料、橡胶件等以及使用了润滑油、黏合剂、防锈油脂和气相防锈材料的金属制品，如需再用不同类型气相防锈材料进行包装，应按第 6 章进行试验，符合适应性要求，或将非金属部件用聚乙烯薄膜另行包扎。

5.6　气相防锈剂的去除

如在精密活动部位的表面观察到气相防锈剂的结晶或粉末沉积物时，在使用润滑剂之

前，应用无水乙醇擦洗除去沉积物。

6　适应性试验

6.1　试验目的

本试验用于评定气相防锈材料在一定湿热条件下与内包装物的适应性。

6.2　实验仪器和材料

6.2.1　湿热试验箱：应符合 GB 2361 要求；

6.2.2　聚乙烯薄膜：厚度为（0.05±0.01）mm；

6.2.3　尼龙丝或塑料丝；

6.2.4　不锈钢 S 形吊钩；

6.2.5　试片：50mm×50mm×（3～5）mm，三块。

6.3　溶剂和溶液

6.3.1　蒸馏水；

6.3.2　航空洗涤汽油；

6.3.3　无水乙醇（化学纯）。

6.4　试验条件

6.4.1　温度：（40±2）℃；

6.4.2　相对湿度：>95%；

6.4.3　空气流量：箱内体积 3 倍/h；

6.4.4　试片架旋转：$\dfrac{1}{3}$ r/min。

6.5　试验操作

6.5.1　固体。裁取 160mm×160mm 的气相防锈剂处理的材料或称取气相防锈粉末 1g，将涂药面（或粉末）紧贴试片，包好，如是未涂塑的气相防锈材料，按同样方法再包一层聚乙烯薄膜做外包装。然后用尼龙丝按十字形缠紧，记下试片编号，用吊钩将试片挂在湿热箱内旋转架上，开动试验设备，记下开始时间。

6.5.2　油或其他化合物。将润滑油或其他液体、半固态材料，涂覆于经打磨、洗净并干燥的试片上，再按 6.5.1 条规定包一层聚乙烯膜，然后用尼龙丝缠紧，编号、吊挂，进行试验。

6.5.3　湿热箱每天工作 8h，停止工作 16h，计 24h 为一周期。

7 周期后用无水乙醇清洗并吹干试片后检查。

6.6　试验结果的评定

6.6.1　对金属试样，按 JB 4051.1 中第 4 章规定检查有无腐蚀与变色。

6.6.2　对非金属固体材料试样检查有无变脆、起泡、破裂、分层、溶解、发粘等质变。测定拉力强度或附着力。

6.6.3　对涂覆润滑油、液体或半固态状及其他化合物的试验，检查涂覆的试片有无腐蚀。

7　检验规则

按 GB 4879 中第 4 章的规定。

参 考 文 献

［1］ Saman Hosseinpour, Mattias Forslund, C. Magnus Johnson, et al. Atmospheric corrosion of Cu, Zn, and Cu-Zn alloy sprotected by self-assembled monolayers of alkanethiols［J］. Surface Science, 2016（648）: 170~176.

［2］ Norio Sato. Effects of rust layers on the corrosion of metals［J］. Zairyo-to-Kankyo, 1999, 48（4）: 182~189.

［3］ 张玉玺. 浅谈金属腐蚀危害与防护［J］. 科技展望, 2017（7）: 303.

［4］ 徐庆达. 浅谈潮湿环境下金属腐蚀防护技术［J］. 化工管理, 2016（29）: 221.

［5］ 欧阳平, 蒋豪, 张贤明, 等. 防锈油的研究进展［J］. 应用化工, 2015, 44（5）: 944~946, 950.

［6］ 顾晴. 防锈油的发展趋势［J］. 合成润滑材料, 2008, 35（2）: 18~22.

［7］ 夏海明, 李祥松. 钢材的防锈和除锈技术及其应用［J］. 全面腐蚀控制, 2016, 30（2）: 35~37.

［8］ 郭璐. 金属腐蚀防护有机涂层的研究现状［J］. 广东化工, 2017, 44（6）: 109~110.

［9］ 骆昌远. 光电材料在金属防腐蚀中的应用［J］. 化工设计通讯, 2017, 43（3）: 50, 82.

［10］ 周建龙. 保温层下金属表面的防腐蚀保护［J］. 中国涂料, 2017, 32（2）: 36~43.

［11］ 李宁. 浅谈金属材料的防腐能力改进措施［J］. 世界有色金属, 2016（24）: 233~234.

［12］ 王燕华. 惰性颗粒物沉积对碳钢腐蚀行为的影响研究［C］. 2016 年全国腐蚀电化学及测试方法学术交流会摘要集, 2016: 75.

［13］ Golovin V A, Krasheninnikov A I, Garkavenko E A, et al. Features of development of corrosion and inhibition of steel upon abrasive-dilatant cleaning［J］. Protection of Metals and Physical Chemistry of Surfaces, 2015, 51（7）: 1160~1164.

［14］ Xiao Xiaoming, Peng Yun, Ma Chengyong, et al. Effects of alloy element and microstructure on corrosion resistant property of deposited metals of weathering steel［J］. Journal of Iron and Steel Research（International）, 2016, 23（2）: 171~177.

［15］ Chai Feng, Jiang Shan, Yang Caifu. Effect of Cr on characteristic of rust layer formed on low alloy steel in flow-accelerated corrosion environment［J］. Journal of Iron and Steel Research International, 2016, 23（6）: 602~607.

［16］ 傅耀宇. 军用车辆防海水腐蚀试验及评价研究［D］. 南京: 南京理工大学, 2016.

［17］ 王梦雨, 王辉, 张康. 液态金属腐蚀与防护技术研究［J］. 新材料产业, 2015（11）: 60~62.

［18］ 包月霞. 金属腐蚀的分类和防护方法［J］. 广东化工, 2010, 37（7）: 199, 216.

［19］ Chyan Oliver, Goswami Arindom, Koskey Simon, et al. Study of Cu bimetallic corrosion and its inhibition strategy for Cu interconnect application using Micro-Pattern corrosion screening［J］. Meeting Abstracts, 2015, 1（12）: 1073.

［20］ 王啸东, 涂川俊, 陈刚, 等. 油溶性缓蚀剂的研究现状及发展趋势［J］. 工业催化, 2014, 22（7）: 493~499.

［21］ 张漫路, 赵景茂. 缓蚀剂协同效应与协同机理的研究进展［J］. 中国腐蚀与防护学报, 2016, 36（1）: 1~10.

［22］ 杨奔奔, 付洪瑞, 王本力. PAO 基础油与不同防锈添加剂配合时的油效应［J］. 材料保护, 2014, 47（11）: 37~39.

［23］ 杨奔奔, 付洪瑞, 王本力, 等. 聚 α-烯烃基础油黏度对防锈油防锈性能的影响［J］. 电镀与涂饰, 2014, 33（14）: 627~630.

［24］ 龚玉山. 防锈油的作用机理［J］. 材料保护, 1980（5）: 10~19.

［25］ Muthukumar N, Maruthamuthu S, Mohanan S, et al. Influence of an oil soluble inhibitor on microbiologically influenced corrosion in a diesel transporting pipeline [J]. Biofouling, 2007, 23 (6): 395~404.

[26] Ke Hu, Zhuang Jia, Zheng Chaochao, et al. Effect of novel cytosine-l-alanine derivative based corrosion inhibitor on steel surface in acidic solution [J]. Journal of Molecular Liquids, 2016 (222): 109~117.

[27] Calderon J A, Vasquez F A, Carreno J A. Adsorption and performance of the 2-mercaptobenzimidazole as a carbon steel corrosion inhibitor in EDTA solutions [J]. Materials Chemistry and Physics, 2016 (185): 218~226.

[28] Fakiha El-Taib Heakal, Ayman E. Elkholy. Gemini surfactants as corrosion inhibitors for carbon steel [J]. Journal of Molecular Liquids, 2017 (230): 395~407.

[29] Kazunari Higuchi, Ikuo Shohji, Tetsuya Ando, et al. Effect of rust inhibitor in brine on corrosion properties of copper [J]. Procedia Engineering, 2017 (184): 743~749.

[30] 刘玉洁. 复合缓蚀剂对碳钢腐蚀率的影响研究 [J]. 现代盐化工, 2017, 44 (2): 22~23.

[31] 刘含雷, 郏瑞花, 田民格. 缓蚀剂应用研究 [J]. 清洗世界, 2017, 33 (4): 41~45.

[32] 郭雷, 沈珣, KAYA, 等. 几种氨基酸类缓蚀剂在铁表面吸附的第一性原理研究 [J]. 表面技术, 2017, 46 (4): 228~234.

[33] 李福君. 新型缓蚀剂的性能研究 [J]. 电镀与环保, 2017, 37 (2): 43~45.

[34] 黄颖为, 杨永莲. 碳钢用绿色高效气相缓蚀剂的复配研究 [J]. 西安理工大学学报, 2017, 33 (1): 93~95, 106.

[35] 张金龙. 有机硅酸盐缓蚀剂的合成及性能评价 [J]. 无机盐工业, 2017, 49 (2): 43~46, 56.

[36] 杨秀芳, 唐敏敏, 马养民. 曼尼希碱缓蚀剂在盐酸中对 N80 钢缓蚀性能 [J]. 表面技术, 2017, 46 (1): 175~181.

[37] 杜天源, 衣守志, 袁博, 等. 油酸酰胺作为防锈添加剂的防锈性能研究 [J]. 表面技术, 2015, 44 (9): 122~126.

[38] Ajit Mishra. Corrosion study of base material and welds of a Ni-Cr-Mo-W alloy [J]. Acta Metall. Sin. (Engl. Lett.), 2017, 30 (4): 326~332.

[39] Badikova A D, Galyautdinova A A, Kashaeva S R, et al. Development of production technology of imidazoline corrosion inhibitors [J]. Petroleum Chemistry, 2016, 56 (7): 651~656.

[40] 朱建军, 王立. 润滑油腐蚀抑制剂简介 [J]. 合成润滑材料, 2015, 42 (4): 33~35.

[41] 栾丽君, 梁英, 夏明桂, 等. 十二烯基丁二酸单乙醇酰胺在低温酸性条件下的缓蚀性能 [J]. 材料保护, 2014, 47 (7): 60~63.

[42] 诸红玉, 倪灵佳, 王肖杰, 等. T746 防锈剂对汽轮机油使用性能的影响 [J]. 上海电力学院学报, 2013, 29 (2): 202~204.

[43] 唐友生. 植物油酸型 Span-80 的研制及应用研究 [J]. 爆破器材, 2008, 37 (4): 9~10.

[44] 刘伯滨, 刘春琦. 硬脂酸铝缓蚀剂在防锈技术中的应用及其生产 [J]. 表面技术, 1999, 28 (6): 37~39.

[45] 王翠莲. 高效油溶性缓蚀剂的研究——417A 复合羧酸铝皂防锈剂 [C]. 第八届全国缓蚀剂学术讨论会论文集, 1993: 269~271.

[46] 罗东林. T708 磷酸酯咪唑啉防锈剂的研制 [J]. 石油炼制与化工, 1983 (4): 27~33.

[47] 周华, 白云, 方新湘, 等. 防锈剂用石油磺酸盐的生产现状及市场前景 [J]. 新疆石油科技, 2013, 23 (4): 42~44.

[48] 金占鑫. 石油磺酸盐组成与性能关系研究 [D]. 大庆: 东北石油大学, 2014.

[49] 颜桂珍, 钱铮, 聂艳. 碱性石油磺酸钡防锈剂的研制和性能初步评价 [J]. 润滑油, 2013, 28 (1): 34~38.

[50] 郭立志, 王业飞, 戴彩丽, 等. 探讨两种国产石油磺酸盐间产生协同效应的机理 [J]. 石油学报

（石油加工），2003，19（6）：46~51.

[51] 罗永秀，吴正前，王翠莲，等. 流体石油磺酸钡 FT701 的性能研究 [J]. 材料保护，1999，32（10）：34~35.

[52] 韩韫，雷兵，古孜扎尔. 超高碱值石蜡基石油磺酸钙的研制 [J]. 新疆石油科技，2016，26（2）：64~66.

[53] 陈林，王雨，刘鹏飞，等. 克拉玛依石油磺酸盐极性组分的复配性能 [J]. 油田化学，2015，32（4）：545~548，553.

[54] 陈东平，盖轲，赵建涛. 以庆化裂解油为原料气相法制备石油磺酸盐 [J]. 山东化工，2015，44（22）：19~22.

[55] 杨勇，李晶. 重烷基苯磺酸盐与石油磺酸盐复配弱碱体系性能研究 [J]. 长江大学学报（自科版），2015，12（31）：30~33.

[56] 方新湘，牛春革，白云，等. 喷雾法生产石油磺酸盐技术研究 [J]. 日用化学工业，2014，44（12）：714~717.

[57] 吴维高. 刮膜式磺化石油磺酸盐工艺研究 [D]. 青岛：中国海洋大学，2014.

[58] 李春秀，张琴，李萍. T702 添加剂中石油磺酸钠分析方法的优化 [J]. 合成润滑材料，2012，39（4）：13~15.

[59] 刘金华，姜峨，龚宾，等. 甲基苯骈三氮唑和磷酸钠对铜及不锈钢的缓蚀性能研究 [J]. 原子能科学技术，2013，47（12）：2195~2201.

[60] 莫海蓝. 1，3-二取代苯骈三氮唑氮叶立德与苄叉乙酰丙酮、二苄叉环己酮反应合成二氢呋喃衍生物的研究 [D]. 金华：浙江师范大学，2013.

[61] 林红卫，周呈勇. 新型苯骈三氮唑类化合物合成研究 [J]. 怀化学院学报，2011，30（5）：21~22.

[62] 沈澄英，尤勇军. 苯骈三氮唑生产工艺介绍 [J]. 山西化工，2006，26（6）：48~50.

[63] 蒋伏广，陆柱. 钼酸锂与苯骈三氮唑复配对碳钢在溴化锂溶液中的缓蚀作用及其在溴化锂制冷机组中的应用 [J]. 化学世界，2006（1）：1~4.

[64] 蒋伏广，张根成，陆柱. 苯骈三氮唑对碳钢在溴化锂溶液中的缓蚀作用 [J]. 腐蚀与防护，2003，24（10）：435~437.

[65] 黄勇，秦技强，杨万生. 苯骈三氮唑酰基衍生物的缓蚀性能 [J]. 材料保护，2002，35（9）：27~28.

[66] 文斯雄. 苯骈三氮唑在金属抗蚀防护上的作用 [J]. 腐蚀与防护，2004，25（7）：318~319.

[67] 赵思萌，郝建军，崔珊. 钢铁件序间防锈剂的研究 [J]. 电镀与精饰，2016，38（11）：40~42，46.

[68] 沈忠，韩小元，张永浩，等. 亚硝酸钠对膨润土中 16MnR 钢的缓蚀效果 [J]. 腐蚀与防护，2013，34（4）：322~325.

[69] 张敏，吴晋英，徐会武，等. 亚硝酸钠及其复合预膜剂缓蚀性能的评价 [J]. 清洗世界，2010，26（9）：13~16.

[70] 成培芳，刘雪峰，任文明. 亚硝酸钠系气相防锈剂对钢试样防锈效果的研究 [J]. 内蒙古农业大学学报（自然科学版），2009，30（4）：132~135.

[71] 沈萍. 工业产品防锈包装现状及发展趋势 [J]. 化工管理，2016（20）：56.

[72] 田前进，侯万果，买楠楠，等. 一种新型静电喷涂防锈油的研制 [J]. 轴承，2017（3）：42~44.

[73] 孙星星. 挖掘机整机防锈技术应用 [J]. 装备制造技术，2015（11）：151~153.

[74] 梁彦勇. 发动机零部件防锈技术研究 [C]. 第十三届河南省汽车工程科技学术研讨会论文集，2016：286~288.

[75] 闫彦. 稳定冲刷条件下油溶性缓蚀剂涂膜的防腐特性 [J]. 安全、健康和环境, 2016, 16 (10): 35~38.

[76] 王德岩, 叶淳滢, 刘爱全. 航空发动机封存防锈油的现状及发展趋势 [J]. 合成润滑材料, 2016, 43 (3): 35~38.

[77] 储友双, 赵伟, 李纪委, 等. 长效防锈型复合磺酸钙基润滑脂的研究 [J]. 石油商技, 2016 (2): 44~47.

[78] 施雄飞, 时磊, 王玉峰. 汽车防锈技术 [J]. 汽车与配件, 2014 (49): 76~77.

[79] 徐璐. 出口重型机械的防锈包装技术研究 [J]. 科技创新导报, 2015 (17): 114.

[80] 张晓刚. 金属零部件防锈包装技术介绍 [J]. 现代制造技术与装备, 2014 (2): 69~70.

[81] 唐艳秋, 张建伟, 王福成. 防锈防护组合技术在装备器材防锈封存中的应用 [J]. 包装工程, 2014, 35 (3): 117~122.

[82] 王德岩. 新型航空封存防锈油的研制 [D]. 北京: 北京化工大学, 2013.

[83] 林虹, 杨立明. 量、刃具冷膜油封防锈技术 [J]. 航天工艺, 1999 (3): 29~33.

[84] 沈萍, 赵玉凯, 孟素媚, 等. 气相防锈热收缩包装技术及应用 [J]. 橡塑技术与装备, 2017, 43 (2): 63~65.

[85] 徐红霞. 新型防锈纸用气相缓蚀剂 [J]. 中华纸业, 2016, 37 (22): 62~63.

[86] 刘宏, 唐艳秋, 沈萍, 等. 气相防锈包装材料的绿色设计 [J]. 绿色包装, 2016 (1): 31~34.

[87] 阮红梅, 吴坤培, 王俊, 等. 气相防锈技术在电器设备防腐中的应用 [J]. 装备环境工程, 2015, 12 (4): 32~37.

[88] 孙凯, 周红. 一种新型气相防锈包装材料——POP 结构气相防锈材料 [J]. 塑料包装, 2015, 25 (3): 55~60.

[89] 李志广, 黄红军, 米伟娟, 等. 一种新型气相防锈吸湿剂 [J]. 腐蚀与防护, 2013, 34 (2): 242~244.

[90] Nanbu Nobuyoshi, Arimatsu Kazuhiko. Corrosion inhibitor composition for volatile corrosion inhibition paper [P]. JP: 2006045643, 2006-02-16.

[91] Zhang D Q, Gao L X, Zhou G D. Polyamine compound as a volatile corrosion inhibitor for atmospheric corrosion of mild steel [J]. Materials and Corrosion, 2007, 58 (8): 594~598.

[92] Bastidas D M, Cano E, Mora E M. Volatile corrosion inhibitors: a review [J]. Anti-Corrosion Methods and Materials, 2005, 52 (2): 71~77.

河北环宸科技有限公司

河北环宸科技有限公司是一家专业从事金属腐蚀防护、金属表面处理技术研究与产品生产的高新技术企业，公司总部位于河北省石家庄市军民融合创新科技园（网址：www. huanchenkeji. cn；电话：0311-87831683；传真：0311-67799335；E-mail：HRHGHHJ@ 163. com），下辖一个研发中心和两个生产工厂，现生产防锈油脂、金属加工液、气相防锈材料和新型功能材料等四大类60余种产品，服务于国防军工、装备制造等众多单位，被评为"河北省军民融合最具成长力企业"。

公司在陆军工程大学（原中国人民解放军军械工程学院）黄红军教授带领下，发扬工匠精神，注重科技创新。研发中心有4人具有高级技术职称，7人具有硕士以上学位，有各类检测设备100余台（套），与多所高等院校、研究机构建立了长期和深度技术合作，承担了国家自然基金、国防预先研究等多项国家和军队重点课题，已成为国内"研究特色鲜明、产业优势明显、研发实力雄厚"的专业技术平台。

经过不懈努力，公司已有30余项技术获国家（国防）发明专利授权，其中13项专利获得国际和全国发明展览会金奖，7项成果获军队科技进步奖，多项成果在军队和地方有关单位得到了广泛应用，产生了显著的军事、经济和社会效益，受到了广大客户的高度认可和一致好评。

公司秉承"军民融合发展，品质铸就未来"的发展思路，真诚希望与各位同仁开展合作，也真诚希望能为广大客户提供最优质的服务。

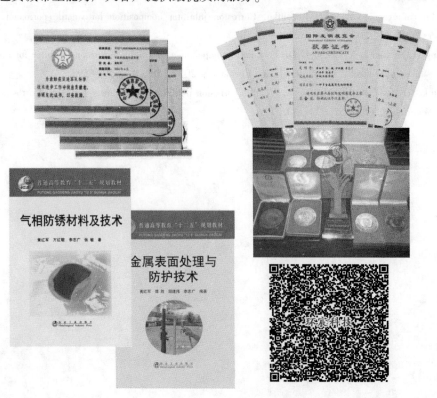

河北环宸科技有限公司

1. 生产厂房及实验室

2. 防锈油脂系列产品在军用装备修理和制造单位得到广泛应用

四号驻退液

合成锭子油

2号软膜薄层防锈油

武器清洁润滑防护三用油

二号防护油

通用装备液压油

8D液力传动油

兰卓6号液压油

炮用液压油

10号航空液压油

军械装备黑色磷化剂

10号仪表油

3. 气相防锈技术应用于装备制造厂等单位，为出口部件及产品提供可靠防护